인피니트 수학

평면도형1

곽성은 저

머리말

30년 동안 대학에서 교양 수학을 강의하면서 창의력이 풍부한 학생들은 수학 문제 풀이법을 독창적으로 풀어간다는 공통점을 발견하였고, 그런 관점에서 대학입시에 필요한 수리논술의 독창적인 수학 문제들을 개발하게 되었습니다.

학생들이 정답을 보지 않고 어떤 방식으로 문제를 해결할지 고민한 후 떠오르는 이론을 빈칸에 적으면서 논리적으로 풀어가는 방식으로 훈련을 하다 보면 대입 논술에 많은 도움이 될 것이라는 판단이 들었습니다.

빨리 문제들을 풀겠다는 생각을 버리고 어떤 이론들이 이 문제에 숨어 있는가를 먼저 기억하며 많은 생각을 하면서 훈련한다면, 대입 수리논술 시험장에서도 당황하지 않고 차분한 마음으로 문제를 술술 풀어가게 될 겁니다.

이 책에 있는 문제들은 기존에 많이 봐왔던 문제들을 배제하고 새롭고 독창적인 문제들로 창작하여 학생들이 창의적인 사고로 논리적으로 문제 풀이를 하는 데 도움이 될 수 있도록 하였습니다. 아무쪼록 이 책이 여러분 모두에게 많은 도움이 된다면 저자는 30년 동안 만든 10,000가지 문제들에 자부심을 느끼며 기쁘게 생각할 것입니다.

여러분 모두 앞날에 행운이 있길 기원합니다.

지은이 **곽성은**

목 차

01

도형이론

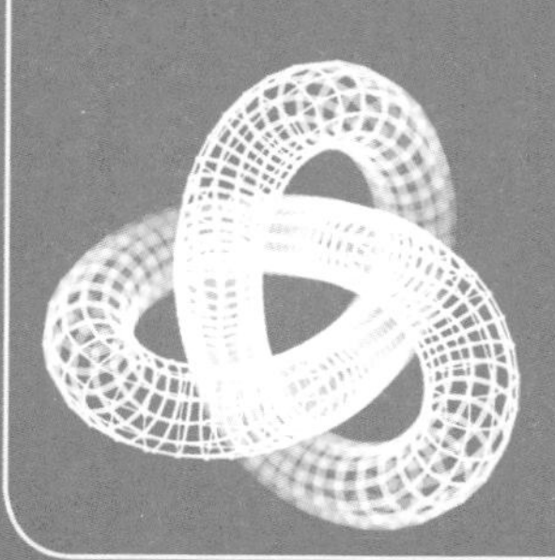

정리 Apollonius circle

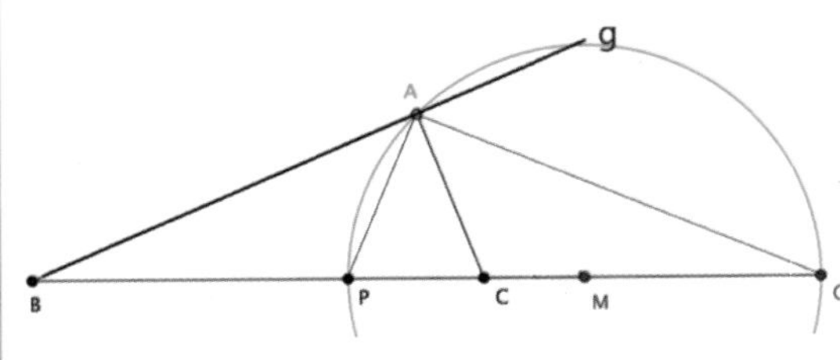

$\angle BAP = \angle PAC, \quad \angle CAQ = \angle QAG$

$\Leftrightarrow$ 선분 $\dfrac{\overline{BP}}{\overline{CP}} = \dfrac{\overline{BQ}}{\overline{CQ}}$이 성립된다.

증명

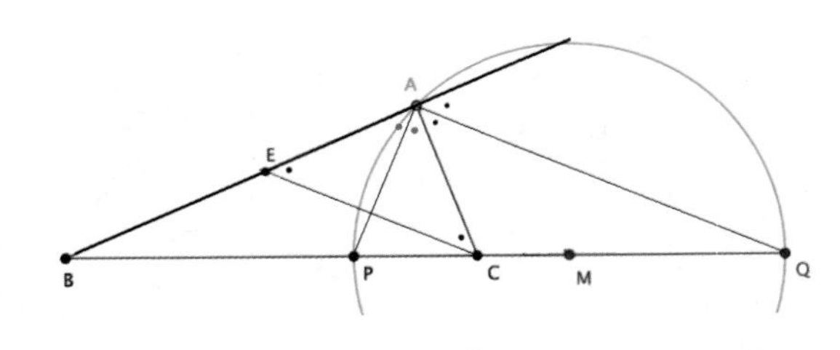

$\angle PAQ = 90^\circ$

$\Rightarrow \overline{BQ} : \overline{CQ} = \overline{AB} : \overline{AC} = \overline{BP} : \overline{CP}$

$\therefore \dfrac{\overline{BP}}{\overline{CP}} = \dfrac{\overline{BQ}}{\overline{CQ}}$

[문제 1] Euler의 정리

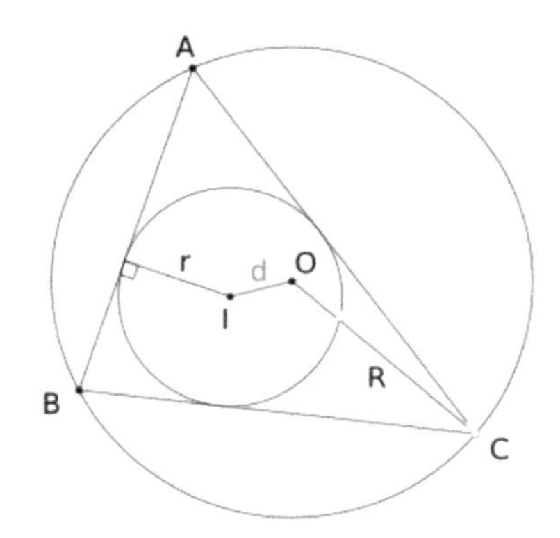

두 원의 중심거리가 d, 두 원의 반지름 r, R일 때, $d^2 = R(R-2r)$이 성립함을 증명하시오.

증 명

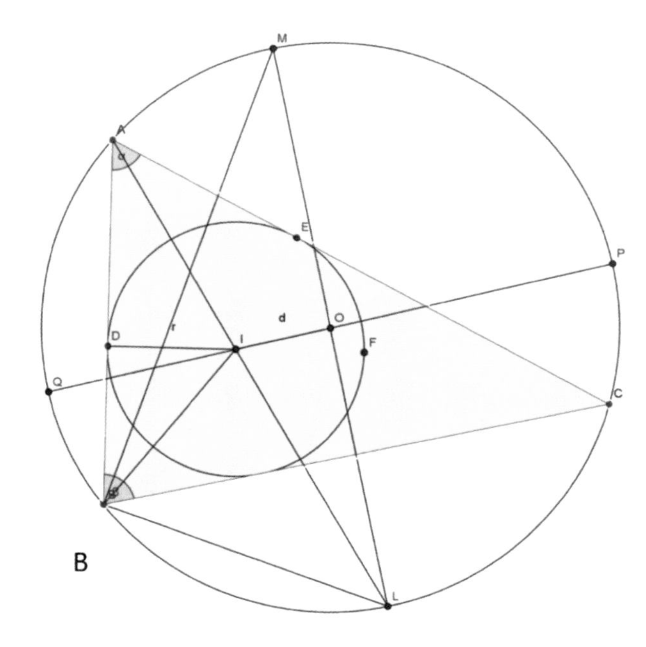

$$\triangle ADI \sim \triangle MBL$$

$$\Rightarrow \frac{\overline{ID}}{\overline{BL}} = \frac{\overline{AI}}{\overline{ML}}$$

$$\Rightarrow \overline{AI} \times \overline{BL} = \overline{ID} \times \overline{ML} = 2rR$$

$$\angle BIL = \frac{1}{2}(\alpha + \beta)$$

$$\angle IBL = \frac{1}{2}(\alpha + \beta)$$

$$\Rightarrow \overline{IL} = \overline{BL}$$

$$\therefore 2rR = \overline{AI} \times \overline{IL} = \overline{PI} \times \overline{IQ}$$

$$= (d+R)(R-d) = R^2 - d^2$$

[문제 2] Stewart의 정리

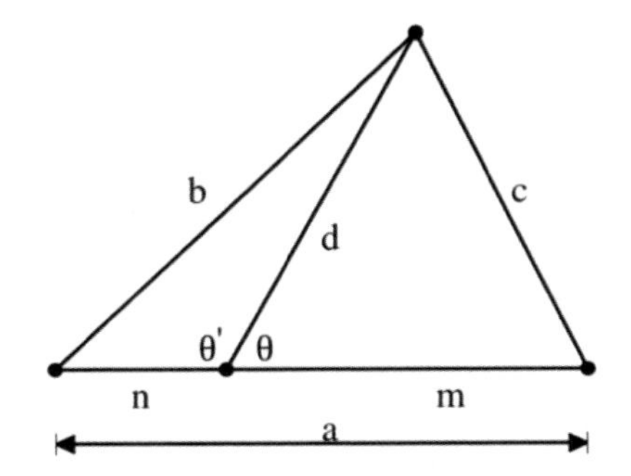

선분의 길이 a, b, c, d, n, m 일 때,
$b^2m+c^2n=a(mn+d^2)$이 성립함을 증명하시오.

증명

$c^2=m^2+d^2-2dm\cos\theta$

$b^2=n^2+d^2-2dn\cos(\pi-\theta)=n^2+d^2+2dn\cos\theta$

$\Rightarrow \therefore b^2m+c^2n=nm^2+n^2m+(m+n)d^2=(m+n)(mn+d^2)=a(mn+d^2)$

[문제 3] Ptolemy의 정리

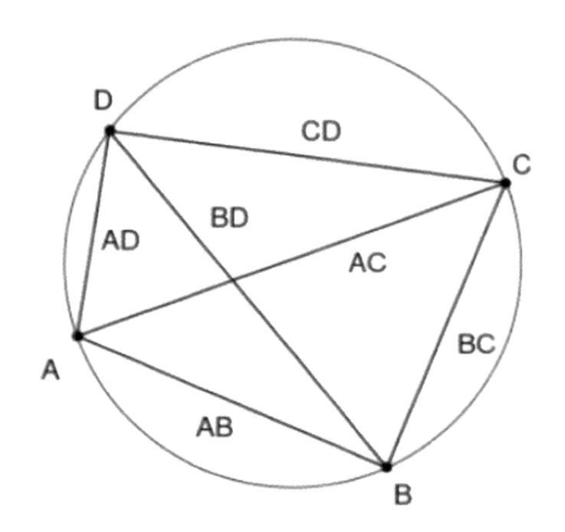

$\overline{AC}\times\overline{BD}=\overline{AD}\times\overline{BC}+\overline{AB}\times\overline{CD}$ 의 관계가 성립함을 증명하시오.

증명

아래 그림처럼 $\angle ABK=\angle CBD$ 되는 K 점을 잡는다. 그러면, $\angle CBK=\angle ABD$ 가 성립한다. 두 번째 그림에서 $\triangle ABK\sim\triangle BCD$, 세 번째 그림에서 $\triangle ABD\sim\triangle KBC$ 이다.

$$\Rightarrow \frac{\overline{AK}}{\overline{AB}}=\frac{\overline{CD}}{\overline{BD}},\ \frac{\overline{CK}}{\overline{BC}}=\frac{\overline{DA}}{\overline{BD}} \Rightarrow \overline{AK}\times\overline{BD}=\overline{AB}\times\overline{CD},\ \overline{CK}\times\overline{BD}=\overline{BC}\times\overline{DA}$$

$\xrightarrow{\text{더하면}}$

$$\therefore\ \overline{AD}\times\overline{BC}+\overline{AB}\times\overline{CD}=(\overline{AK}+\overline{CK})\overline{BD}=\overline{AC}\times\overline{BD}$$

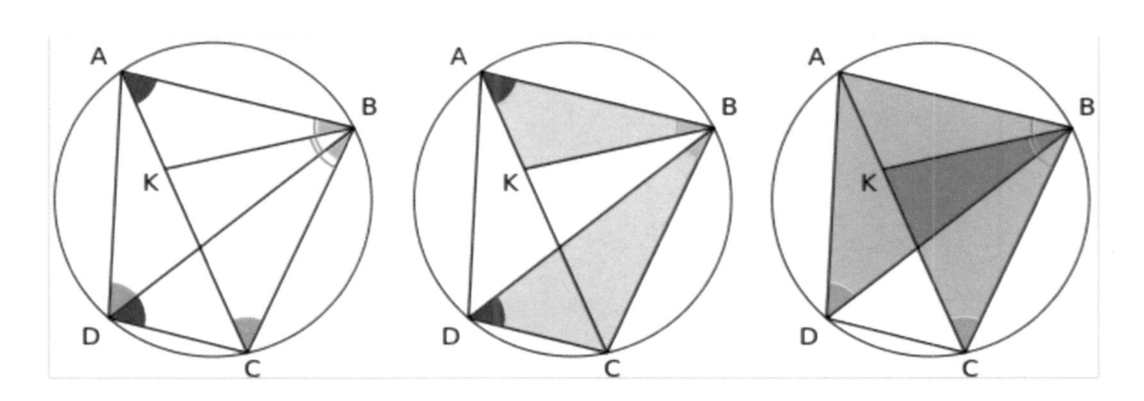

[문제 4] Menelaus의 정리

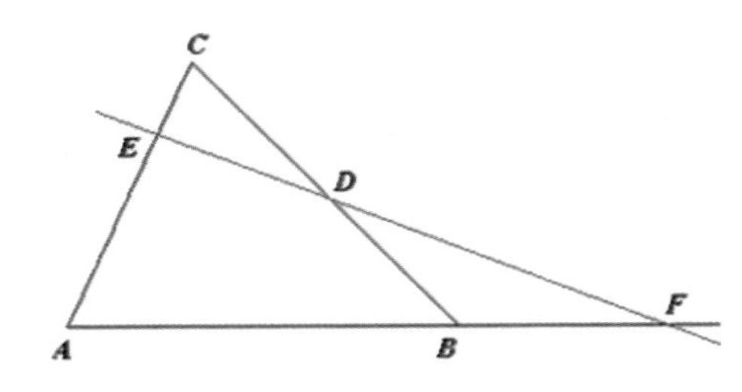

점 E, D, F가 일직선 위에 있을 필요충분조건은 $\dfrac{\overline{CE}}{\overline{EA}} \times \dfrac{\overline{AF}}{\overline{FB}} \times \dfrac{\overline{BD}}{\overline{DC}} = 1$이 됨을 증명하시오.

증명

꼭짓점 B을 지나는 직선이 $\overline{DE}$의 평행선이 대변 $\overline{AC}$와 만나는 점을 X라고 하자.

$$\triangle AFE \sim \triangle ABX,\ \triangle CBX \sim \triangle CDE \ \Rightarrow \frac{\overline{AF}}{\overline{FB}} = \frac{\overline{EA}}{\overline{EX}},\ \frac{\overline{DB}}{\overline{CD}} = \frac{\overline{EX}}{\overline{CE}} \ \cdots\cdots (1)$$

$$\therefore \frac{\overline{CE}}{\overline{EA}} \times \frac{\overline{AF}}{\overline{FB}} \times \frac{\overline{BD}}{\overline{DC}} \overset{(1)}{\longleftrightarrow} = \frac{\overline{CE}}{\overline{EA}} \times \frac{\overline{EA}}{\overline{EX}} \times \frac{\overline{EX}}{\overline{CE}} = 1$$

역으로 $\dfrac{\overline{CE}}{\overline{EA}} \times \dfrac{\overline{AF}}{\overline{FB}} \times \dfrac{\overline{BD}}{\overline{DC}} = 1$이라 하자. 두 점$E, D$를 지나는 직선이 $\overline{AB}$와 F'에서 만난다고 하면, $\dfrac{\overline{CE}}{\overline{EA}} \times \dfrac{\overline{AF'}}{\overline{F'B}} \times \dfrac{\overline{BD}}{\overline{DC}} = 1$이다.

$$\Rightarrow \frac{\overline{AF}}{\overline{FB}} = \frac{\overline{AF'}}{\overline{F'B}} \Rightarrow \frac{\overline{AF}}{\overline{FB}} - 1 = \frac{\overline{AF'}}{\overline{F'B}} - 1$$

$$\Rightarrow \frac{\overline{AB}}{\overline{FB}} = \frac{\overline{AB}}{\overline{F'B}} \Rightarrow \therefore F = F'$$

[문제 5] Ceva의 정리

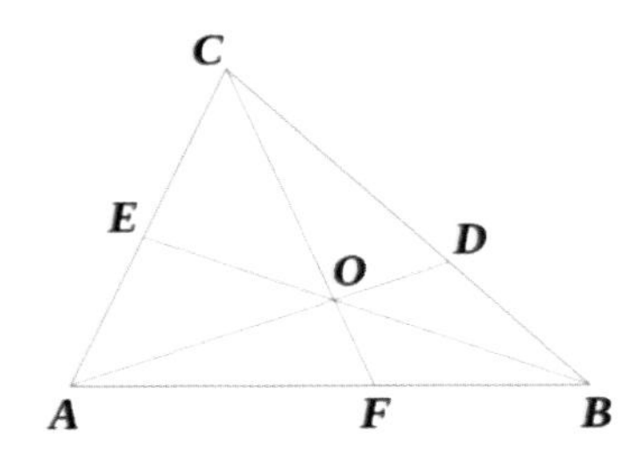

$\overline{CF}, \overline{AD}, \overline{BE}$ 이 한 점에서 만남의 필요충분조건은 $\frac{\overline{CE}}{\overline{EA}} \times \frac{\overline{AF}}{\overline{FB}} \times \frac{\overline{BD}}{\overline{DC}} = 1$이 됨을 증명하시오.

증명

$\triangle CAF$와 횡단선 $\overline{EB}$, $\triangle CFB$와 횡단선 $\overline{AD}$는 [문제 4]의 법칙을 사용한다.

$$\frac{\overline{CE}}{\overline{EA}} \times \frac{\overline{AB}}{\overline{BF}} \times \frac{\overline{FO}}{\overline{OC}} = 1,\ \frac{\overline{CD}}{\overline{DB}} \times \frac{\overline{BA}}{\overline{AF}} \times \frac{\overline{FO}}{\overline{OC}} = 1 \xrightarrow{\text{나누면}}$$

$$\therefore \frac{\overline{CE}}{\overline{EA}} \times \frac{\overline{AF}}{\overline{FB}} \times \frac{\overline{BD}}{\overline{DC}} = 1$$

한편, $\frac{\overline{CE}}{\overline{EA}} \times \frac{\overline{AF}}{\overline{FB}} \times \frac{\overline{BD}}{\overline{DC}} = 1$이 성립한다고 가정하자.

$\overline{AD}, \overline{BE}$이 한 점 O에서 만나고, 선분 $\overline{CO}$의 연장선이 $\overline{AB}$의 F'에서 만난다고 하자.

$$\Rightarrow \frac{\overline{CE}}{\overline{EA}} \times \frac{\overline{AF'}}{\overline{F'B}} \times \frac{\overline{BD}}{\overline{DC}} = 1 = \frac{\overline{CE}}{\overline{EA}} \times \frac{\overline{AF}}{\overline{FB}} \times \frac{\overline{BD}}{\overline{DC}}$$

$$\Rightarrow \frac{\overline{AF'}}{\overline{F'B}} = \frac{\overline{AF}}{\overline{FB}} \ \Rightarrow F = F' \text{ 이다.}$$

결국 $\overline{CF}, \overline{AD}, \overline{BE}$이 한 점에서 만난다.

[문제 6] Moley의 정리

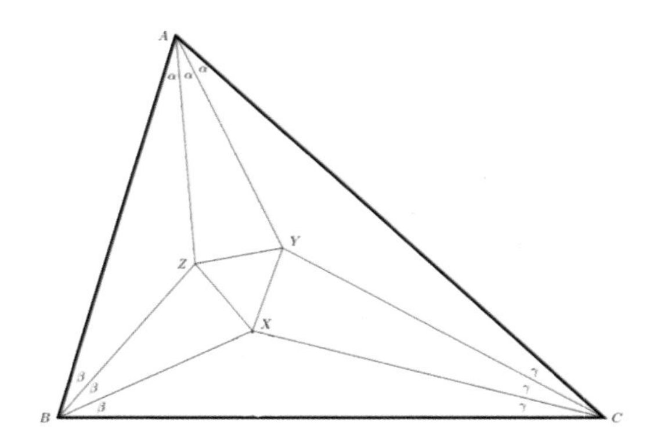

삼각형 $\triangle XYZ$가 정삼각형이 됨을 증명하시오.

증명

$\triangle ABC$ 외접원의 반지름을 R라고 하자. 또한, 그림에서 $\alpha+\beta+\gamma=60°$이다.

$$\sin(3\alpha)=3\sin\alpha-4\sin^3\alpha=4\sin\alpha\left(\left(\frac{\sqrt{3}}{2}\right)^2-\sin^2\alpha\right)$$

$$=4\sin\alpha(\sin60°-\sin\alpha)(\sin60°+\sin\alpha)$$

$$=4\sin\alpha\left(2\sin\left(\frac{60°-\alpha}{2}\right)\cos\left(\frac{60°+\alpha}{2}\right)\right)\left(2\sin\left(\frac{60°+\alpha}{2}\right)\cos\left(\frac{60°-\alpha}{2}\right)\right)$$

$$=4\sin\alpha\sin(60°+\alpha)\sin(60°-\alpha)\ \cdots\cdots(1)$$

삼각형의 사인법칙: $\dfrac{a}{\sin\gamma}=\dfrac{b}{\sin(60°+\alpha)}=\dfrac{c}{\sin(60°+\beta)}=2T$

삼각형의 코사인법칙: $a^2=b^2+c^2-2bc\cos\gamma$

$$\Rightarrow\sin^2\gamma=\sin^2(60°+\alpha)+\sin^2(60°+\beta)-2\sin(60°+\alpha)\sin(60°+\beta)\cos\gamma\ \cdots\cdots(2)$$

$\triangle BCX$에서 $\dfrac{\overline{XC}}{\sin\beta}=\dfrac{\overline{BC}}{\sin(\pi-\beta-\gamma)}=\dfrac{2R\sin(3\alpha)}{\sin(120°+\alpha)}=\dfrac{2R\sin(3\alpha)}{\sin(60°-\alpha)}\overset{(1)}{\longleftrightarrow}$

$$=8R\sin\alpha\sin(60°+\alpha)\Rightarrow\overline{XC}=8R\sin\alpha\sin\beta\sin(60°+\alpha)$$

마찬가지로 $\overline{YC}=8R\sin\alpha\sin\beta\sin(60°+\beta)$

한편, $\triangle CXY$에서 $\overline{XY}^2=\overline{XC}^2+\overline{YC}^2-2\overline{XC}\times\overline{YC}\cos\gamma$

$$=(8R\sin\alpha\sin\beta)^2\{\sin^2(60°+\alpha)+\sin^2(60°+\beta)-2\sin(60°+\alpha)\sin(60°+\beta)\cos\gamma\}$$

$\overset{(2)}{\longleftrightarrow}=64R^2\sin^2\alpha\sin^2\beta\sin^2\gamma\Rightarrow\therefore\overline{XY}=8R\sin\alpha\sin\beta\sin\gamma$ 이므로 $\triangle XYZ$는 정삼각형이다.

[문제 7] Simson의 정리

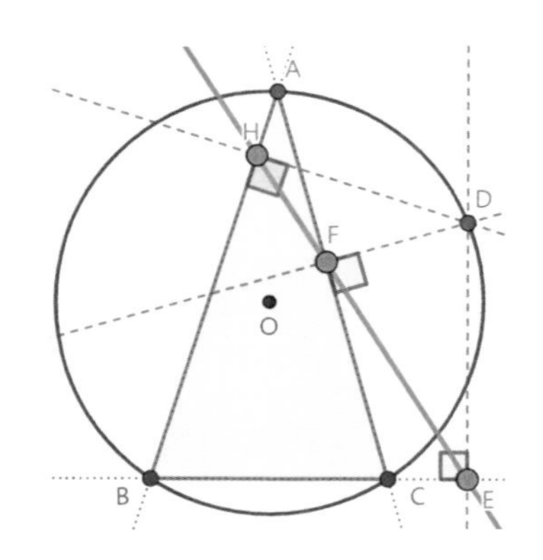

H, F, E가 직선상에 있음을 증명하시오.

증명

$\angle BHFE = \angle HAF + \angle AFH$ $\cdots\cdots$ (1)

B, E, D, H는 한 원 위에 있다.

$\angle BHFE = \angle BDE = \angle BDC + \angle CDE = \angle BAC + \angle CFE$ $\cdots\cdots$ (2)

($\because$ C, E, D, F는 한 원 위에 있다.)

$\xrightarrow{(1),\,(2)} \therefore \angle HFA = \angle CFE \Rightarrow H, F, E$가 직선상에 있음.

MEMO

02

각 도

[문제 8] ~ [문제 60]

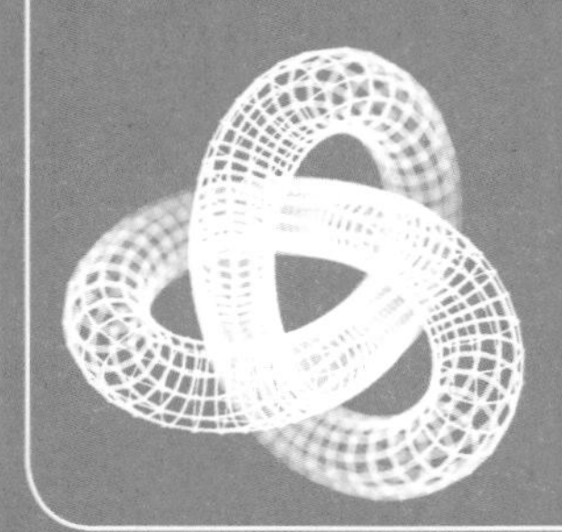

[문제 8]

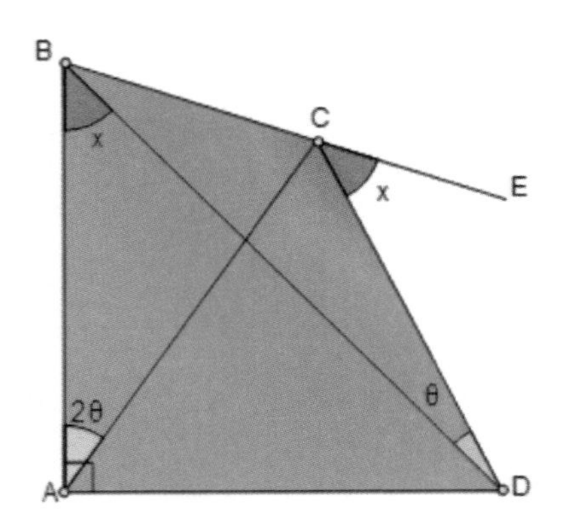

$\angle BAD = 90^\circ$ 일 때, 각 x의 값을 구하시오.

풀이

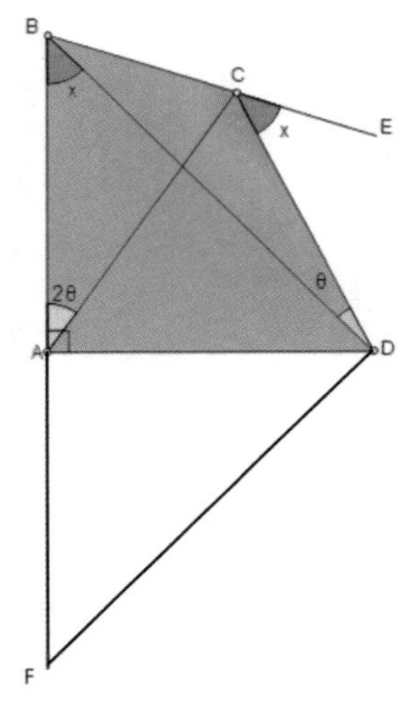

$\overline{AB} = \overline{AF}$ 라고 하자. $\Rightarrow \angle DFA = x$

점 B, C, D, F 는 한 원 위의 점들이다.

이 원의 중심은 A이다.

$\Rightarrow \angle BFC = \theta = \angle ACF,\ \overline{AB} = \overline{AC} = \overline{AF}$

$\Rightarrow \angle BCF = 90^\circ,\ \angle FCD = x$

$\Rightarrow 2x = 90^\circ \quad \therefore x = 45^\circ$

[문제 9]

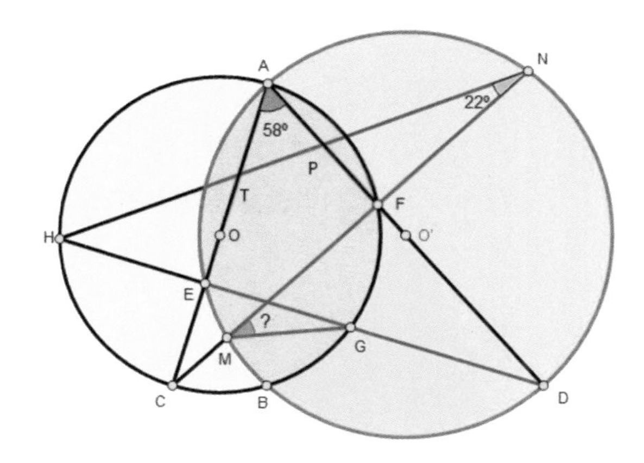

점 O, O'는 각각 원 중심일 때, 각 $\angle FMG$을 구하시오.

$\angle ACF = \angle ADE = 90^\circ - 58^\circ = 32^\circ \Rightarrow \triangle ACF \sim \triangle ADE$

$\Rightarrow \dfrac{\overline{AF}}{\overline{AE}} = \dfrac{\overline{AC}}{\overline{AD}}, \ \overline{AF} \times \overline{AD} = \overline{AC} \times \overline{AE} \ \cdots\cdots (1)$

직각삼각형 $\triangle AMD \Rightarrow \overline{AM}^2 = \overline{AF} \times \overline{AD}$,

직각삼각형 $\triangle AHC \Rightarrow \overline{AH}^2 = \overline{AE} \times \overline{AC}$

$\xrightarrow{(1)} \overline{AM} = \overline{AH} \Rightarrow \overline{AH} = \overline{AG} = \overline{AM} = \overline{AN}$이다.

그러므로 원중심A에 점H, G, M, N은 그 원 위의 점들이다.

$\therefore \angle FMG = \angle NHG = 36^\circ$ ($\because$ 두 직각삼각형 $\triangle NFP$, $\triangle HET$와 $\triangle ATP$)

[문제 10]

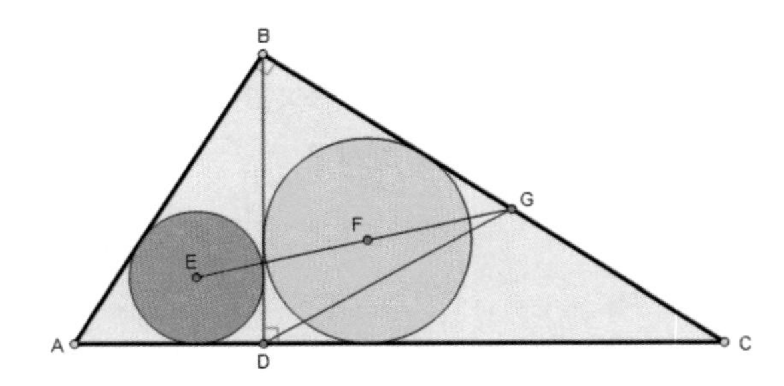

직각삼각형 ABC,

$\overline{AB}=c$, $\overline{BC}=a$, $\overline{AC}=b$일 때,

$\overline{BD}=\overline{BG}$이 성립함을 증명하시오.

증명

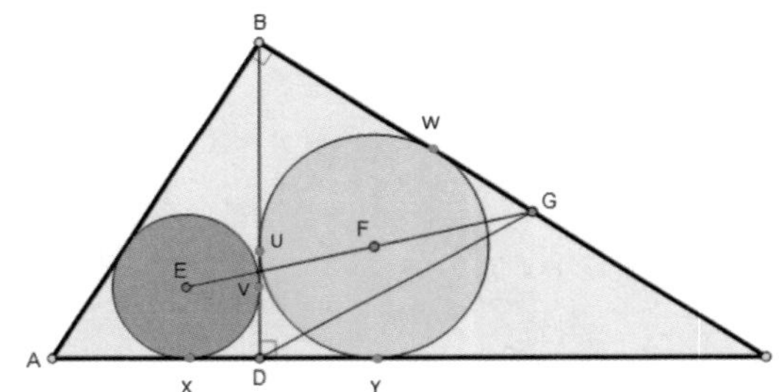

$\triangle ABC$의 내접원의 반지름 r,

작은 원의 반지름 r_1,

큰 원의 반지름 r_2이라 하자.

두 정사각형 $EXDV$, $DYFU$에 의해

$\Rightarrow \angle EDF=90^\circ$

한편, 세 직각삼각형이 모두 닮음 $\Rightarrow \dfrac{r}{b}=\dfrac{r_2}{a}=\dfrac{r_1}{c} \Rightarrow r_1=\dfrac{cr}{b},\ r_2=\dfrac{ar}{b}$

$\xrightarrow{\triangle EDF} \dfrac{\overline{DF}}{\overline{DE}}=\dfrac{r_2}{r_1}=\dfrac{a}{c} \Rightarrow \triangle EDF \sim \triangle ABC,\ \angle DEF=\angle A,$

$\dfrac{\angle A}{2}+\dfrac{\angle C}{2}=45^\circ \cdots\cdots (1)$

$\xrightarrow{\triangle ABD} \angle BEG=90^\circ-\dfrac{\angle A}{2},\ \ \angle EBG=45^\circ+\dfrac{\angle A}{2}$

$\Rightarrow \angle BGE=45^\circ=\angle CDF \Rightarrow C, D, F, G$는 한 원 위의 점들이다.

$\xrightarrow[(1)]{\angle FDG=\angle FCG} \angle CDG=45^\circ-\left(45^\circ-\dfrac{\angle A}{2}\right)=\dfrac{\angle A}{2}=\angle CFG,$

$\angle DGF=\angle DCF=\dfrac{\angle C}{2},\ \angle BDG=90^\circ-\dfrac{\angle A}{2}=\angle DGB \Rightarrow \therefore \overline{BD}=\overline{BG}$

[문제 11]

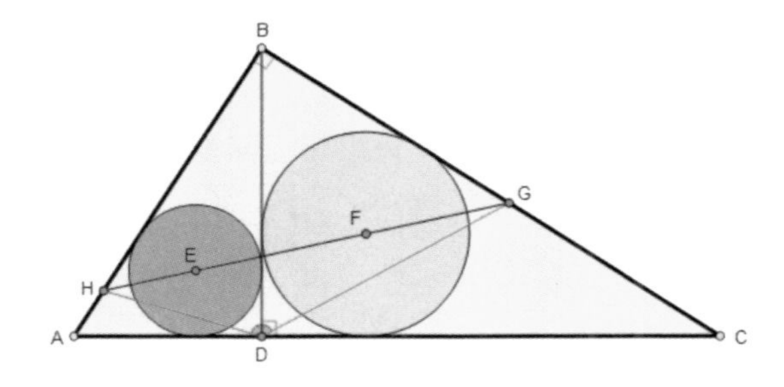

직각삼각형 ABC 에서 각 $\angle HDG$ 의 값을 구하시오.

[문제 10]에 의해 $\overline{BD} = \overline{BG}$,

같은 풀이법으로 $\overline{BH} = \overline{BD}$ 이다.

결국 한 원 중심 B 로 H, D, G 는 원 위의 점들이다.

$\angle GBH = 90^\circ \Rightarrow \therefore \angle HDG = 180^\circ - 45^\circ = 135^\circ$

[문제 12]

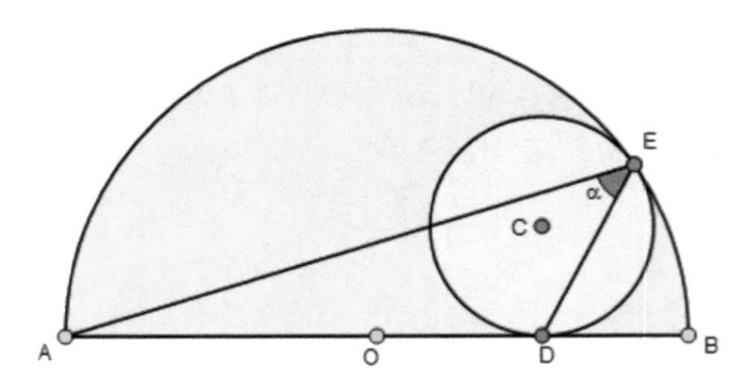

반원에서 각 $\angle AED$의 값을 구하시오.

풀이

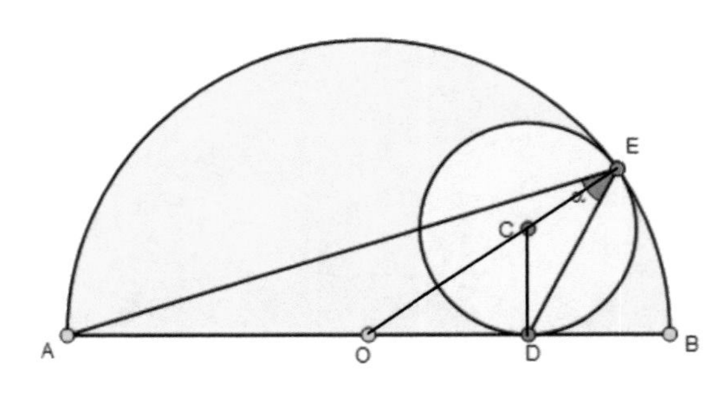

$\angle OCD = 2(\angle OED)$,

$\angle EOD = 2(\angle AEO) \xrightarrow{\text{더하면}}$

$90^\circ = 2\alpha \Rightarrow \therefore \alpha = 45^\circ$

[문제 13]

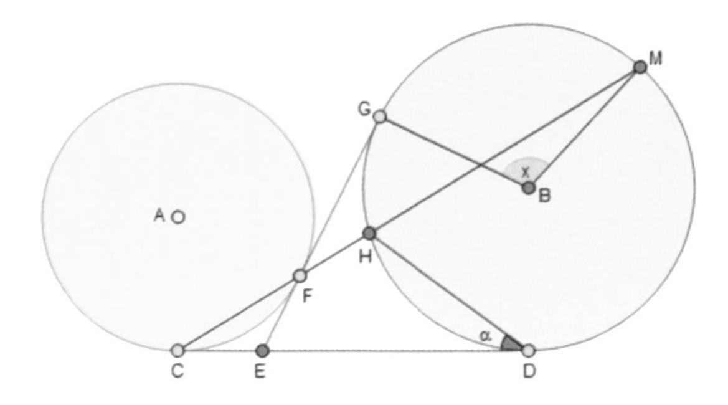

$x = 180^\circ - 2\alpha$가 성립함을 증명하시오.

증명

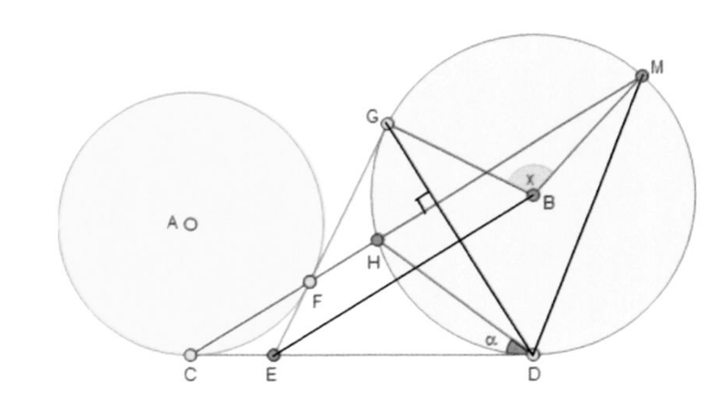

$\angle DEB = \angle BEG = \angle CFE$

$\Rightarrow \overline{CM} // \overline{EB}, \overline{CM} \perp \overline{GD}$

한편, $\angle CMD = \alpha \Rightarrow \alpha + \dfrac{x}{2} = 90^\circ$

$\Rightarrow \therefore x = 180^\circ - 2\alpha$

[문제 14]

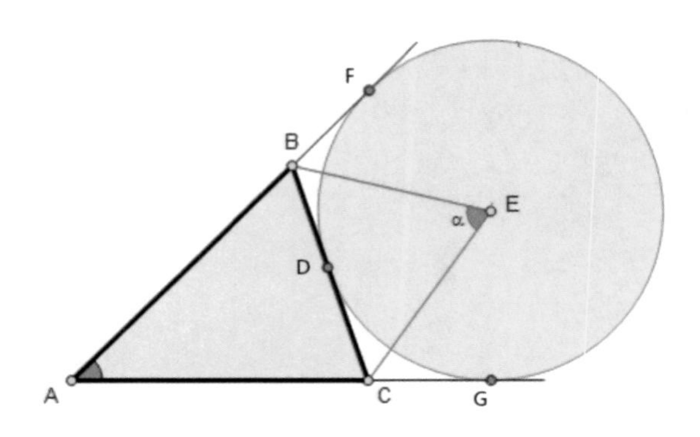

$\alpha = 90^\circ - \dfrac{\angle A}{2}$ 이 성립함을 증명하시오.

증명

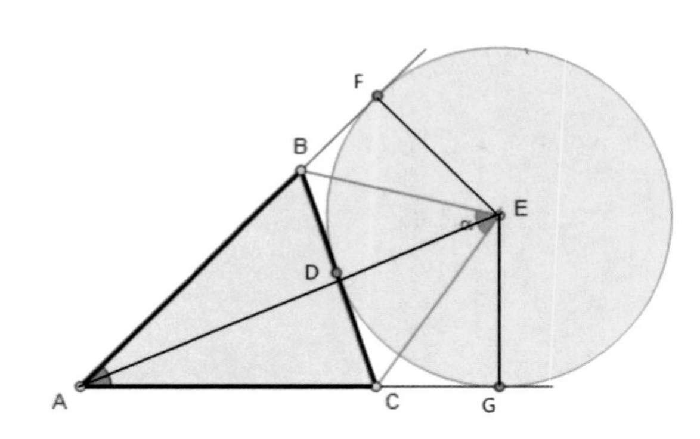

$\triangle AFE \equiv \triangle AEG$, $\triangle BFE \equiv \triangle BED$,
$\triangle CEG \equiv \triangle CDE$,
$\angle AFE = \angle AGE = 90^\circ$ 이므로
점 A, F, E, G는 한 원 위의 점들이다.
$\Rightarrow \alpha = \dfrac{\angle FEG}{2} = 90^\circ - \dfrac{\angle A}{2}$

[문제 15]

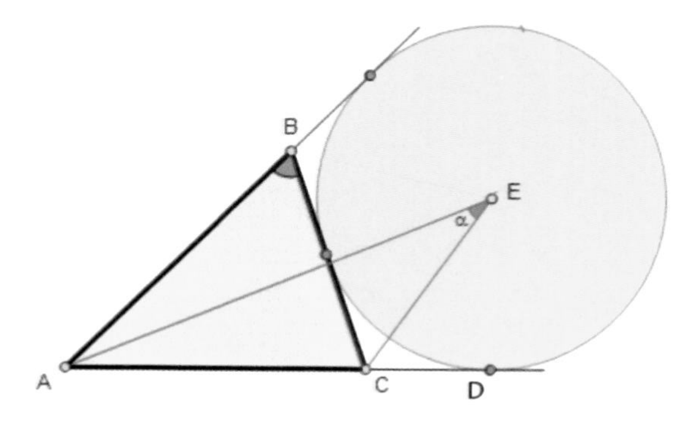

$\alpha = \dfrac{\angle B}{2}$이 성립함을 증명하시오.

증명

$$\angle ECD = 90^\circ - \frac{\angle C}{2}$$

$$\therefore\ \alpha = 180^\circ - (\angle EAC + \angle ECA) = 180^\circ - \left(\frac{\angle A}{2} + \angle C + \angle ECD\right)$$

$$= 90^\circ - \frac{(\angle A + \angle C)}{2} = \frac{\angle B}{2}$$

[문제 16]

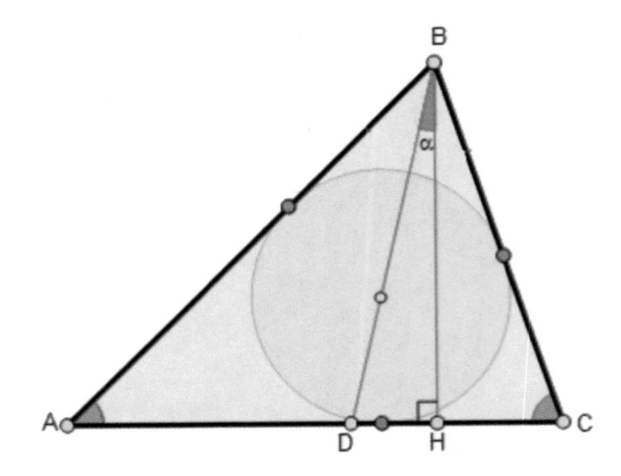

$\alpha = \dfrac{\angle C - \angle A}{2}$ 이 성립함을 증명하시오.

증명

$$\alpha = \frac{\angle B}{2} - (90^\circ - \angle C) = \frac{\angle B}{2} - \left(\frac{\angle A + \angle B + \angle C}{2}\right) + \angle C$$

$$= \frac{\angle C - \angle A}{2}$$

[문제 17]

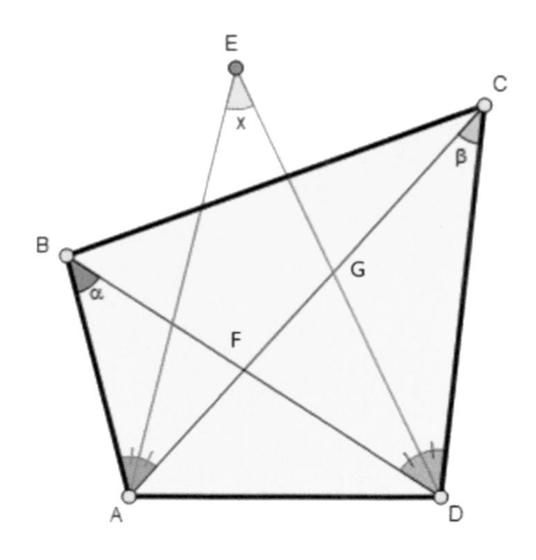

$x=\dfrac{\alpha+\beta}{2}$이 성립함을 증명하시오.

증명

$\angle BAE=m$, $\angle CDE=n$이라 하자. $\angle BFC=\alpha+2m=\beta+2n$,

$\angle DGA=x+m \Rightarrow (x+m)+n=\alpha+2m=\beta+2n$

$\Rightarrow x=\alpha+m-n=\beta+n-m \Rightarrow \therefore x=\dfrac{\alpha+\beta}{2}$

[문제 18]

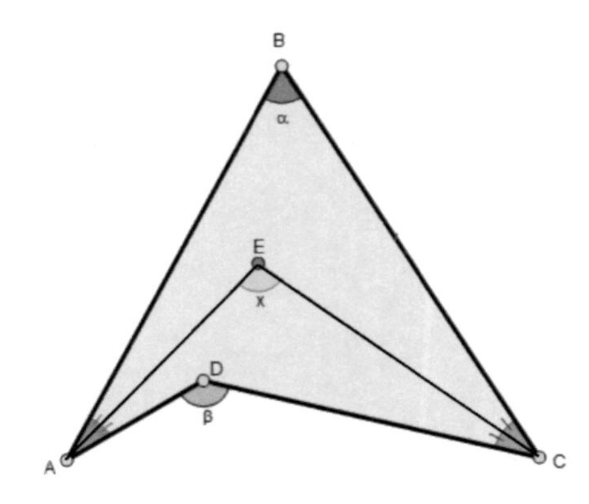

$x=\dfrac{\alpha+\beta}{2}$이 성립함을 증명하시오.

증명

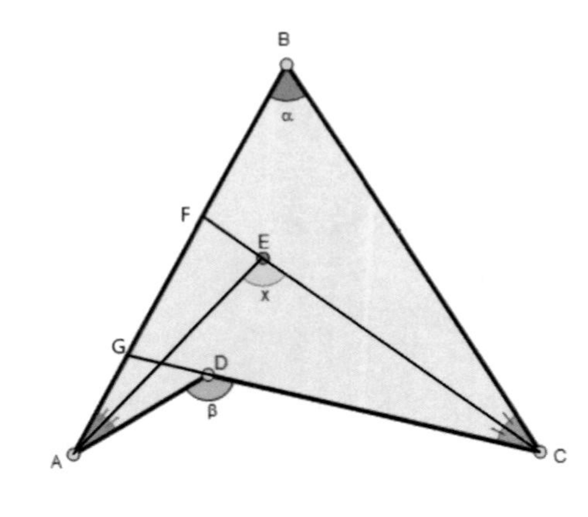

$\angle BCF=m$, $\angle BAE=n$이라 하자.

$\angle GFC=\alpha+m \Rightarrow x=\alpha+m+n$

한편, $\angle AGC=\alpha+2m$, $\beta=\alpha+2(m+n)$

$\Rightarrow \therefore x=\alpha+\dfrac{\beta-\alpha}{2}=\dfrac{\alpha+\beta}{2}$

[문제 19]

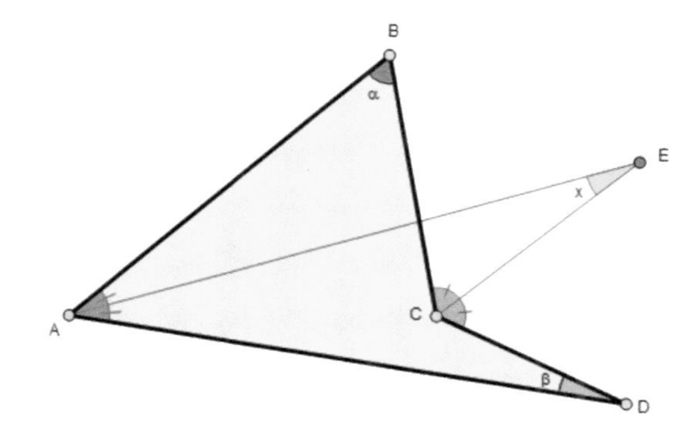

$x=\dfrac{\alpha-\beta}{2}$ 이 성립함을 증명하시오.

증 명

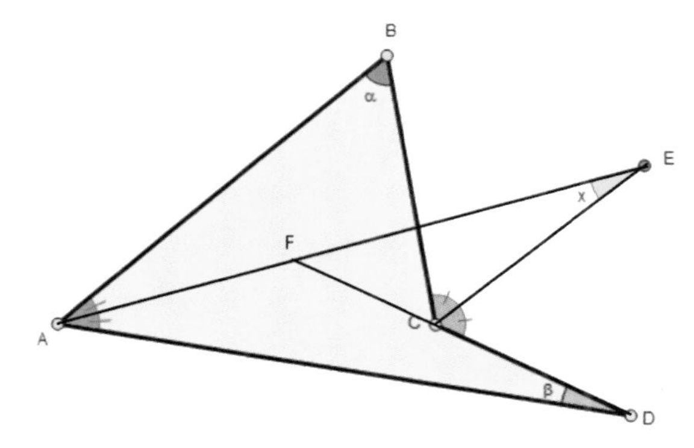

$\angle BAE=m$, $\angle BCE=n$이라 하자.

$\angle DFE=m+\beta \Rightarrow$

$n=(m+\beta)+x$ ······ (1)

$\alpha+m=x+n \Rightarrow$

$x=\alpha+m-n$ ······ (2)

$\xrightarrow{(1),(2)} \therefore x=\dfrac{\alpha-\beta}{2}$

[문제 20]

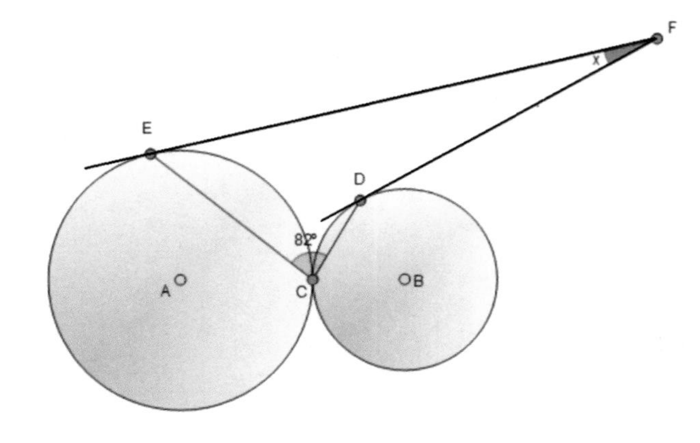

$\angle ECD = 82°$일 때,
각 x의 값을 구하시오.

풀이

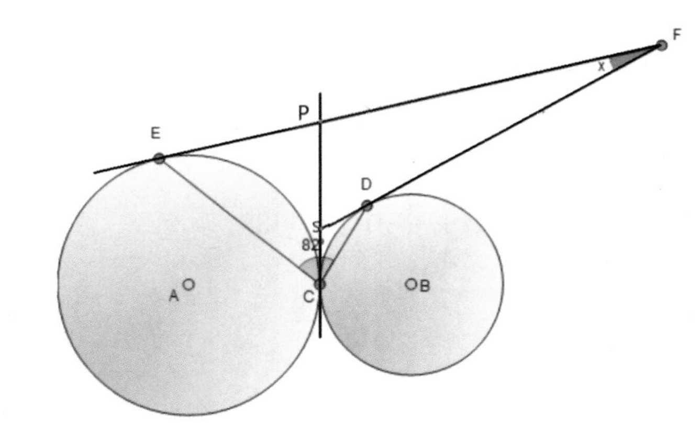

$\overline{PE} = \overline{PC}, \overline{SC} = \overline{SD}$
$\Rightarrow \angle FPS + \angle FSP = 164°$
$\Rightarrow \therefore x = 180° - 164° = 16°$

[문제 21]

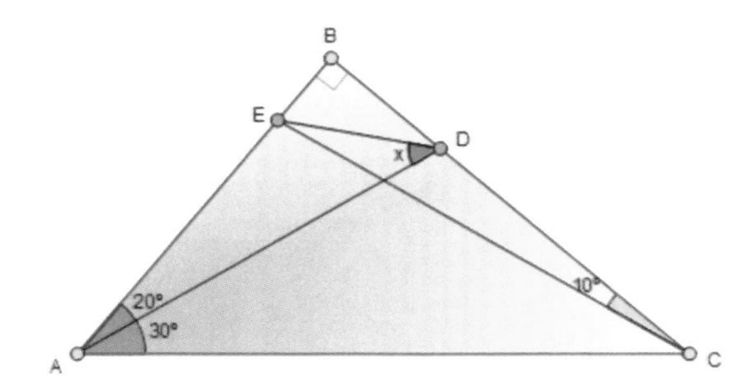

직각삼각형 $\triangle ABC$에 대하여 각 x의 값을 구하시오.

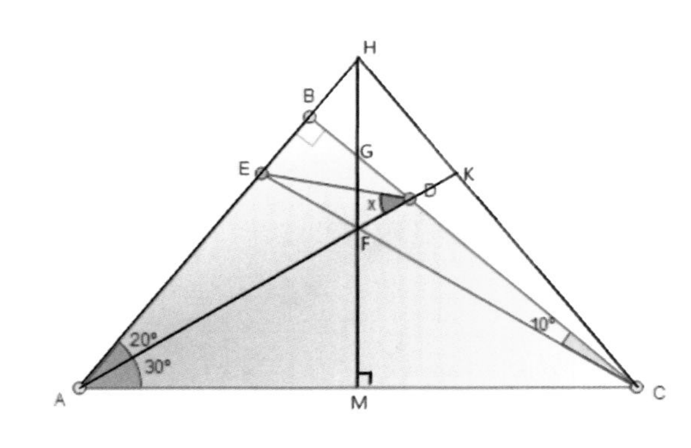

$\overline{AF} = \overline{FC}$, $\angle AFM = 60^\circ$,

$\angle MHK = 40^\circ \Rightarrow \angle HKA = 80^\circ$,

$\triangle CEH$:이등변 삼각형,

$\angle HFK = \angle KFC = 60^\circ$

$\Rightarrow D$: $\triangle HFC$의 내심, $\angle DHG = 20^\circ$,

$30^\circ = \angle BDH = \angle BDE$,

$\angle ADB = 70^\circ$

$\Rightarrow \therefore x = 40^\circ$

[문제 22]

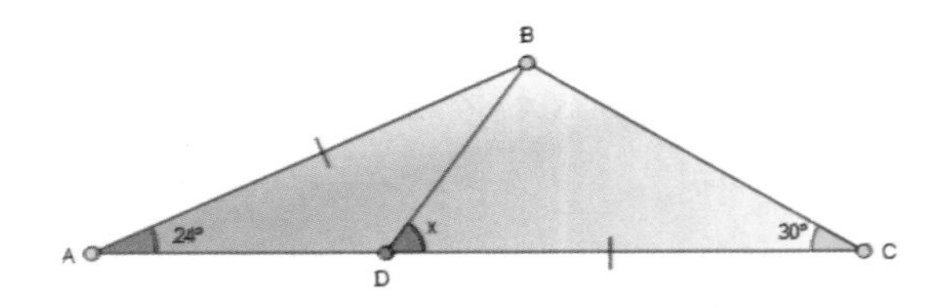

$\overline{AB} = \overline{CD}$ 일 때, 각 $\angle BDC$을 구하시오.

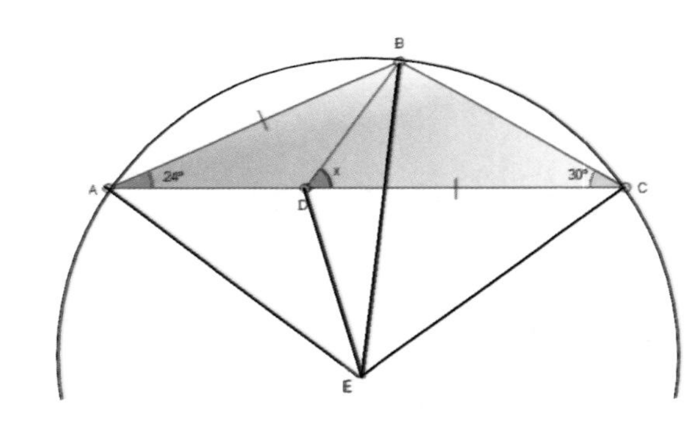

E을 $\triangle ABC$의 외심이라 하자.

$\Rightarrow \angle AEB = 60^\circ$, $\triangle ABE$는 정삼각형,

$\overline{CD} = \overline{EC} \Rightarrow \triangle CDE$: 이등변 삼각형

$\Rightarrow \angle EAC = 36^\circ = \angle ECA$,

$\angle CDE = 72^\circ \Rightarrow \overline{AD} = \overline{DE}$

$\Rightarrow \triangle ABD \equiv \triangle BED$,

$\angle DBA = \angle DBE = 30^\circ$

$\therefore x = 24^\circ + 30^\circ = 54^\circ$

[문제 23]

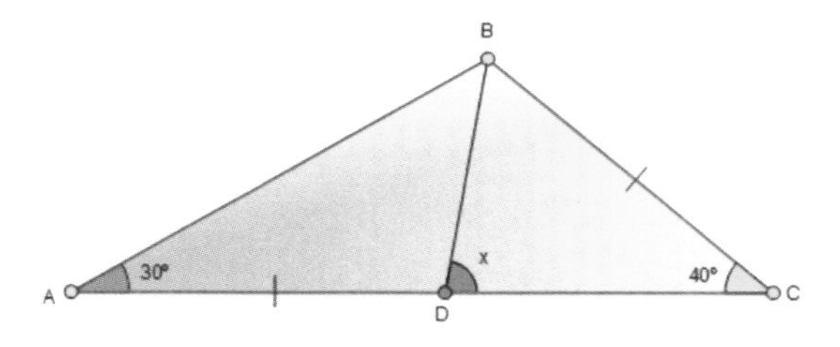

$\overline{AD} = \overline{BC}$ 일 때, 각 $\angle BDC$ 을 구하시오.

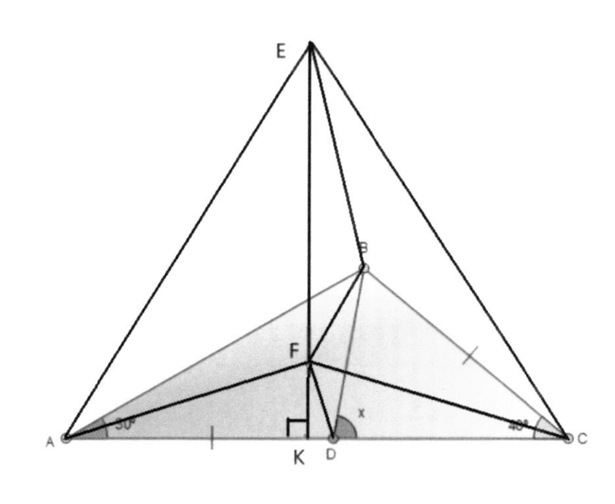

$\triangle ACE$ 을 정삼각형이라 하고,

$\overline{CF} = \overline{CB}$ 인 점 F 을 잡는다.

$\Rightarrow \triangle ABE \equiv \triangle ABC,\ \overline{BE} = \overline{BC},$

$\angle BEC = \angle BCE = 20^\circ,$

$\triangle ACF \equiv \triangle BCE$

$\Rightarrow \angle CFB = 80^\circ = \angle ADF = \angle CBF$

$\Rightarrow B, C, D, F$ 는 한 원 위의 점들이다.

$\therefore x = \angle CFB = 80^\circ$

[문제 24]

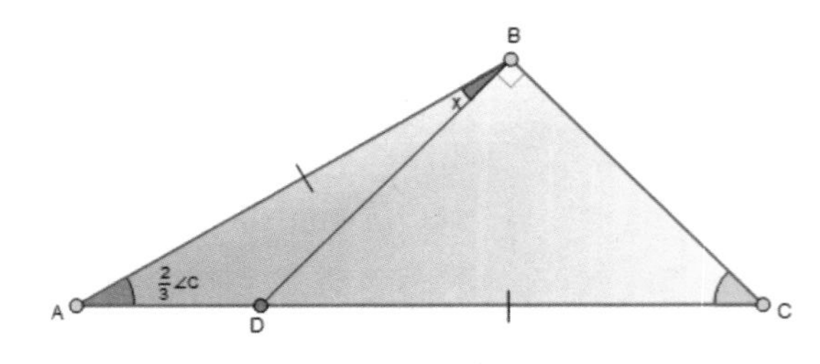

$\overline{AB}=\overline{CD}$, $\angle A=\frac{2}{3}\angle C$,

$\angle CBD=90°$일 때,

각 $\angle ABD$을 구하시오.

풀이

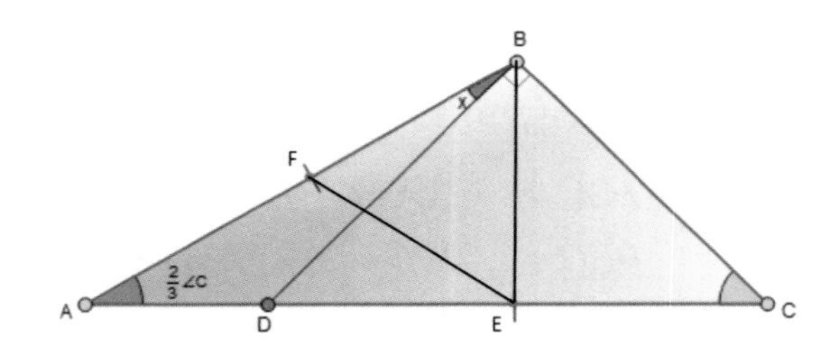

$\overline{DE}=\overline{EC}$, $\overline{AF}=\overline{FB}$라고 하자.

$\Rightarrow E$는 원 중심이고,

B, C, D는 원 위의 점

$\Rightarrow \overline{BF}=\overline{BE}$,

$$\angle ABE \xleftrightarrow{E:\text{원의중심}} =180° - \frac{2}{3}\angle C - 2\angle C = 180° - \frac{8}{3}\angle C$$

$$\Rightarrow \angle BEF = \angle BFE = \frac{4}{3}\angle C \Rightarrow \angle FEA = \frac{4}{3}\angle C - \frac{2}{3}\angle C = \frac{2}{3}\angle C$$

$\Rightarrow \overline{AF}=\overline{FE}$, $\triangle BEF$는 정삼각형이다. $\Rightarrow \angle C=45°$, $\angle BEC=90°$,

$\angle BDC=45° \Rightarrow \therefore x=15°$

[문제 25]

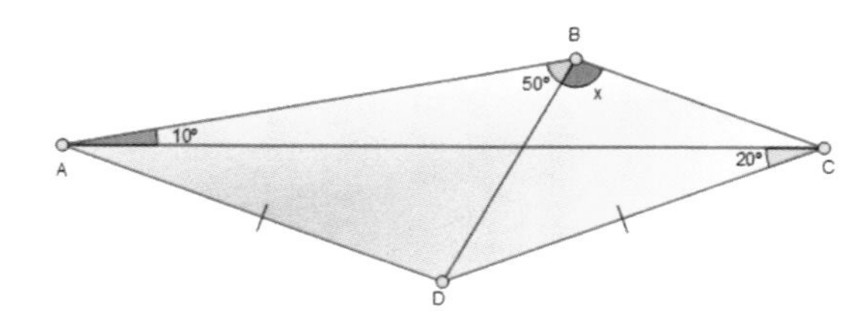

$\overline{AD} = \overline{CD}$ 일 때, 각 $\angle CBD$을 구하시오.

풀이

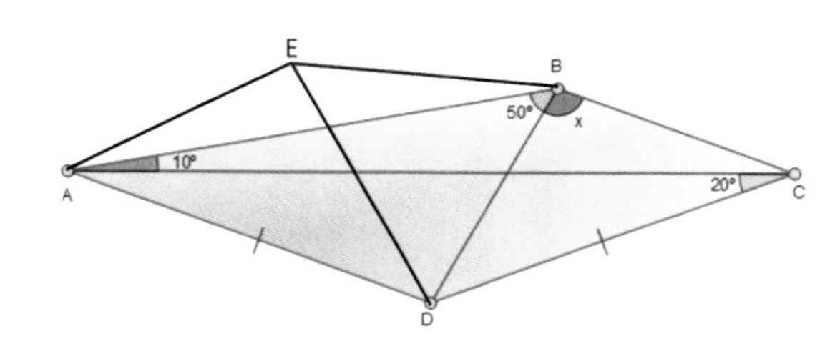

$\triangle BDE$을 정삼각형이라 하자.
$\angle DEB = 60^{\circ} = 2\angle DAB$,
$\angle BDC = 40^{\circ} \Rightarrow E$는 원의 중심,
A, D, B은 원 위의 점들이다.

$\Rightarrow \overline{EA} = \overline{ED} = \overline{EB} = \overline{DB}$, $\angle EAB = \angle EBA = 10^{\circ}$, $\triangle AED \equiv \triangle BCD$
$(\because \angle EAD = 40^{\circ} = \angle BDC) \Rightarrow \therefore x = \angle AED = 100^{\circ}$

[문제 26]

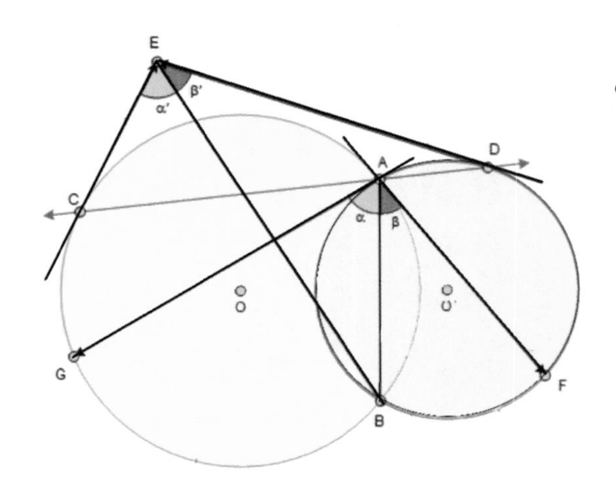

$\alpha=\alpha'$, $\beta=\beta'$이 성립함을 증명하시오.

증명

$\angle CBD=\angle CBA+\angle ABD=\angle ECD+\angle EDC=180^\circ-(\alpha'+\beta')$

$\Rightarrow E, C, B, D$는 한 원 위의 점들이다.

$\therefore \alpha=\angle GAB=\angle ADB=\angle CEB=\alpha'$

$\beta=\angle FAB=\angle ACB=\angle DEB=\beta'$

[문제 27]

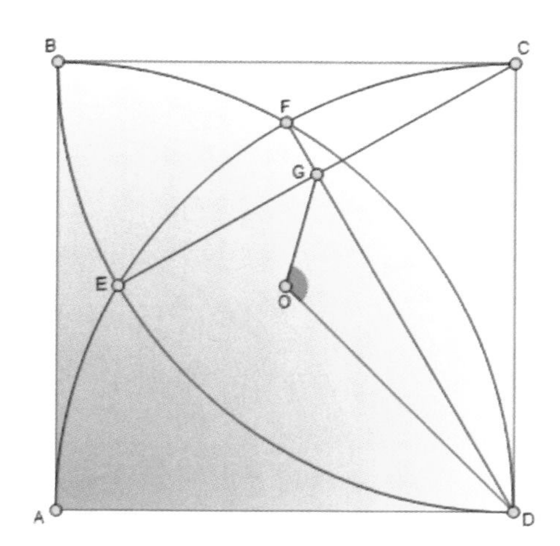

정사각형 $ABCD$의 중심 O일 때,
각 $\angle DOG$의 값을 구하시오.

풀이

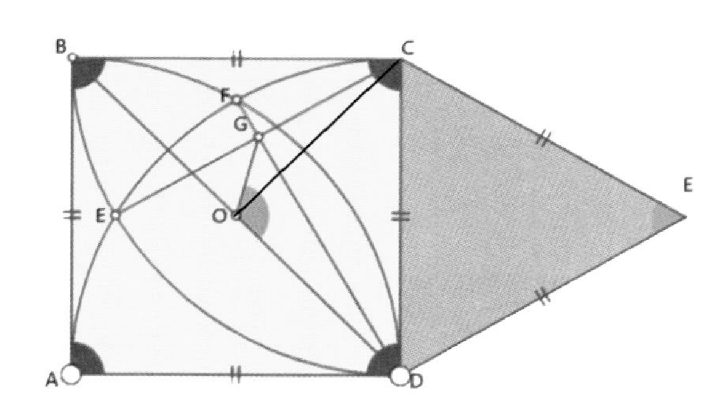

$\angle DOC = \angle DGC = 90^\circ$
점 D, C, G, O는 한 원 위의 점들이다.
$\Rightarrow \angle DCG + \angle GOD = 180^\circ$,
$\angle GCD = 60^\circ \quad \therefore \angle DOG = 120^\circ$

[문제 28]

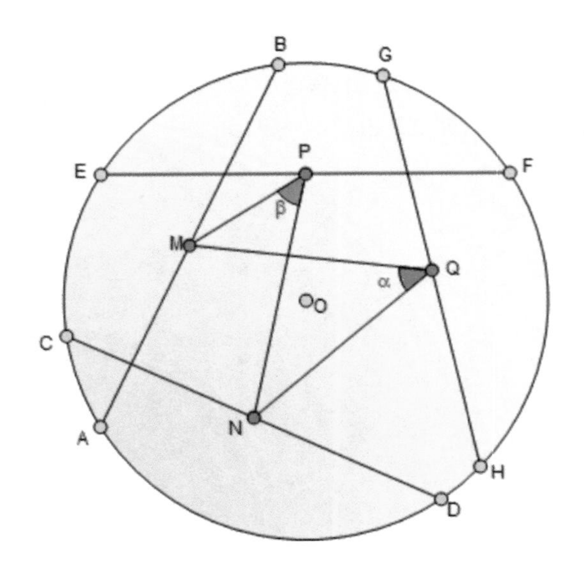

$\overline{AB}=\overline{CD}=\overline{EF}=\overline{GH}$,
점 M, N, P, Q는 각각 선분의 중심일 때,
$\alpha=\beta$이 성립함을 증명하시오.

증명

$\overline{OP}^2=\overline{OE}^2-\overline{EP}^2=\overline{OG}^2-\overline{QG}^2=\overline{OQ}^2 \Rightarrow \overline{OP}=\overline{OQ}$

같은 방법으로 $\overline{OM}=\overline{ON}=\overline{OQ}=\overline{OP}$이다.

$\Rightarrow O$는 원의 중심이고, 원 위에 점 M, N, P, Q이 있다.

$\therefore\ \alpha=\beta$

[문제 29]

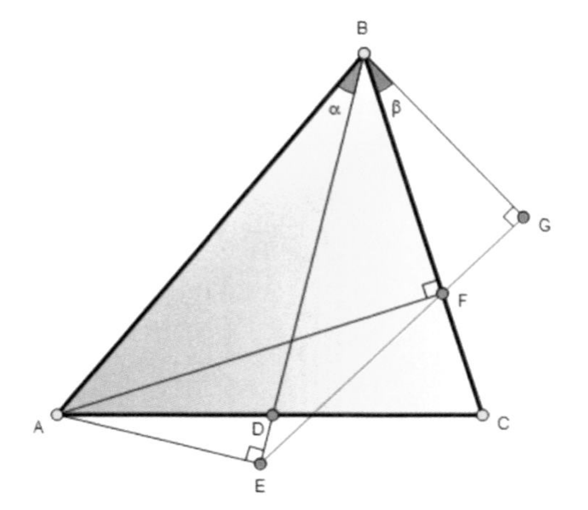

각 $\alpha = \beta$ 가 성립함을 증명하시오.

증명

점 A, E, F, B 는 한 원 위의 점들이다.

$\therefore \ \alpha = \angle AFE = 90^{\circ} - \angle BFG = \beta$

[문제 30]

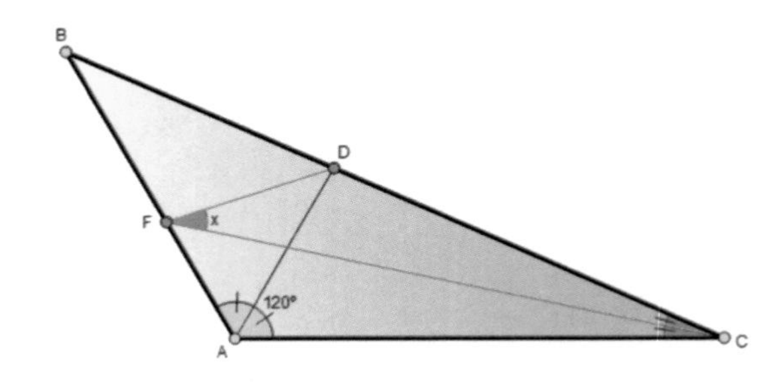

$\angle A = 120^\circ$ 일 때,
각 $\angle DFC$의 값을 구하시오.

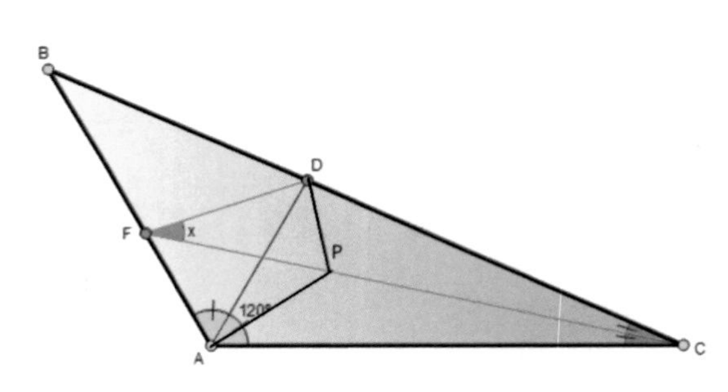

$\angle PAC = 30^\circ$ 라고 하자.
점 P는 $\triangle DAC$의 내점이다.
$\angle FCA = a$라 하면, $\angle AFC = 60^\circ - a$,

$$\angle ADP = \angle CDP = \frac{180^\circ - (60^\circ + 2a)}{2}$$

$= 60^\circ - a = \angle AFC \Rightarrow F, D, P, A$는 한 원 위의 점들이다.
$\therefore x = \angle DAP = 30^\circ$

[문제 31]

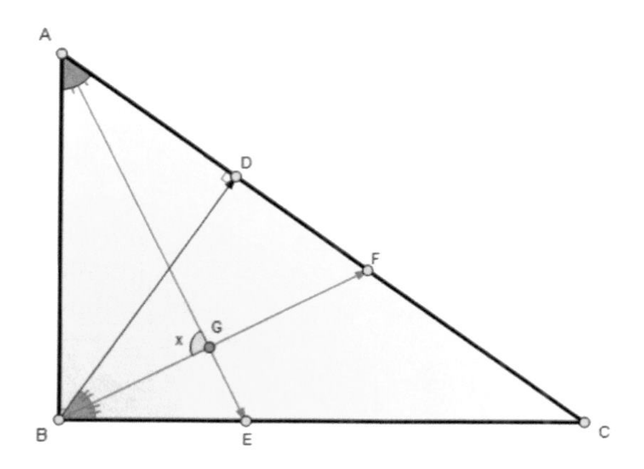

직각삼각형 $\triangle ABC$, $\triangle ABD$ 에 대하여 각 $\angle AGB$의 값을 구하시오.

풀이

$\angle ABD = 90^\circ - \angle A$, $\angle DBC = \angle A$, $\angle DBG = \dfrac{\angle A}{2}$

$\Rightarrow \angle DAG = \dfrac{\angle A}{2} = \angle DBG$ $\Rightarrow$ 점 A, B, D, G는 한 원 위의 점들이다.

$\therefore \angle AGB = 90^\circ$

[문제 32]

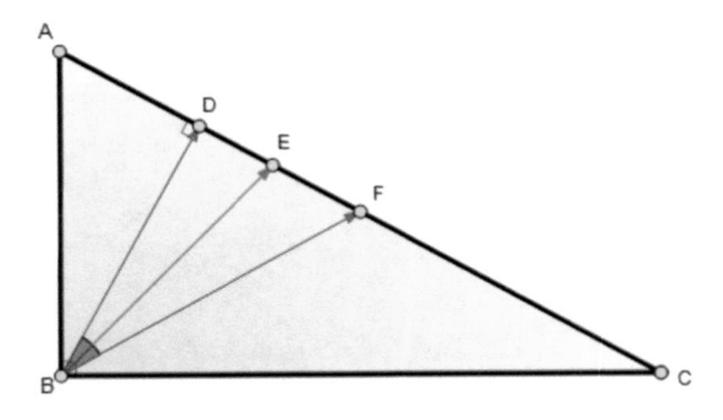

직각삼각형 $\triangle ABC$, $\triangle ABD$, $\overline{AF} = \overline{CF}$, $\angle ABE = \angle CBE$일 때, $\angle DBE = \angle EBF$이 성립함을 증명하시오.

증명

$\angle ABD = \angle BCF = \angle CBF$, $\angle ABE = \angle CBE$

$\Rightarrow \therefore \ \angle DBE = \angle EBF$

[문제 33]

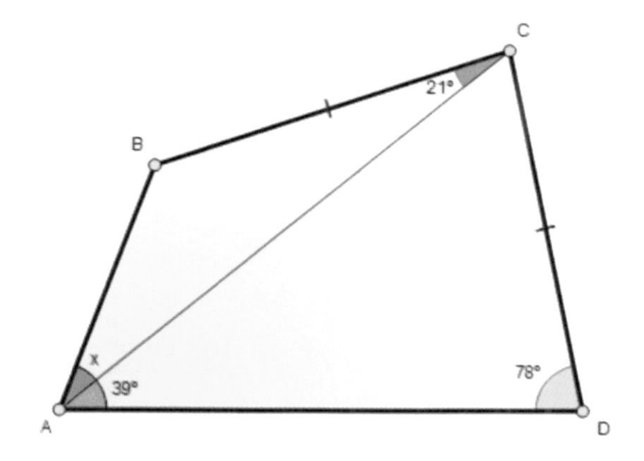

$\overline{BC} = \overline{CD}$일 때, 각 $\angle BAC$의 값을 구하시오.

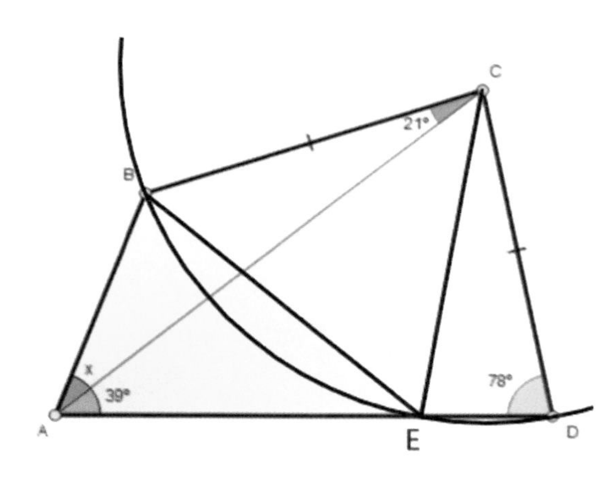

점 C가 중심인 원을 그린다.

$\Rightarrow \angle ACE = 39^\circ$, $\overline{AE} = \overline{CE}$,

$\triangle BCE$: 정삼각형, $\overline{AE} = \overline{BE}$

$\Rightarrow \angle BEA = 42^\circ$

$\therefore x = 30^\circ$

[문제 34]

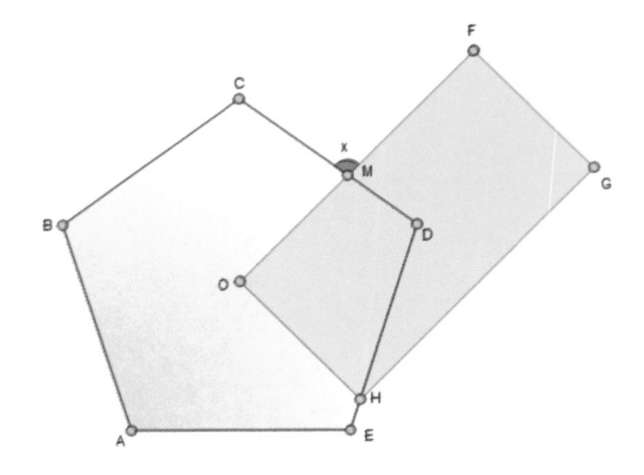

점 O는 정오각형의 중심, 점 D는 직사각형의 중심일 때, 각 $\angle CMF$의 값을 구하시오.

풀이

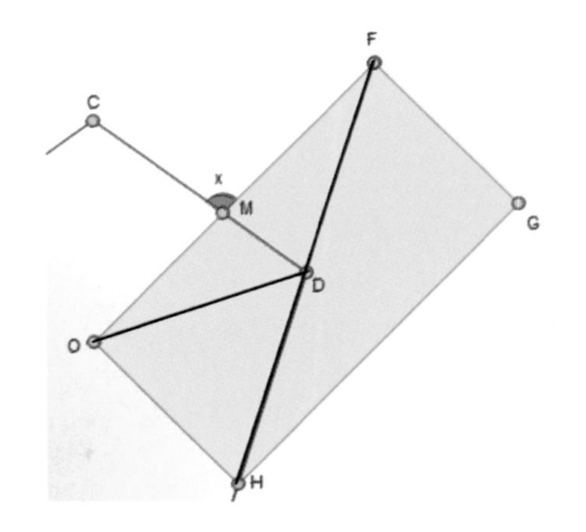

점 D는 원의 중심이고, O, H, G, F는 원 위의 점들이다.

$\angle ODE = 54^{\circ}$, $\angle OFD = 27^{\circ}$,

$\angle MDF = 72^{\circ}$

$\Rightarrow \therefore x = 72^{\circ} + 27^{\circ} = 99^{\circ}$

[문제 35]

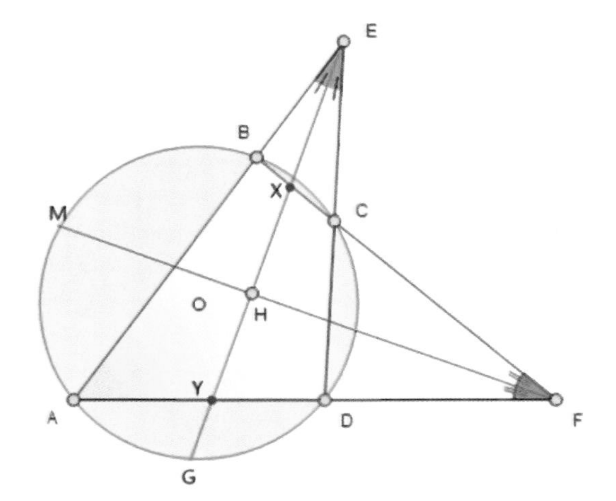

$\overline{EG} \perp \overline{FM}$이 성립함을 증명하시오.

증 명

$$\angle A = \angle BCE \Rightarrow \angle CXH = \angle A + \frac{\angle E}{2} = \angle EYD$$

$\Rightarrow \triangle FXY$는 이등변 삼각형이다.

$\therefore \overline{EG} \perp \overline{FM}$

[문제 36]

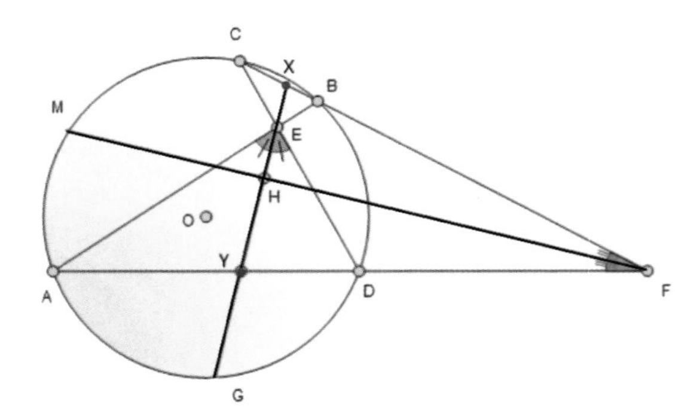

$\overline{EG} \perp \overline{FM}$ 이 성립함을 증명하시오.

증 명

$\angle A = \angle C,\ \angle XYF = \angle A + \angle AEY = \angle C + \angle CEX = \angle FXY$

$\Rightarrow \triangle FXY$ 는 이등변 삼각형이다.

$\therefore \overline{EG} \perp \overline{FM}$

[문제 37]

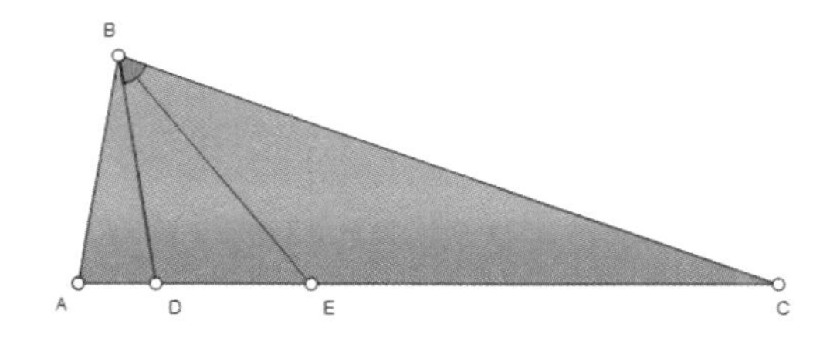

$\overline{CE} = 2\overline{AB} = 3\overline{DE} = 6\overline{AD}$ 일 때, 각 $\angle CBE = \angle DBE$ 이 성립함을 증명하시오.

증명

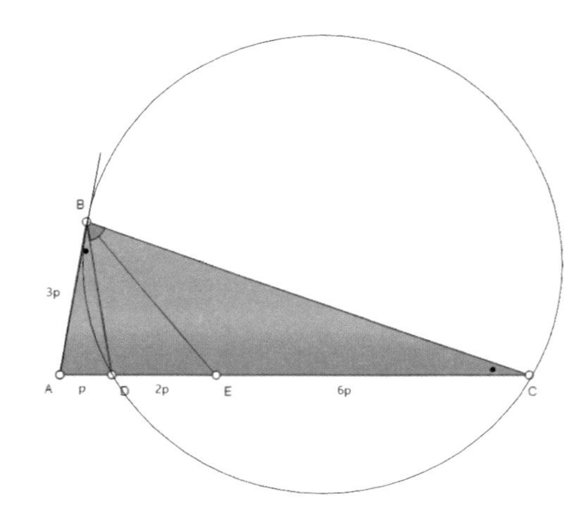

$\overline{AD} = p$ 라고 하자.

$\overline{AB}^2 = 9p^2 = p(9p) = \overline{AD} \times \overline{AC}$,

$\angle ABE = \angle AEB$

$\Rightarrow \angle ABD + \angle DBE = \angle EBC + \angle ECB$

$\therefore \angle CBE = \angle DBE$

[문제 38]

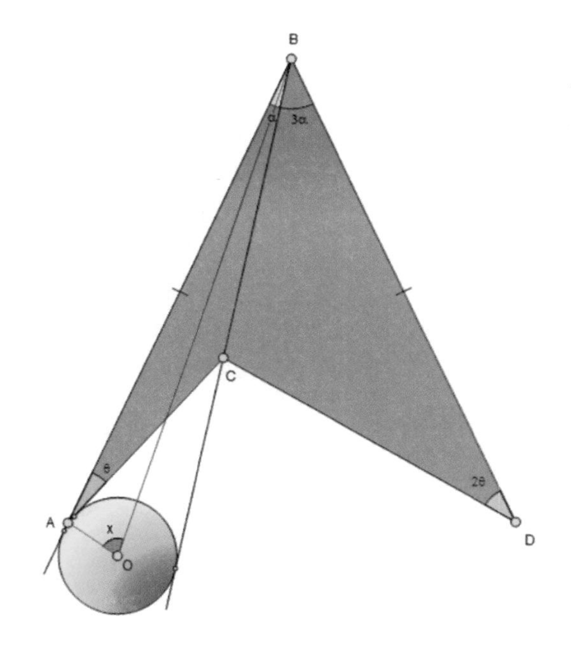

점 O는 $\triangle ABC$의 방심일 때, 각 $\angle AOB$의 값을 구하시오.

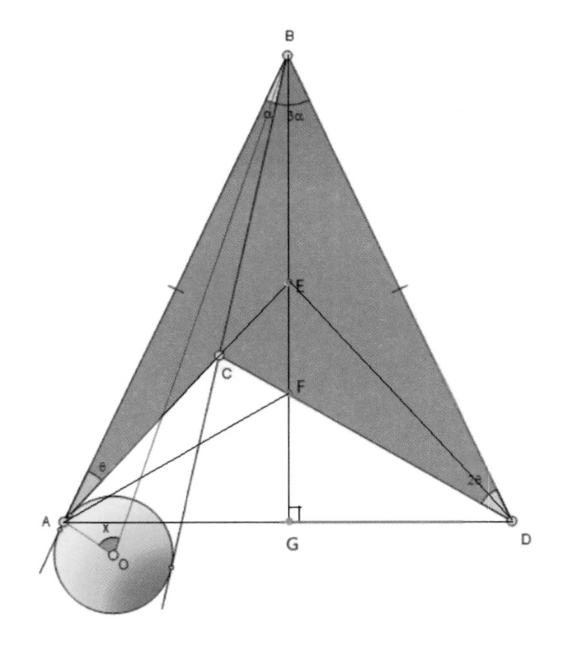

$\angle EAF = \theta \Rightarrow C : \triangle ABF$의 내심,

$\angle EFC = \angle CFA = \angle AFG = \angle GFD$

$\Rightarrow 3(4\alpha + 4\theta) = 2\pi, \alpha + \theta = 30^{\circ}$,

[문제 15]에서 $\therefore x = \dfrac{\angle C}{2} = \dfrac{\pi - (\alpha + \theta)}{2}$

$= \dfrac{180^{\circ} - 30^{\circ}}{2} = 75^{\circ}$

[문제 39]

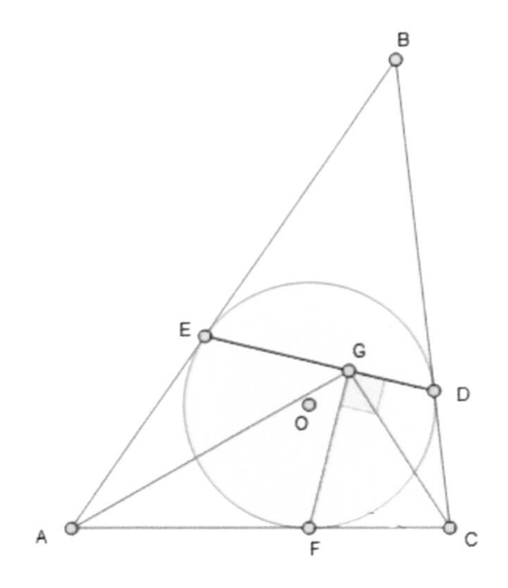

$\angle AGF = \angle FGC$ 이 성립함을 증명하시오.

증명

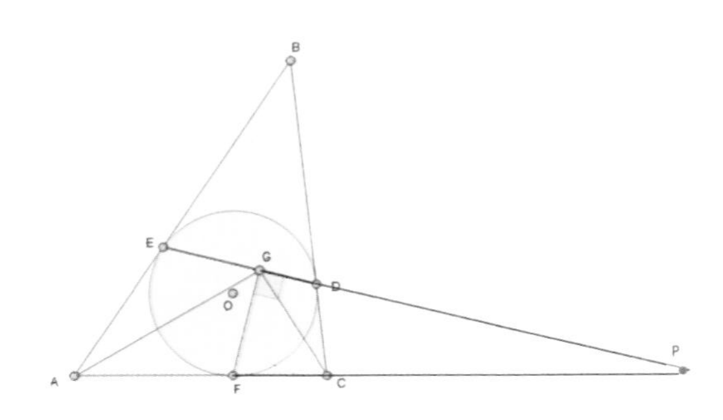

[문제 4]에서 $\Rightarrow \frac{\overline{PC}}{\overline{AP}} \times \frac{\overline{AE}}{\overline{EB}} \times \frac{\overline{BD}}{\overline{DC}} = 1$,

$\frac{\overline{PC}}{\overline{AP}} = \frac{\overline{DC}}{\overline{AE}} = \frac{\overline{FC}}{\overline{FA}}$, $(\because \overline{EB} = \overline{BD})$

[Apollonius circle 정리] $\Rightarrow$ $\overline{FP}$: 지름

$\therefore \angle AGF = \angle FGC$

[문제 40]

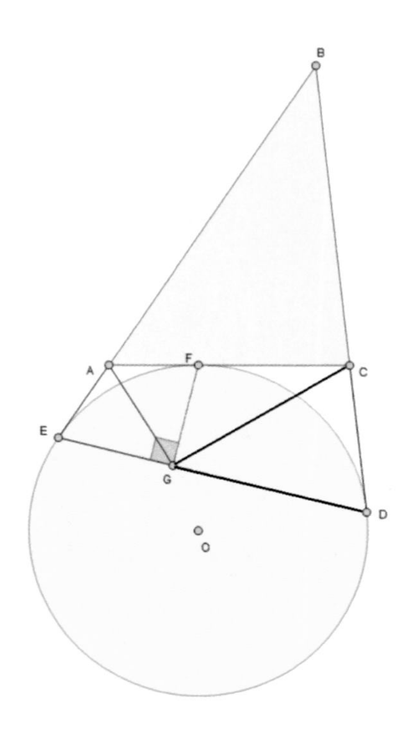

$\angle AGF = \angle FGC$이 성립함을 증명하시오.

증 명

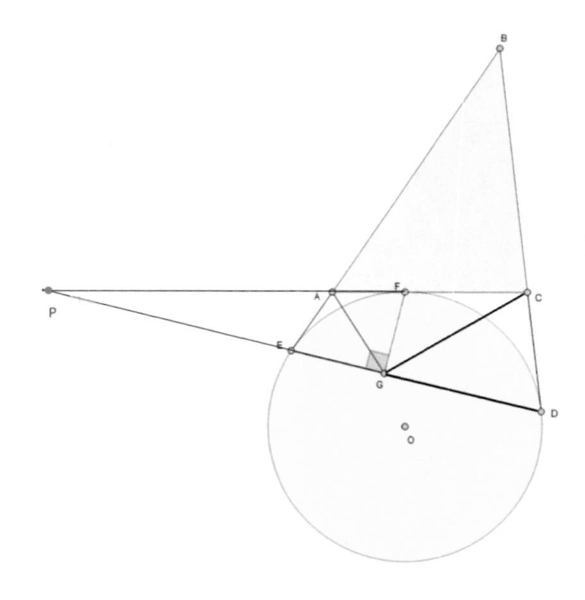

[문제 4]에서 $\Rightarrow \dfrac{\overline{PC}}{\overline{AP}} \times \dfrac{\overline{AE}}{\overline{EB}} \times \dfrac{\overline{BD}}{\overline{DC}} = 1$,

$\dfrac{\overline{PC}}{\overline{AP}} = \dfrac{\overline{DC}}{\overline{AE}} = \dfrac{\overline{FC}}{\overline{FA}}$, $(\because \overline{EB} = \overline{BD})$

[Apollonius circle 정리] $\Rightarrow$ $\overline{FP}$: 지름

$\therefore\ \angle AGF = \angle FGC$

[문제 41]

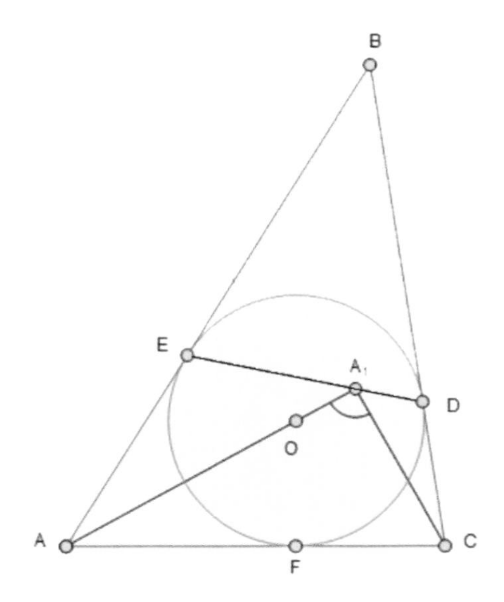

각 $\angle AA_1C$ 의 값을 구하시오.

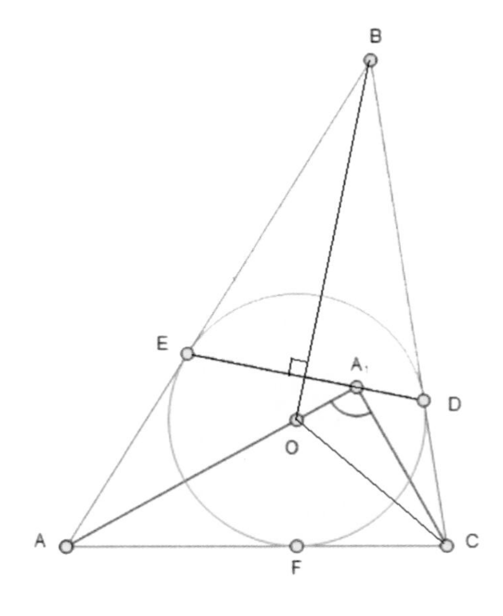

$$\angle BED = \frac{\pi - \angle B}{2},$$

$$\Rightarrow \angle EA_1A = \frac{\pi - \angle B - \angle A}{2} = \frac{\angle C}{2} = \angle OCD$$

$\Rightarrow O, C, D, A_1$: 한 원 위의 점들이다.

$\therefore \angle OA_1C = \angle ODC = 90^\circ$

[문제 42]

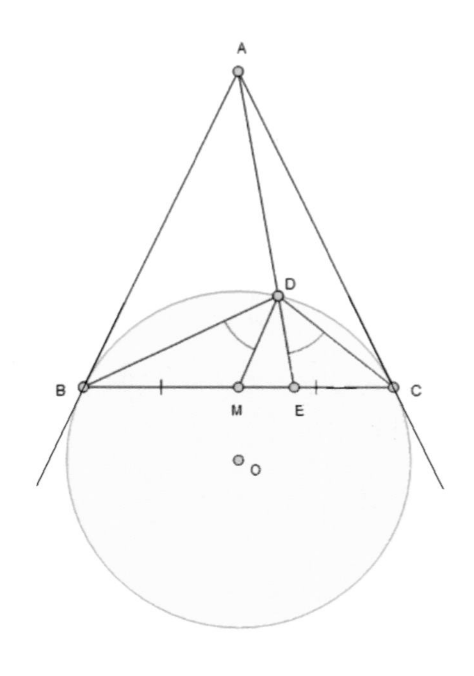

각 $\angle BDM = \angle CDE$ 이 성립함을 증명하시오.

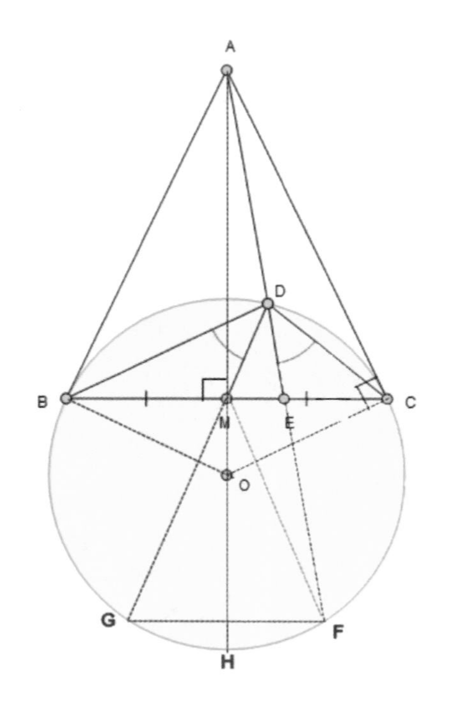

$\overline{OM} \times \overline{OA} = \overline{OC}^2 = \overline{OD}^2$ ······ (1)

[Apollonius circle 정리] $\Rightarrow \overline{AE}$: 원의 지름,

$\angle FME = \angle EMD$,

$\angle AMD = \angle FMH = \angle HMG \Rightarrow \overline{BC} // \overline{GF}$

$\overset{\frown}{BG} = \overset{\frown}{CF} \Rightarrow \therefore \angle BDM = \angle CDE$

[문제 43]

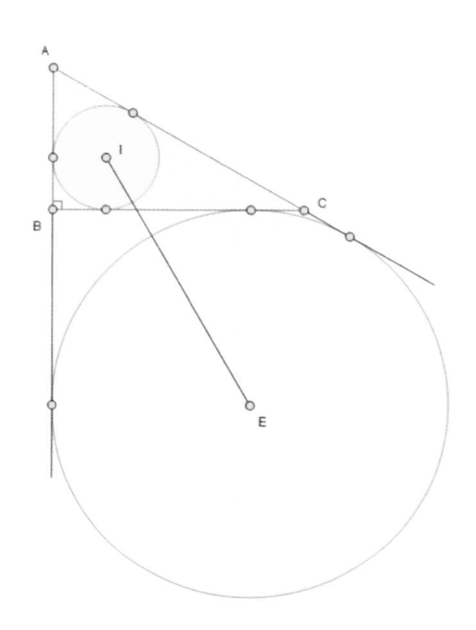

$\overline{AC} = \overline{IE}$ 일 때, 각 $\angle ACB$의 값을 구하시오.

풀이

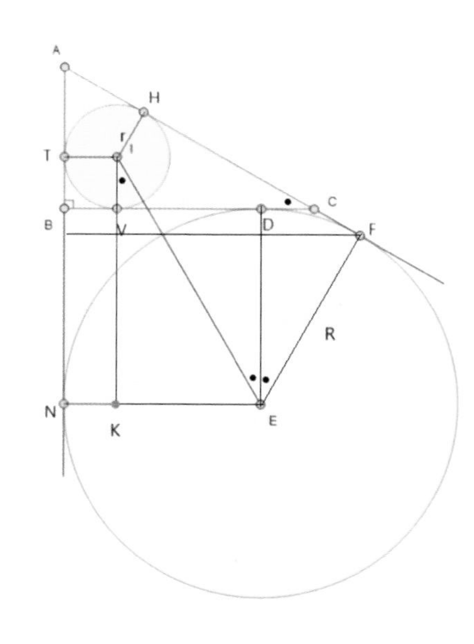

a,b,c : $\triangle ABC$의 세 변의 길이, $s = \dfrac{a+b+c}{2}$,

$\overline{AH} = x$, $\overline{HC} = y$, $\overline{CD} = t$, $\overline{BD} = u$ 하자.

$\Rightarrow x+y=b,\ t+u=a=r+y,\ r+x=c,$

$2(x+y+r)=2s \Rightarrow x+y+r=s,\ \ r=s-b$

$2\overline{AN} = \overline{AN} + \overline{AF} = 2s \Rightarrow \overline{AN} = s = \overline{AF}$

$\overline{CD} = \overline{CF} = s-b = \dfrac{a-b+c}{2} = r,$

$R = \overline{BD} = a - \overline{CD} = \dfrac{a+b-c}{2},$

점 C, D, E, F :한 원 위의 점들, $\triangle ABC \equiv \triangle IKE$

$\Rightarrow (R+r)^2 + (R-r)^2 = b^2 \xrightarrow{\text{대입}} b = 2c$

$\therefore \angle C = 30^\circ$

[문제 44]

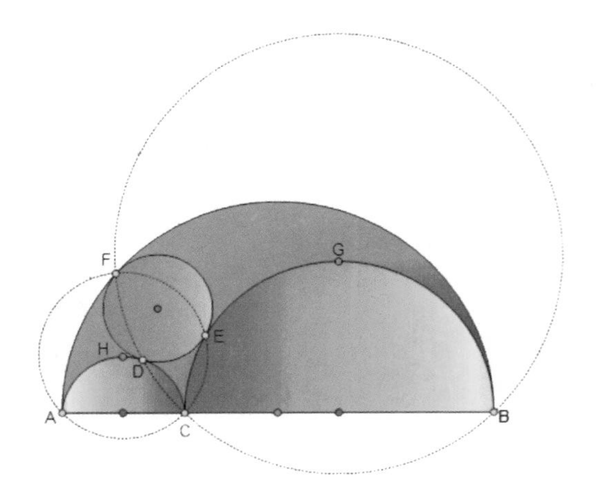

점 A, C, E, F 와 점 B, C, D, F 은 각각 원 위의 점들임을 증명하시오.

증명

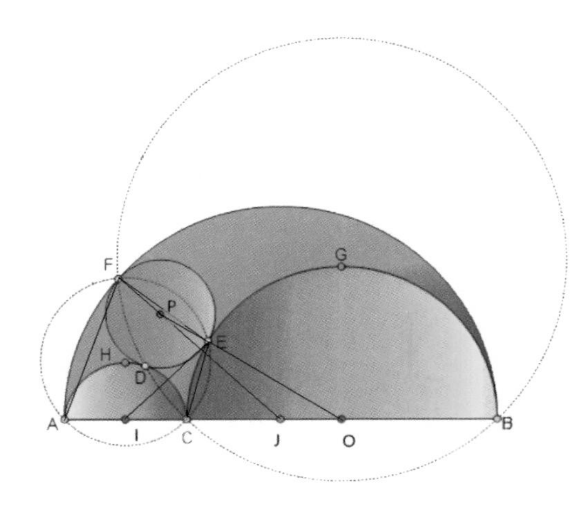

$$\angle FAC = \frac{\pi - \angle FJA}{2}, \quad \angle FEP = \frac{\angle OPJ}{2}$$

$$\angle CEP = \frac{\pi + \angle EOC}{2},$$

$$\angle FEC = \angle FEP + \angle CEP,$$

$$\angle OPJ + \angle EOC = \angle FJA \xrightarrow{\text{모두대입}}$$

$$\therefore \angle FAC + \angle FEC = \frac{\pi - \angle FJA}{2} + \angle FEP$$

$$+ \angle CEP = \pi + \frac{\angle FJA - \angle FJA}{2} = \pi$$

$\Rightarrow A, F, E, C$: 한 원 위의 점들이다. 같은 방법으로 점 F, D, C, B : 한 원 위의 점들이다.

[문제 45]

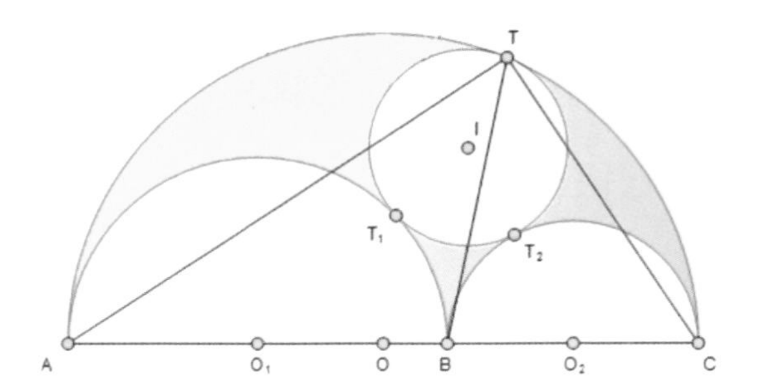

$\angle ATB = \angle BTC$이 성립함을 증명하시오.

증명

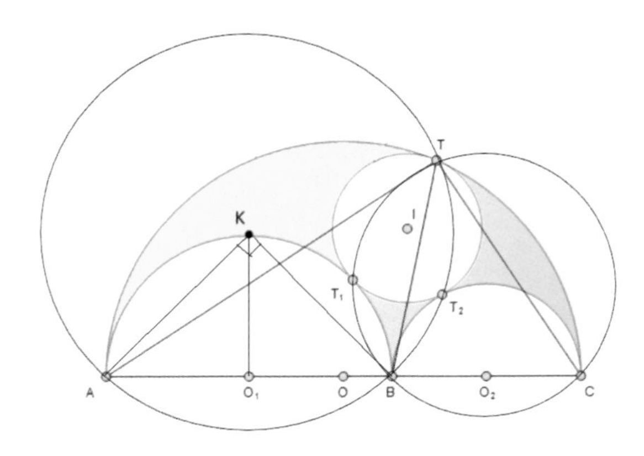

[문제 44]에서 두 원이 있다.

큰 원의 중점 K가 있다.

$\angle ATB = 45^\circ \Rightarrow \therefore \angle ATB = \angle BTC$

[문제 46]

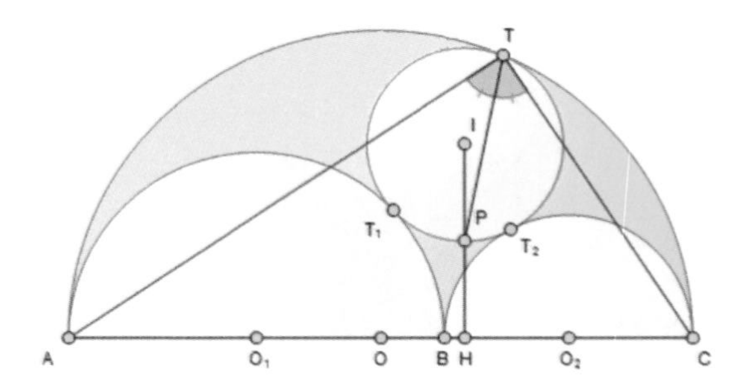

선분 $\overline{IP} \perp \overline{AC}$이 성립함을 증명하시오.

증명

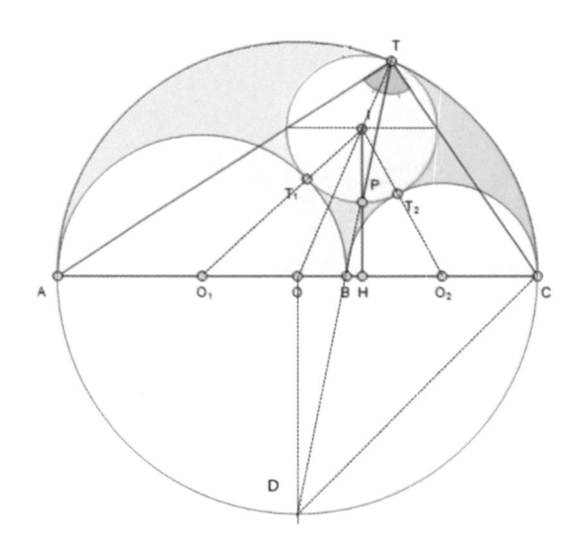

[문제 45]에서 선분 $\overline{TB}$을 지난다.

$\angle ATB = 45° \Rightarrow \angle AOD = 90°$

두 개의 이등변 삼각형 $\triangle TIP, \triangle OTD$

$\Rightarrow \angle TOD = \angle TIP,\ \overline{IP} // \overline{OD},$

$\therefore \overline{IP} \perp \overline{AC}$

[문제 47]

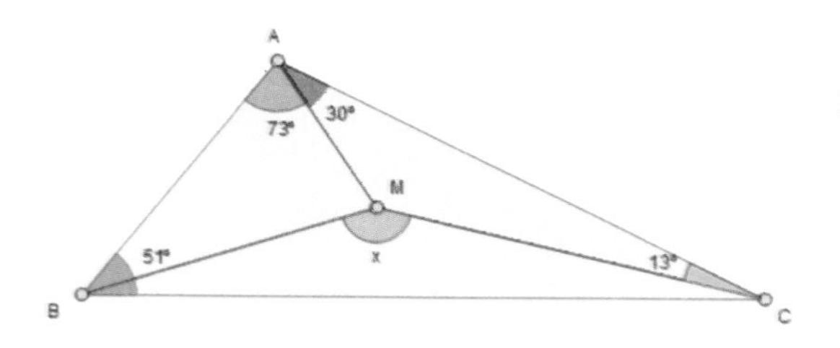

각 $\angle BMC$의 값을 구하시오.

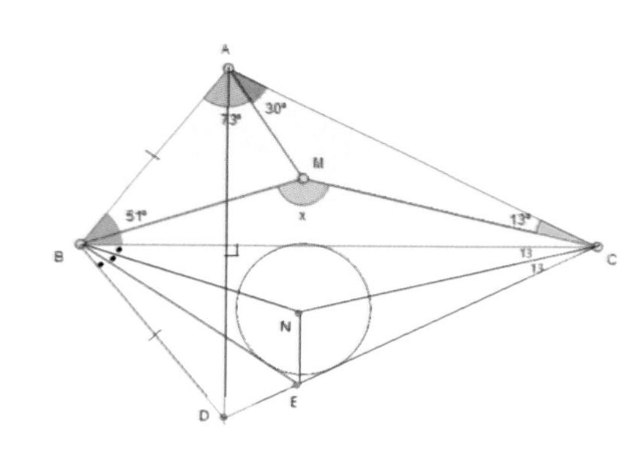

$\angle DBE = 17^\circ$, 점 N은 $\triangle BEC$의 내심,

$\angle BDC = 103^\circ \Rightarrow \angle BED = 60^\circ = \angle BEN$

$= \angle NEC$, $\triangle BDE \equiv \triangle NBE$

$\Rightarrow \overline{BA} = \overline{BD} = \overline{BN}$, $\angle BDN = 73^\circ$

$\Rightarrow \triangle DCN \equiv \triangle AMC$

$\therefore x = \angle BNC = 150^\circ$

[문제 48]

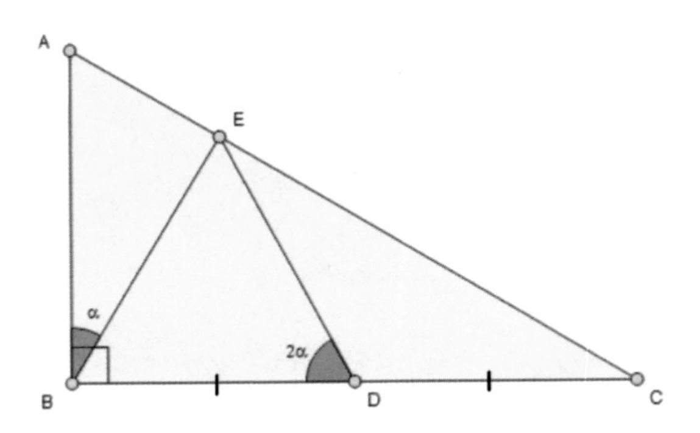

각 $\angle BEA$의 값을 구하시오.

풀이

$\angle EBD = 90^\circ - \alpha = \angle BED \Rightarrow \overline{BD} = \overline{DE}$, $\angle BCE = \alpha$, $\angle BAC = 90^\circ - \alpha$

$\therefore \ \angle BEA = 90^\circ$

[문제 49]

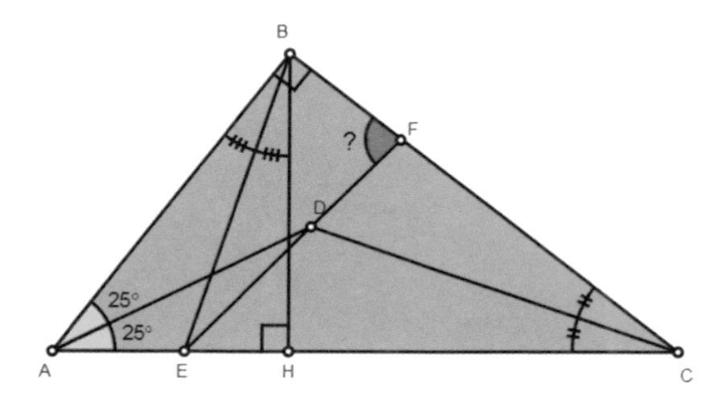

각 $\angle BFE$의 값을 구하시오.

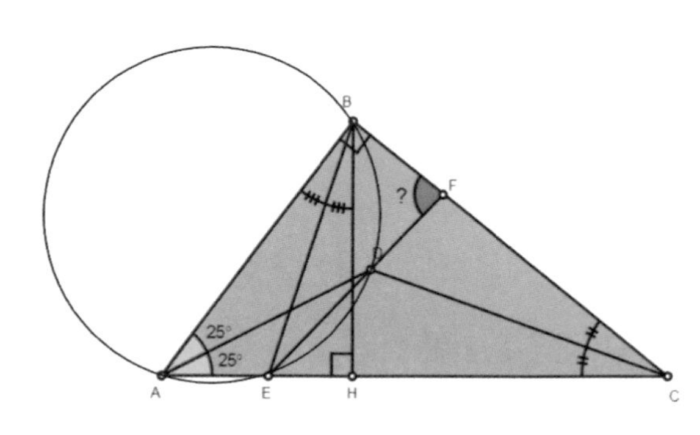

점 D는 $\triangle ABC$의 내심이다.

$\angle ABE = 20^\circ$,

$\angle EBD = 45^\circ - 20^\circ = 25^\circ = \angle DAE$

$\Rightarrow A, B, D, E$는 한 원 위의 점들이다.

$\Rightarrow \angle BED = 25^\circ$

$\therefore \angle EBF = 180^\circ - (25^\circ + 70^\circ) = 85^\circ$

[문제 50]

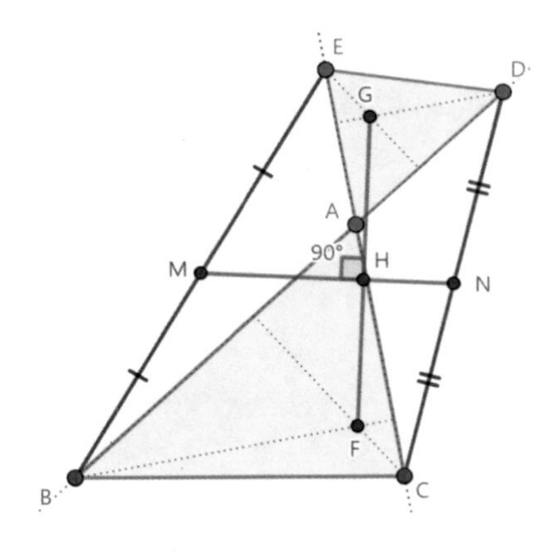

$\triangle ABC$의 수심 F, $\triangle ADE$의 수심 G일 때, 선분 $\overline{MN}$, $\overline{GF}$이 수직함을 증명하시오.

증명

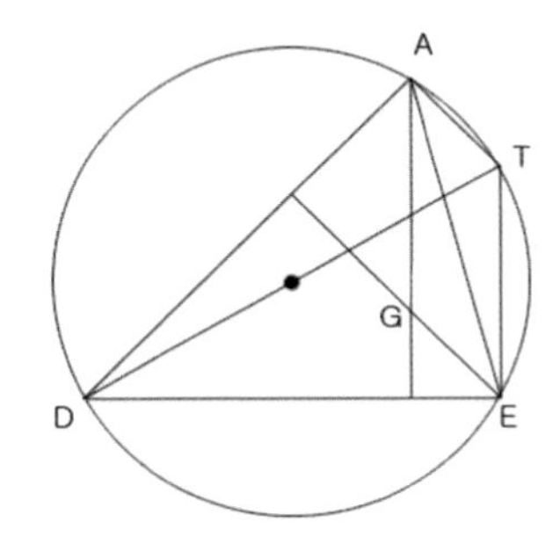

좌측 그림 원의 반지름 R라고 하자.

$\overline{AG} = \overline{TE} = 2R\cos A = \dfrac{\overline{ED}}{\sin A}\cos A = \overline{ED}\cot A$

같은 방식으로 $\overline{AF} = \overline{BC}\cot A$

$\Rightarrow \dfrac{\overline{AG}}{\overline{AF}} = \dfrac{\overline{ED}}{\overline{BC}} \cdots\cdots (1)$

한편, 선분 $\overline{BD}$의 중점을 J라 하면, $\triangle BDE$에 의해 $\overline{MJ} = \dfrac{\overline{ED}}{2}$

$\triangle BCD$에 의해 $\overline{NJ} = \dfrac{\overline{BC}}{2} \Rightarrow \dfrac{\overline{MJ}}{\overline{NJ}} = \dfrac{\overline{ED}}{\overline{BC}} \overset{(1)}{\Longleftrightarrow} = \dfrac{\overline{AG}}{\overline{AF}} \Rightarrow \triangle AGF \sim \triangle MJN$

$\overline{AG}$을 반시계 방향 90° 회전하면 $\overline{MJ}$에 평행이 된다. $(\because \overline{AG} \perp \overline{DE})$ $\therefore \overline{MN} \perp \overline{GF}$

[문제 51]

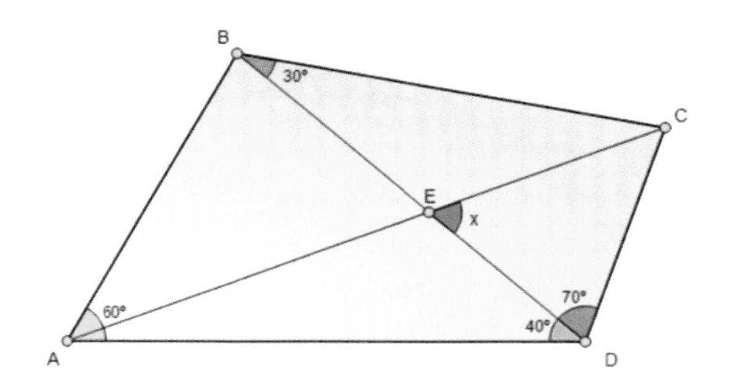

그림에서 각도 x을 구하시오

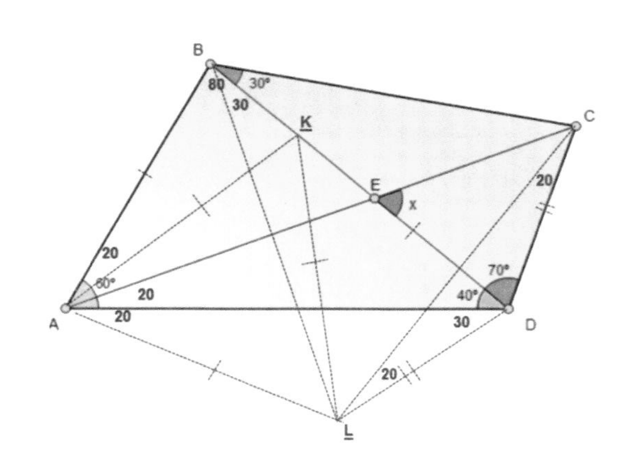

$\overline{AB} = \overline{AK}$ 하자. $\angle BAK = 20^\circ$

정삼각형 $\triangle AKL$ 이라 하자.

$\angle LAD = 20^\circ$

$\Rightarrow \overline{AB} = \overline{AK} = \overline{KD}$.

$(\because \angle KAD = 40^\circ = \angle KDA)$

한편, A : $\triangle LBK$ 의 외심이다.

$\Rightarrow \angle LBK = \dfrac{\angle LAK}{2} = 30^\circ$

한편, K : $\triangle ALD$의 외심이다.

$\Rightarrow \angle ADL = \dfrac{\angle AKL}{2} = 30^\circ$

$\therefore \triangle BLD = \triangle BDC,\ \angle DCL = 20^\circ \left(\because \overline{BD} \perp \overline{CL}\right)$

$\Rightarrow A, L, D, C$ 는 한 원 위에 있다.

$\Rightarrow \angle CAD = \angle LAD = 20^\circ$

$\Rightarrow \angle AED = 120^\circ$

$\Rightarrow \therefore x = 60^\circ$

[문제 52]

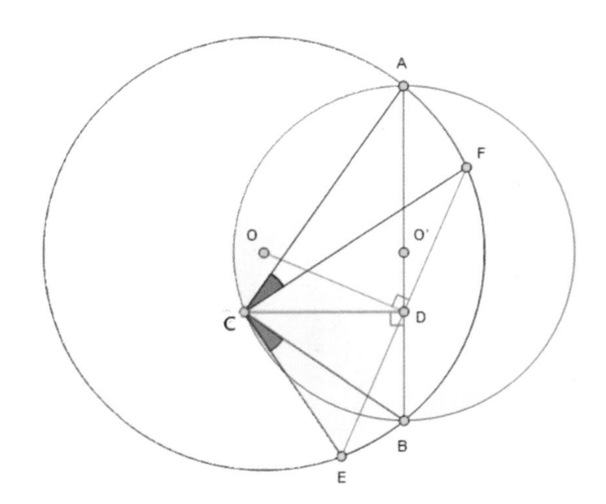

$\angle ACF = \angle BCE$ 이 성립함을 증명하시오.

증 명

$\overline{DE} = \overline{DF}$, 직각삼각형 $\triangle ABC$ 에서 $\overline{CD}^2 = \overline{AD} \times \overline{BD} = \overline{DE} \times \overline{DF} = \overline{DE}^2$

$\Rightarrow \overline{CD} = \overline{DE} = \overline{DF} \Rightarrow$ 원의 중점 D 이고, $\overline{EF}$ 는 원의 지름, C, E, F 는 원주상의 점들이다.

$\Rightarrow \angle ECF = 90°$, $\angle ACB = 90° \Rightarrow \therefore \angle ACF = \angle BCE$

[문제 53]

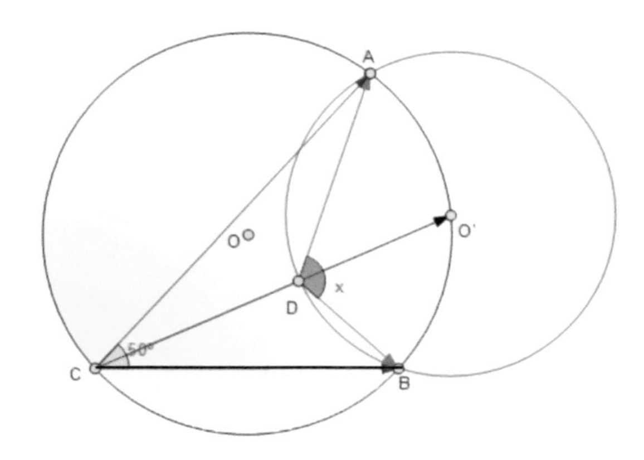

$\angle C = 50^\circ$ 일 때,
각 $\angle ADB$ 의 값을 구하시오.

풀이

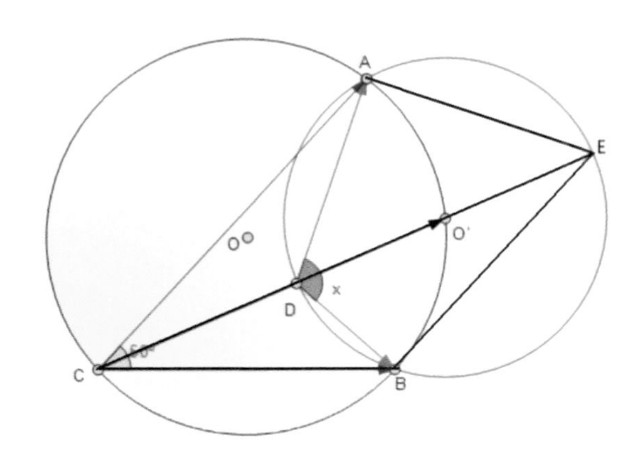

$\angle AO'B = 130^\circ \Rightarrow \angle AEB = 65^\circ$
$\therefore x = 115^\circ$

[문제 54]

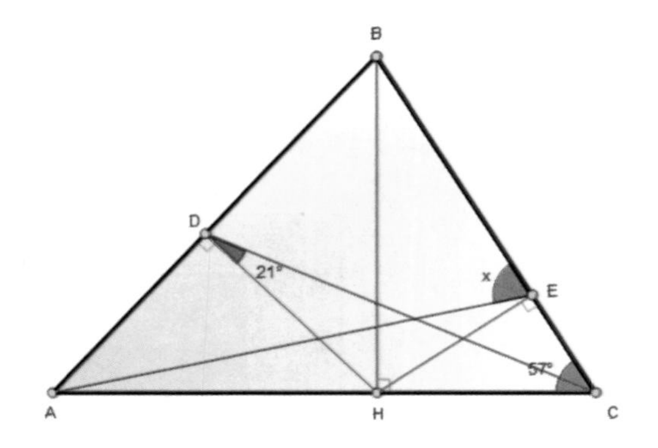

각 $\angle AEB$ 의 값을 구하시오.

풀이

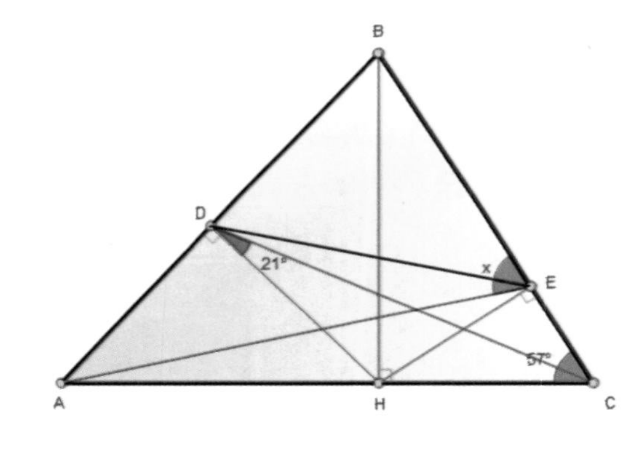

점 B, D, E, H 는 한 원 위의 점들이다.

$33^\circ = \angle EBH = \angle EDH \Rightarrow \angle CDE = 12^\circ$,

$\angle EDA = 123^\circ \Rightarrow A, D, E, C$ 는 다른 한 원 위의 점들이다.

$\Rightarrow \angle EAC = 12^\circ \Rightarrow \therefore x = 57^\circ + 12^\circ = 69^\circ$

[문제 55]

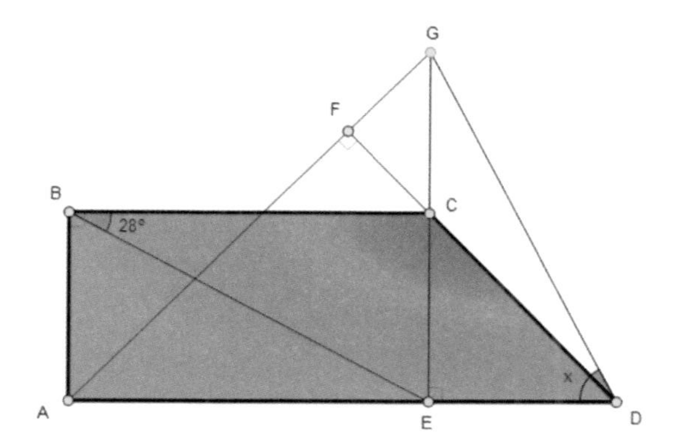

각 $\angle ADG$ 의 값을 구하시오.

점 A, B, F, C, E 는 한 원 위의 점들이다.
또한 F, G, D, E 는 다른 한 원 위의 점들이다.
$\Rightarrow 28^\circ = \angle EBC = \angle EFC = \angle EGD \Rightarrow \therefore x = 62^\circ$

[문제 56]

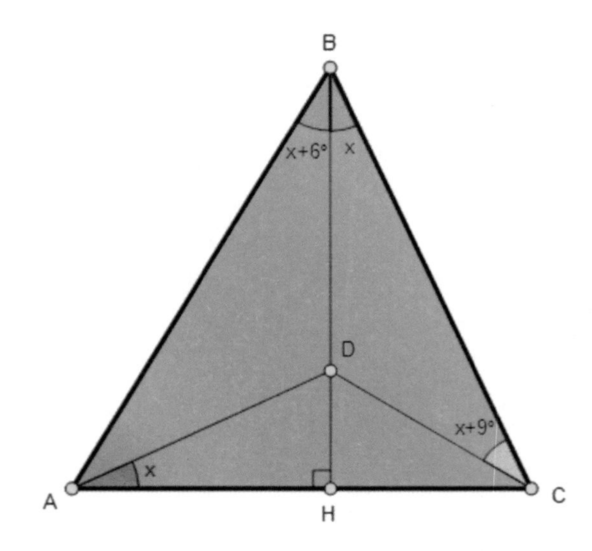

각 $\angle DAH$의 값을 구하시오.

풀이

$$\angle CDH = 2x + 9^\circ \Rightarrow \frac{\overline{DH}}{\overline{AH}} = \tan x,\ \overline{DH} = \frac{\overline{HC}}{\tan(2x+9^\circ)} \Rightarrow \frac{\overline{HC}}{\overline{AH}} = \tan x \tan(2x+9^\circ),$$

$$\frac{\overline{AH}}{\overline{BH}} = \tan(x+6^\circ),\ \overline{BH} = \frac{\overline{HC}}{\tan x} \Rightarrow \frac{\overline{HC}}{\overline{AH}} = \frac{\tan x}{\tan(x+6^\circ)}$$

$$\Rightarrow 0 = 1 - \tan(x+6^\circ)\tan(2x+9^\circ) = \frac{\cos(x+6)\cos(2x+9) - \sin(x+6)\sin(2x+9)}{\cos(x+6)\cos(2x+9)}$$

$$\Rightarrow 0 = \cos(3x+15^\circ) \Rightarrow 3x + 15^\circ = 90^\circ \Rightarrow \therefore x = 25^\circ$$

[문제 57]

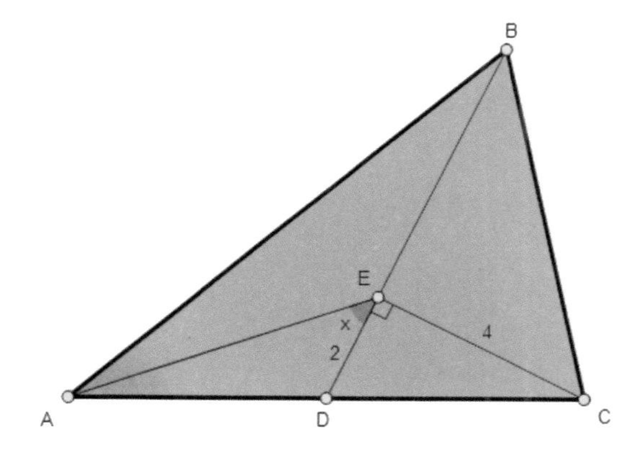

$\overline{AD} = \overline{CD}$일 때, 각 $\angle AED$의 값을 구하시오.

풀이

$$\tan x = \frac{\overline{AE}\sin x}{\overline{AE}\cos x} = \frac{\overline{AD}\sin(\angle ADE)}{\overline{DE} - \overline{AD}\cos(\angle ADE)}$$

$$= \frac{\overline{DC}\sin(\angle CDE)}{\overline{DE} + \overline{DC}\cos(\angle CDE)} = \frac{4}{2+2} = 1 \Rightarrow \therefore\ x = 45^\circ$$

[문제 58]

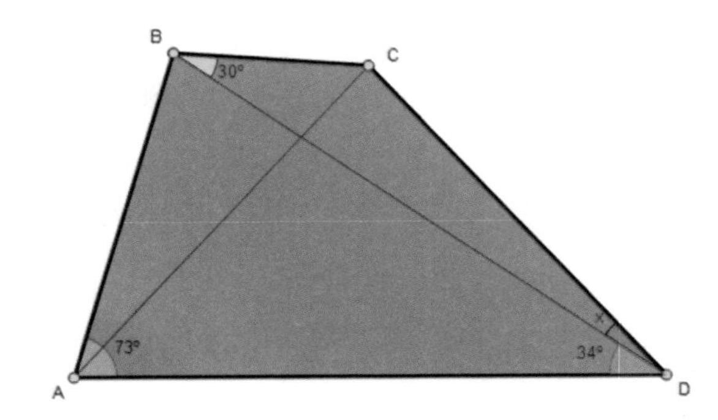

$\overline{AC} = \overline{CD}$ 일 때,

각 $\angle BDC$의 값을 구하시오.

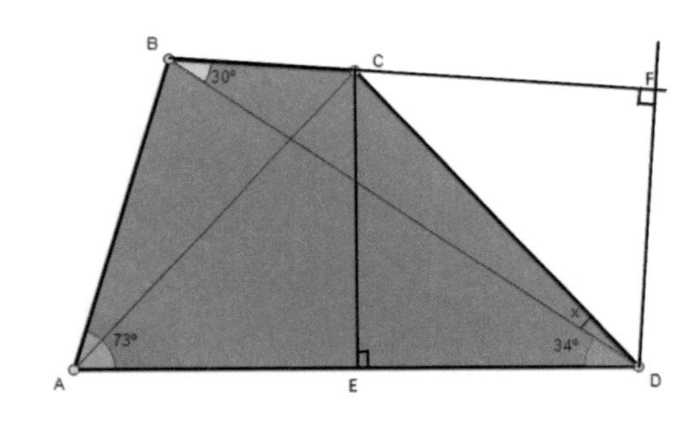

$2\overline{DF} = \overline{BD} \Rightarrow \overline{DE} = \dfrac{\overline{AD}}{2} = \dfrac{\overline{BD}}{2} = \overline{DF}$

$\Rightarrow D$는 원의 중심, E, F는 그 원 위의 점들이다. 한편, $\angle EDF = 60^\circ + 34^\circ = 94^\circ$

$\Rightarrow \angle FCD = 90^\circ - \dfrac{94^\circ}{2} = 43^\circ = 30^\circ + x$

$\therefore x = 13^\circ$

[문제 59]

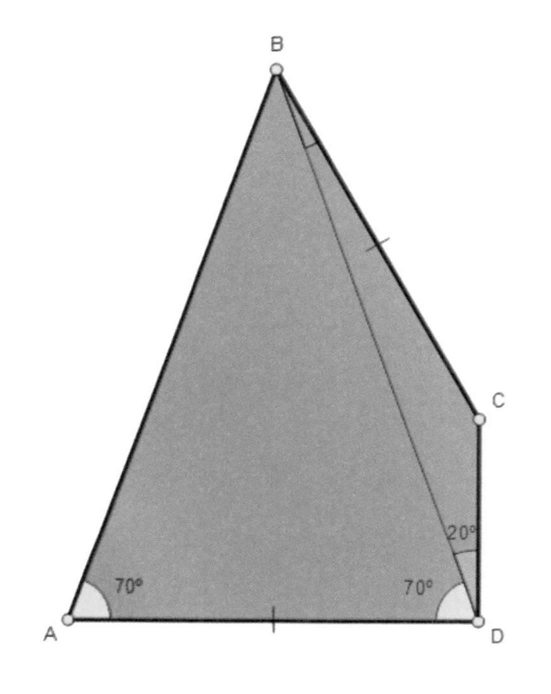

$\overline{AD} = \overline{BC}$ 일 때, 각 $\angle CBD$ 의 값을 구하시오.

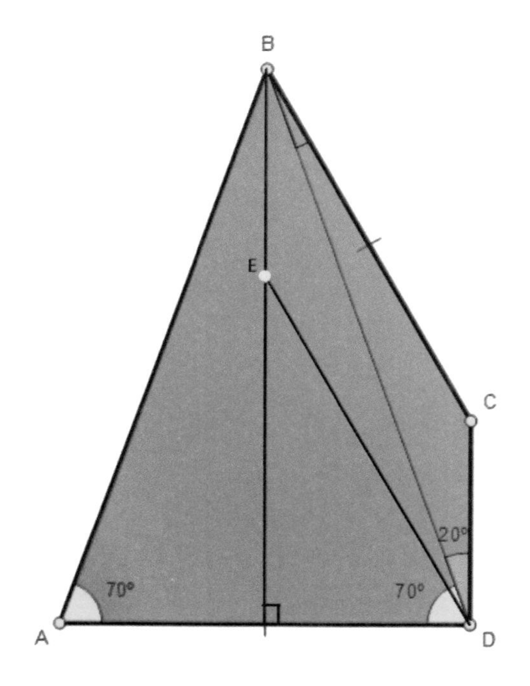

$BCDE$ 을 평형사변형이라 하자.

$\overline{AD} = \overline{BC} = \overline{DE} \Rightarrow \angle ADE = 60^\circ$

$\therefore \angle CBD = 10^\circ$

[문제 60]

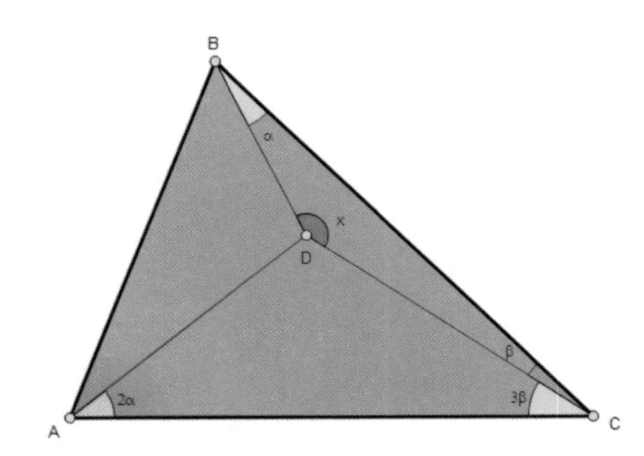

$\overline{AC}=\overline{BC}$ 일 때, 각 $\angle BDC$ 의 값을 구하시오.

풀이

$\overline{AC}=\overline{BC}=1$라고 하자.

$$\overline{DC}=\frac{\sin\alpha}{\sin(\alpha+\beta)} \xrightarrow{\triangle ACD} \frac{\sin\alpha}{\sin(\alpha+\beta)}=\frac{\sin2\alpha}{\sin(2\alpha+3\beta)}$$

$$\Rightarrow \sin(2\alpha+3\beta)=2\sin(\alpha+\beta)\cos\alpha=\sin(2\alpha+\beta)+\sin\beta$$

$$\Rightarrow \sin\beta=\sin(2\alpha+3\beta)-\sin(2\alpha+\beta)=2\sin\beta\cos(2\alpha+2\beta)$$

$$\Rightarrow \frac{1}{2}=\cos(2\alpha+2\beta),\ \alpha+\beta=30^\circ \Rightarrow \therefore x=150^\circ$$

03

선 분

[문제 61] ~ [문제 120]

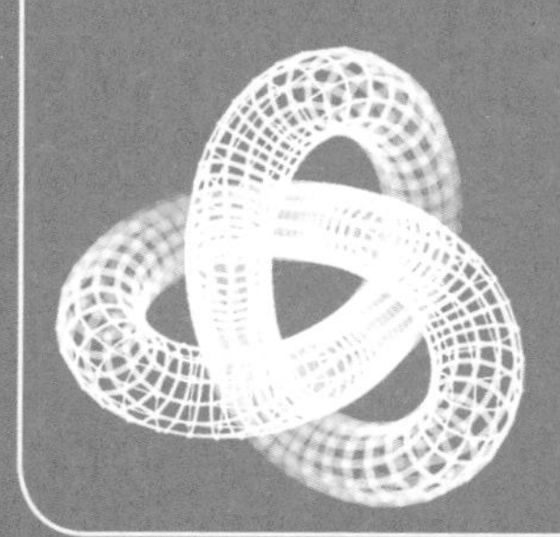

[문제 61]

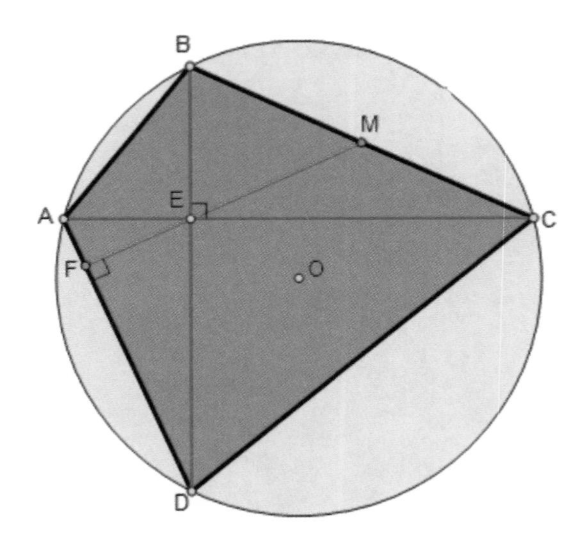

선분 $\overline{BM} = \overline{CM}$ 이 성립한다.

증명

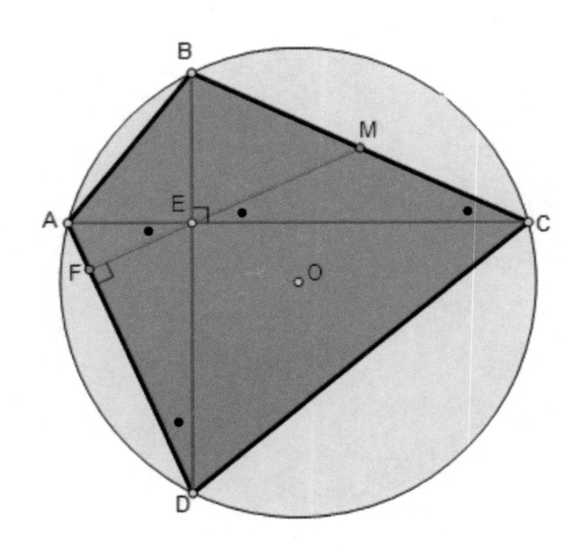

$\overline{ME} = \overline{MC}$ 이다.

B, C, E : 한 원 위의 점들이고,

그 원의 중심은 M 이다.

$\therefore \overline{BM} = \overline{MC}$

[문제 62]

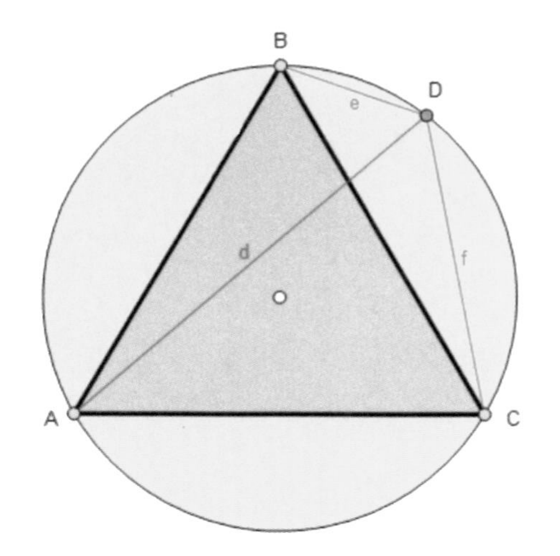

정삼각형 $\triangle ABC$에서 $d=e+f$ 이 성립함을 증명하시오.

증 명

[문제 3]에서 다음 식이 성립한다.

$d\times\overline{BC}=e\times\overline{AC}+f\times\overline{AB}\Rightarrow\therefore d=e+f$

[문제 63]

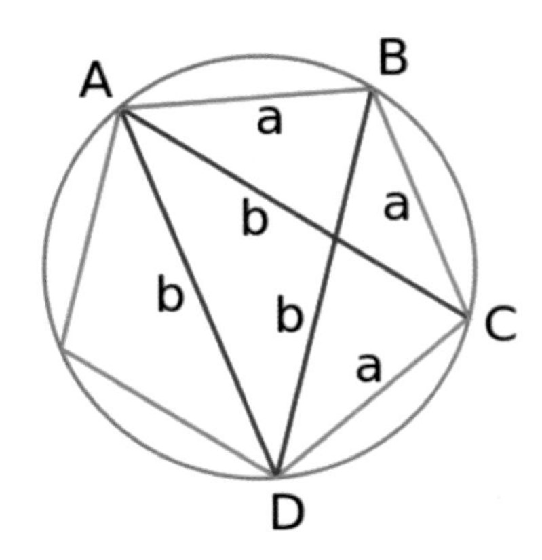

정오각형에서 $\dfrac{b}{a}$의 값을 구하시오.

풀이

[문제 3]에 의해 다음 식이 성립한다.

$$b^2 = ab + a^2 \Rightarrow 0 = \left(\frac{b}{a}\right)^2 - \left(\frac{b}{a}\right) - 1 \Rightarrow \therefore \frac{b}{a} = \frac{1+\sqrt{5}}{2}$$

[문제 64]

원에 내접하는 정십각형에서 한변의 길이 c, 원의 지름 d라면, $\dfrac{d}{c}$의 값을 구하시오.

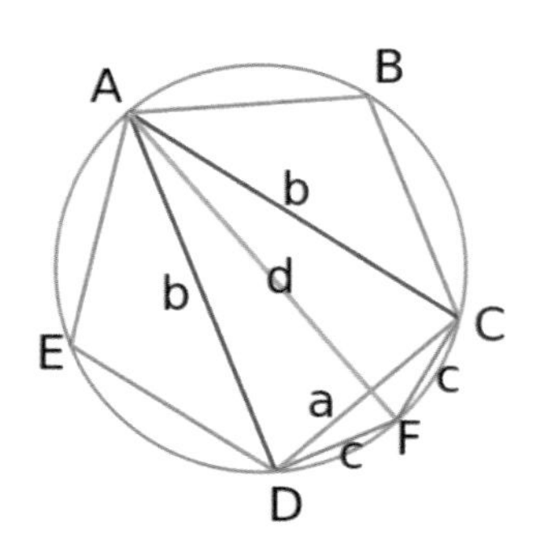

[문제 3]에 의해 다음 식이 성립한다.

$$ad = 2bc \xleftrightarrow{[문제63]} = ac(1+\sqrt{5})$$

$$\Rightarrow \therefore \frac{d}{c} = 1+\sqrt{5}$$

[문제 65]

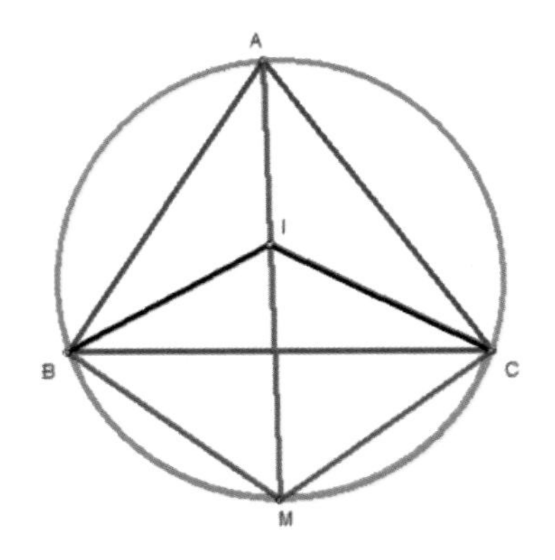

$\triangle ABC$의 내심을 I, 삼각형의 외접원 그림에서 $\overline{BM}=\overline{IM}=\overline{CM}$이 성립함을 증명하시오.

증명

$\angle MBC = \angle MAC$, 내심에 의해 $\angle IBC = \angle IBA$, $\angle IAC = \angle IAB$

$\Rightarrow \angle MBI = \angle MBC + \angle IBC = \angle MAC + \angle IBA = \angle IAB + \angle IBA = \angle MIB$

$\Rightarrow \therefore \overline{BM} = \overline{IM}$.

이와 같은 방법으로 $\overline{BM} = \overline{IM} = \overline{CM}$이 된다.

[문제 66]

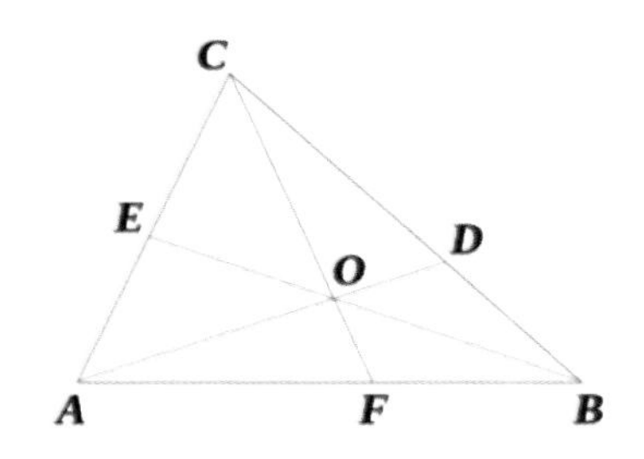

$\dfrac{\overline{CO}}{\overline{OF}}=\dfrac{\overline{CE}}{\overline{EA}}+\dfrac{\overline{CD}}{\overline{DB}}$ 이 됨을 증명하시오.

증명

[문제 5]에 의해서 $\dfrac{\overline{CE}}{\overline{EA}}\times\dfrac{\overline{AF}}{\overline{FB}}\times\dfrac{\overline{BD}}{\overline{DC}}=1 \Rightarrow \dfrac{\overline{CD}}{\overline{BD}}=\dfrac{\overline{CE}}{\overline{EA}}\times\dfrac{\overline{AF}}{\overline{FB}}$ ······ (1)

[문제 4]에 의해서 $\triangle CAF$와 횡단선 $\overline{EB}$으로 다음 식이 성립한다.

$$\dfrac{\overline{CE}}{\overline{EA}}\times\dfrac{\overline{AB}}{\overline{BF}}\times\dfrac{\overline{FO}}{\overline{OC}}=1 \Rightarrow \therefore \dfrac{\overline{OC}}{\overline{FO}}=\dfrac{\overline{CE}}{\overline{EA}}\times\dfrac{\overline{AB}}{\overline{BF}}=\dfrac{\overline{CE}}{\overline{EA}}\left(\dfrac{\overline{AF}+\overline{BF}}{\overline{BF}}\right)$$

$$=\dfrac{\overline{CE}}{\overline{EA}}\times\dfrac{\overline{AF}}{\overline{BF}}+\dfrac{\overline{CE}}{\overline{EA}}\overset{(1)}{\Longleftrightarrow}=\dfrac{\overline{CE}}{\overline{EA}}+\dfrac{\overline{CD}}{\overline{DB}}$$

[문제 67]

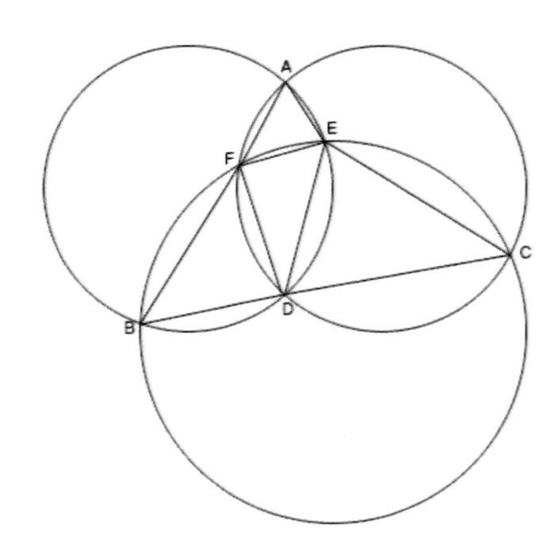

$\dfrac{\overline{AF}}{\overline{BF}} \times \dfrac{\overline{BD}}{\overline{CD}} \times \dfrac{\overline{CE}}{\overline{AE}} = 1$이 성립함을 증명하시오.

증명

직선 $\overline{AD}, \overline{BE}, \overline{CF}$ 이 만나는 점을 R라고 하자.

$\Rightarrow \triangle AER \sim \triangle BDR, \triangle BFR \sim \triangle CER, \triangle CDR \sim \triangle AFR$

$\Rightarrow \dfrac{\overline{AE}}{\overline{BD}} = \dfrac{\overline{ER}}{\overline{DR}}, \dfrac{\overline{BF}}{\overline{CE}} = \dfrac{\overline{FR}}{\overline{ER}}, \dfrac{\overline{CD}}{\overline{AF}} = \dfrac{\overline{DR}}{\overline{FR}} \cdots\cdots (1)$

$\therefore \dfrac{\overline{AF}}{\overline{BF}} \times \dfrac{\overline{BD}}{\overline{CD}} \times \dfrac{\overline{CE}}{\overline{AE}} = \dfrac{\overline{BD}}{\overline{AE}} \times \dfrac{\overline{CE}}{\overline{BF}} \times \dfrac{\overline{AF}}{\overline{CD}} \overset{(1)}{\Longleftrightarrow}$

$= \dfrac{\overline{DR}}{\overline{ER}} \times \dfrac{\overline{ER}}{\overline{FR}} \times \dfrac{\overline{FR}}{\overline{DR}} = 1$

[문제 68]

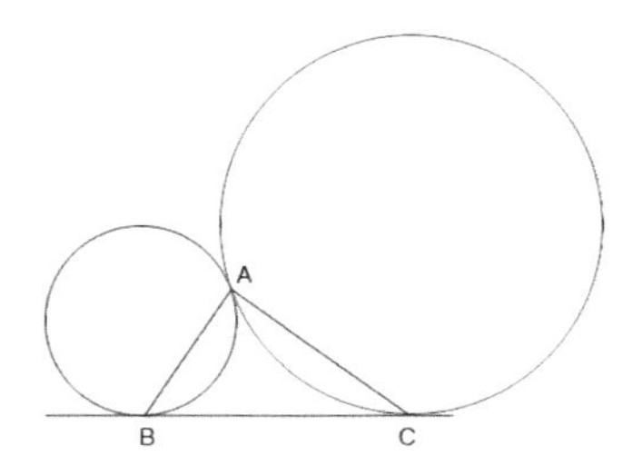

두 원의 반지름 p, q 이고, 직각삼각형 $\triangle ABC$ 의 외접원의 반지름 R 일 때, $pq = R^2$ 임을 증명하시오.

증명

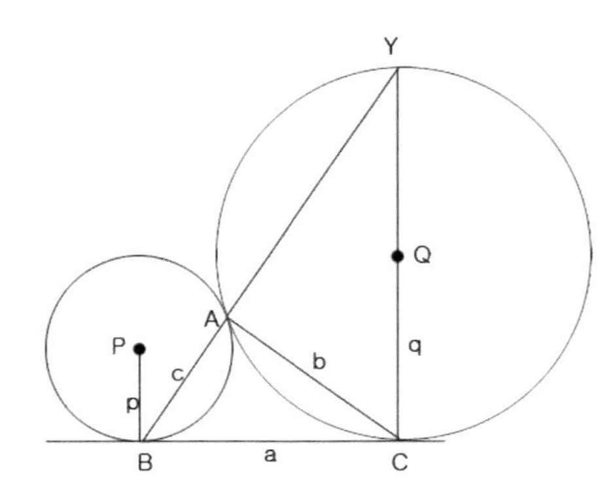

$$\sin C = \sin(\angle CYA) = \frac{b}{2q} \Rightarrow 2q = \frac{b}{\sin C}$$

이와 같은 방법으로 $2p = \dfrac{c}{\sin B}$ 이다.

$$(2p)(2q) = \frac{bc}{\sin C \sin B} = \left(\frac{b}{\sin B}\right)\left(\frac{c}{\sin C}\right) \overset{\triangle ABC}{\Longleftrightarrow}$$

$$= (2R)^2 \Rightarrow \therefore pq = R^2$$

[문제 69]

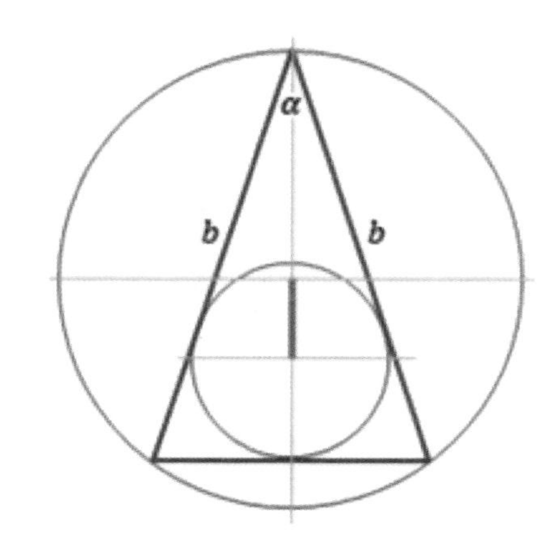

이등변 삼각형 빗변의 길이 b 와 사잇각 α일 때, 두 원의 중심 사이의 거리 d 을 구하시오.

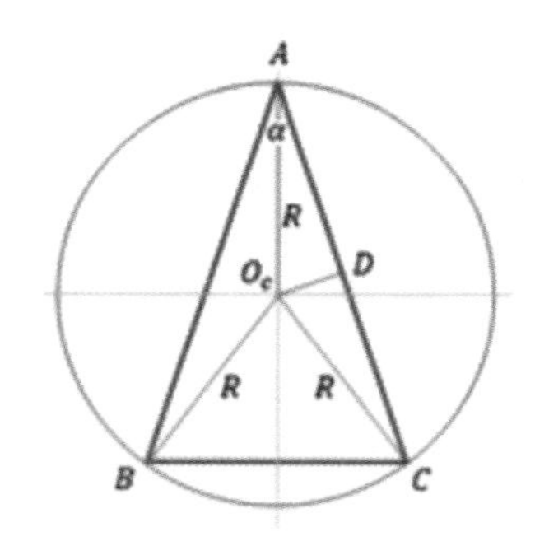

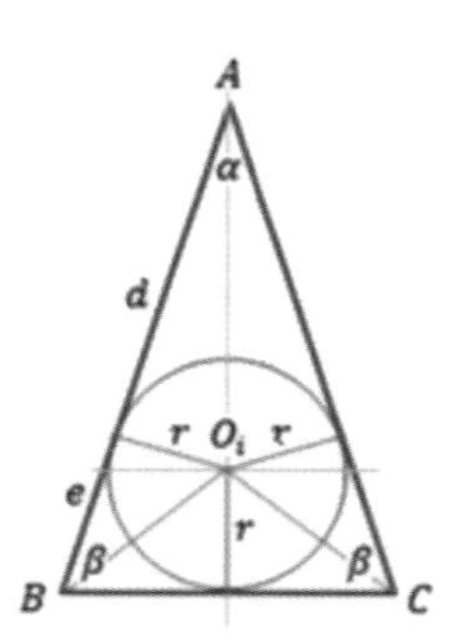

이등변 삼각형의 높이를 h라고 하자. $h = b\cos\frac{\alpha}{2}$, $h = R + r + d$, $\frac{\overline{BC}}{2} = b\sin\frac{\alpha}{2}$

그림에서 다음 식이 성립한다. $\beta = \frac{\pi}{2} - \frac{\alpha}{2}$

$$h = R + R\cos\alpha \Rightarrow R = \frac{h}{1+\cos\alpha} = \frac{b\cos\frac{\alpha}{2}}{2\cos^2\frac{\alpha}{2}} = \frac{b}{2\cos\frac{\alpha}{2}}$$

$$r = \frac{\overline{BC}}{2}\tan\frac{\beta}{2} = b\sin\frac{\alpha}{2}\tan\frac{\beta}{2} = b\cos\frac{\alpha}{2}$$

$$\therefore d = h - (R + r) = R\cos\alpha - b\cos\frac{\alpha}{2} = b\left(\frac{\cos\alpha}{2\cos\frac{\alpha}{2}} - \cos\frac{\alpha}{2}\right)$$

[문제 70]

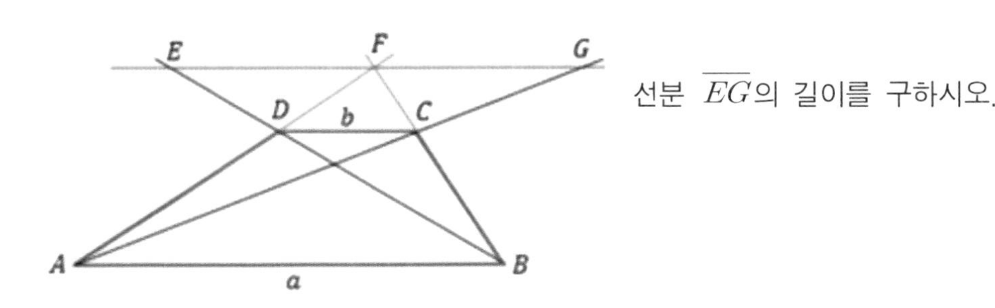

선분 $\overline{EG}$의 길이를 구하시오.

풀이

$$\frac{\overline{EF}}{b}=\frac{\overline{BF}}{\overline{BC}},\ \frac{\overline{FG}}{b}=\frac{\overline{AF}}{\overline{AD}},\ \frac{\overline{AF}}{\overline{AD}}=\frac{\overline{BF}}{\overline{BC}} \Rightarrow \frac{\overline{EF}}{b}=\frac{\overline{FG}}{b} \Rightarrow \overline{EF}=\overline{FG}$$

$$\frac{a}{b}=\frac{\overline{BF}}{\overline{CF}}=\frac{\overline{BC}+\overline{CF}}{\overline{CF}}=1+\frac{\overline{BC}}{\overline{CF}} \Rightarrow \frac{\overline{BC}}{\overline{CF}}=\frac{a-b}{b} \cdots\cdots (1)$$

한편, $\triangle ABC \sim \triangle CFG \Rightarrow \dfrac{\overline{FG}}{a}=\dfrac{\overline{FC}}{\overline{BC}} \Rightarrow \overline{FG}=a\dfrac{\overline{FC}}{\overline{BC}} \overset{(1)}{\Longleftrightarrow} =\dfrac{ab}{a-b}$

$$\therefore \overline{EG}=\frac{2ab}{a-b}$$

[문제 71]

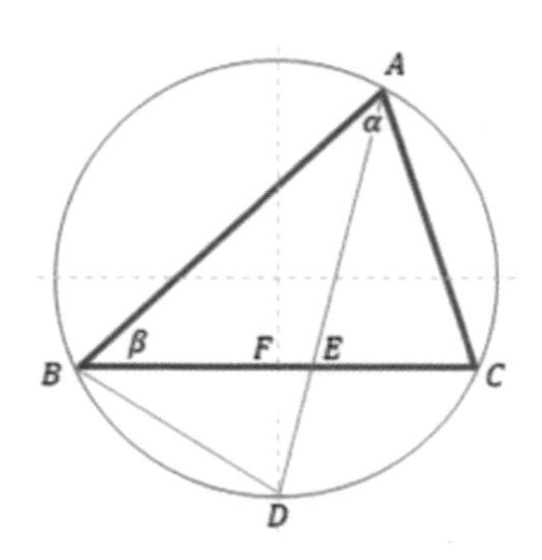

$\overline{BD} = \overline{DC}$ 일 때, 선분의 비 $\dfrac{\overline{AE}}{\overline{AD}}$ 을 α, β 로만 표시하시오.

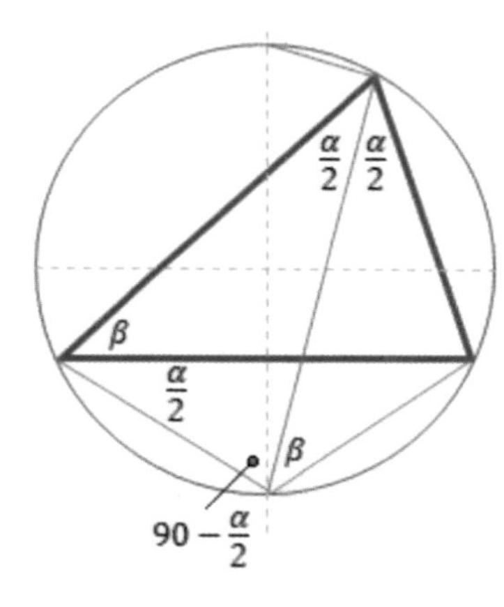

$\overline{BD} = \overline{DC}$ 이므로 좌측 그림이 성립한다.

$\triangle ABC$ 에서 $\dfrac{\overline{AC}}{\sin\beta} = \dfrac{\overline{BC}}{\sin\alpha} = \dfrac{\overline{AB}}{\sin(\alpha+\beta)}$

$\triangle ACD$ 에서 $\dfrac{\overline{AC}}{\sin\beta} = \dfrac{\overline{AD}}{\sin\left(\dfrac{\alpha}{2}+\beta\right)}$

$\Rightarrow \overline{AD} = \sin\left(\dfrac{\alpha}{2}+\beta\right) \times \dfrac{\overline{BC}}{\sin\alpha}$

$\triangle ABE$ 에서 $\dfrac{\overline{AE}}{\sin\beta} = \dfrac{\overline{AB}}{\sin\left(\dfrac{\alpha}{2}+\beta\right)} \Rightarrow \overline{AE} = \dfrac{\sin\beta}{\sin\left(\dfrac{\alpha}{2}+\beta\right)} \times \dfrac{\sin(\alpha+\beta)}{\sin\alpha}\overline{BC}$

$\therefore \dfrac{\overline{AE}}{\overline{AD}} = \dfrac{\sin\beta\sin(\alpha+\beta)}{\sin^2\left(\dfrac{\alpha}{2}+\beta\right)}$

[문제 72]

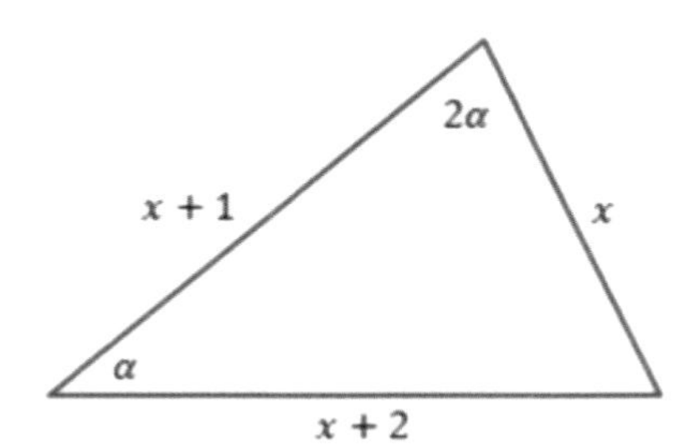

삼각형에서 한 변의 길이 x의 값을 구하시오.

풀이

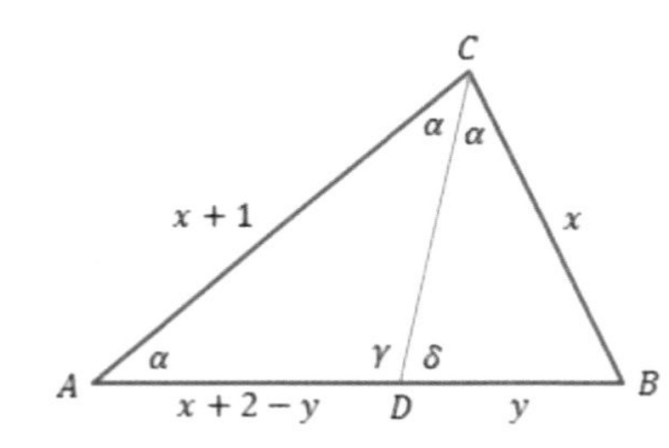

$$x+1 : x = x+2-y : y \Rightarrow x^2+2x-xy=xy+y$$

$$\Rightarrow y(2x+1)=x(x+2) \Rightarrow \frac{x}{y}=\frac{2x+1}{x+2} \quad \cdots\cdots (1)$$

한편, $\triangle BCD \sim ABC \Rightarrow \frac{x+2}{x}=\frac{x}{y} \quad \cdots\cdots (2)$

$$\xrightarrow{(1),(2)} \frac{2x+1}{x+2}=\frac{x+2}{x} \Rightarrow 2x^2+x=x^2+4x+4 \quad \Rightarrow 0=x^2-3x-4=(x-4)(x+1)$$

$\therefore x=4$

[문제 73]

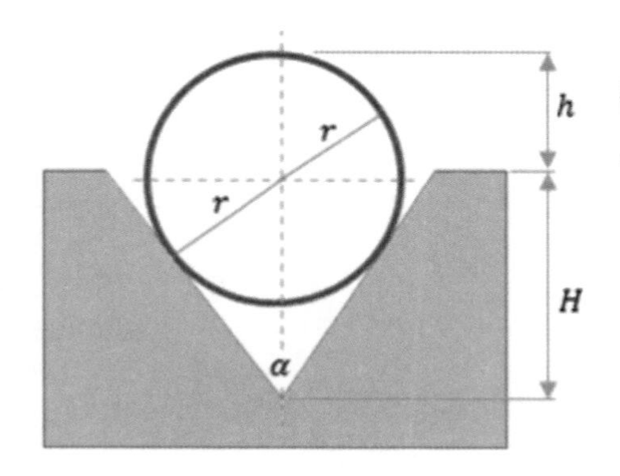

콘크리트 입체에 원기둥이 그림처럼 위치 있을 때, h의 높이를 구하시오.

풀이

입체의 삼각형 밑부분 꼭짓점에서 원 중심까지 거리를 l 이라 하자.

$$\sin\frac{\alpha}{2} = \frac{r}{l} \Rightarrow l = \frac{r}{\sin\left(\frac{\alpha}{2}\right)}$$

한편, $r+l = h+H \Rightarrow \therefore h = r\left(1+\csc\left(\frac{\alpha}{2}\right)\right) - H$

[문제 74]

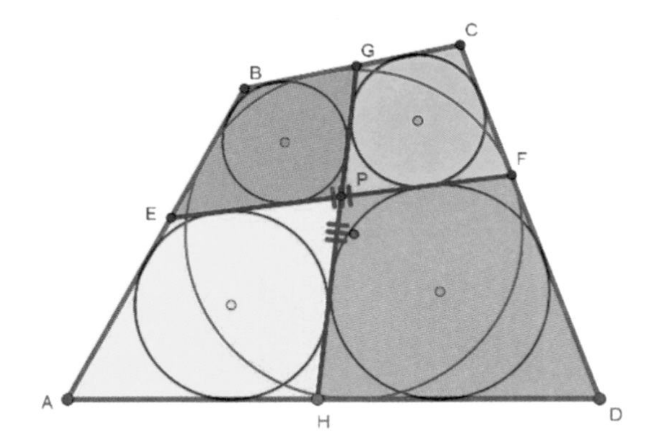

두 선분 $\overline{EF}$, $\overline{GH}$의 길이가 같음을 증명하시오.

증명

$\overline{EP}=a$, $\overline{PF}=b$, $\overline{GP}=c$, $\overline{PH}=d$ 라고 하자.

$\Rightarrow \overline{AE}+d=\overline{AH}+a$, $\overline{EB}+c=\overline{BG}+a$, $\overline{CF}+c=\overline{GC}+b$, $\overline{FD}+d=\overline{HD}+b$

$\xrightarrow{\text{더하면}}$

$\Rightarrow \overline{AB}+\overline{CD}+2(c+d)=\overline{AD}+\overline{BC}+2(a+b)$ ······ (1)

한편, $\overline{AB}+\overline{CD}=\overline{AD}+\overline{BC}$을 (1)에 빼면 $a+b=c+d \Rightarrow \therefore \overline{EF}=\overline{GH}$

[문제 75]

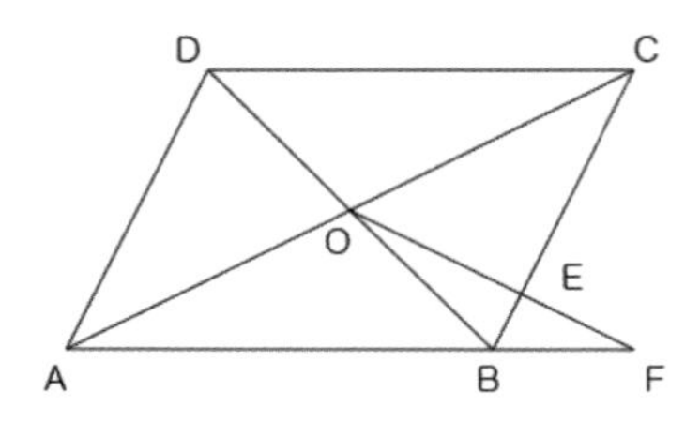

평행사변형 $ABCD$ 에서 $\overline{BC} \perp \overline{OF}$ 일 때,
$\overline{BE} \times (\overline{AB} + 2\overline{BF}) = \overline{BC} \times \overline{BF}$ 이 성립함을 증명하시오.

증명

[문제 4]에 의해서 $\dfrac{\overline{AF}}{\overline{BF}} \times \dfrac{\overline{BE}}{\overline{CE}} \times \dfrac{\overline{CO}}{\overline{OA}} = 1$ ······ (1)

한편, $\overline{OA} = \overline{CO}$, $\overline{AF} = \overline{AB} + \overline{BF}$, $\overline{CE} = \overline{BC} - \overline{BE} \xrightarrow{(1)}$

$$\frac{\overline{AF}}{\overline{BF}} = \frac{\overline{BC} - \overline{BE}}{\overline{BE}} = \frac{\overline{BC}}{\overline{BE}} - 1$$

$$\Rightarrow \therefore \frac{\overline{BC}}{\overline{BE}} = \frac{\overline{BF} + \overline{AF}}{\overline{BF}} = \frac{2\overline{BF} + \overline{AB}}{\overline{BF}}$$

[문제 76]

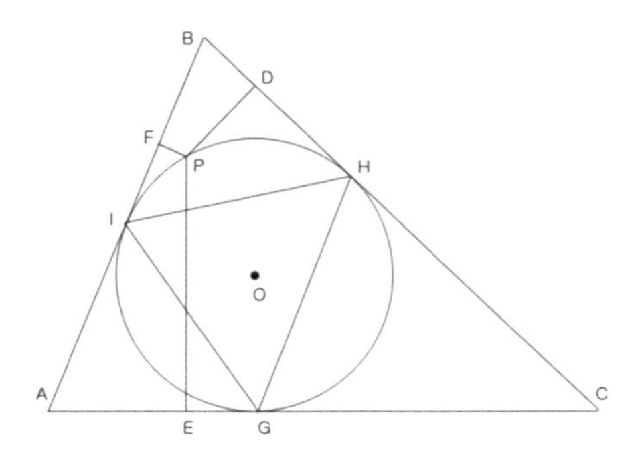

$\overline{PE} \perp \overline{AC}$, $\overline{PF} \perp \overline{AB}$, $\overline{PD} \perp \overline{BC}$ 일 때, $\sqrt{\overline{PE}} \times \overline{IH} = \sqrt{\overline{PD}} \times \overline{IG} + \sqrt{\overline{PF}} \times \overline{HG}$ 이 성립함을 증명하시오.

증명

$\overline{PQ}$가 원의 지름이고, 반지름 R이라 하자.

$\angle PHB = \angle PQH = a$, $\angle PIB = \angle PQI = b$, $\angle AGI = \angle GQI = c$

$$\Rightarrow 2R = \frac{\overline{PH}}{\sin a},\ 2R = \frac{\overline{IP}}{\sin b},\ 2R = \frac{\overline{PG}}{\sin(b+c)}$$

한편, $\overline{PD} = \overline{PH}\sin a = \dfrac{\overline{PH}^2}{2R} \Rightarrow \overline{PH} = \sqrt{2R \times \overline{PD}}$,

$$\overline{PE} = \overline{PG}\sin(b+c) = \frac{\overline{PG}^2}{2R} \Rightarrow \overline{PG} = \sqrt{2R \times \overline{PE}},$$

$$\overline{PF} = \overline{IP}\sin b = \frac{\overline{IP}^2}{2R} \Rightarrow \overline{IP} = \sqrt{2R \times \overline{PF}}$$

내접사각형 $IPHG$, [문제 3]에 의해서 다음 식이 성립한다.

$$\overline{IH} \times \overline{PG} = \overline{IP} \times \overline{HG} + \overline{IG} \times \overline{PH} \xrightarrow{\text{윗식 대입}}$$

$$\Rightarrow \therefore \overline{IH}\sqrt{\overline{PE}} = \overline{HG}\sqrt{\overline{PF}} + \overline{IG}\sqrt{\overline{PD}}$$

[문제 77]

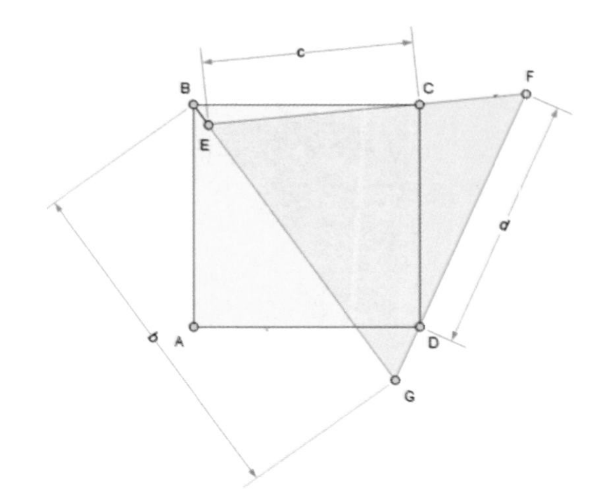

정사각형 $ABCD$, 정삼각형 EFG일 때, 길이 b을 구하시오.

풀이

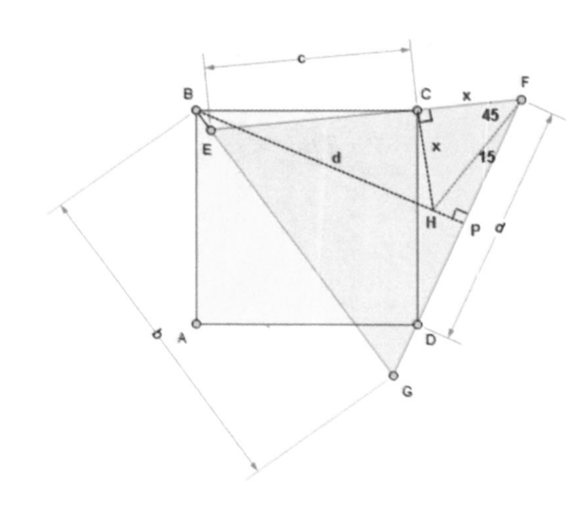

$\overline{CF}=\overline{CH}=x$, $\overline{CH}\perp\overline{EF}$ 라고 하자.

$\Rightarrow\angle CHB=60^\circ\Rightarrow\triangle CBH=\triangle CDF$,

$\triangle CBH$을 C을 중심으로 90° 회전하면,

$\triangle CDF$이고, $\overline{BP}\perp\overline{DF}$이다.

$\Rightarrow\angle GBP=40^\circ$,

$$\sin15^\circ=\sqrt{\frac{1-\cos30^\circ}{2}}=\frac{\sqrt{3}-1}{2\sqrt{2}},$$

$$\cos15^\circ=\frac{\sqrt{3}+1}{2\sqrt{2}}$$

한편, $\overline{PH}=\sqrt{2}\,x\sin15^\circ=\dfrac{\sqrt{3}-1}{2}x$

$$\Rightarrow\overline{BP}=b\sin60^\circ=\frac{\sqrt{3}}{2}b=d+\overline{PH}\Rightarrow\sqrt{3}b-2d=(\sqrt{3}-1)x\cdots\cdots(1)$$

또한, $\overline{EF}=c+x=\overline{FP}+\overline{PG}=\sqrt{2}\,x\cos15^\circ+\overline{BP}\cot60^\circ$

$$=\left(\frac{1+\sqrt{3}}{2}\right)x+\frac{b}{2}\Rightarrow2c-b=(\sqrt{3}-1)x\overset{(1)}{\longleftrightarrow}=\sqrt{3}b-2d$$

$$\therefore b=(\sqrt{3}-1)(c+d)$$

[문제 78]

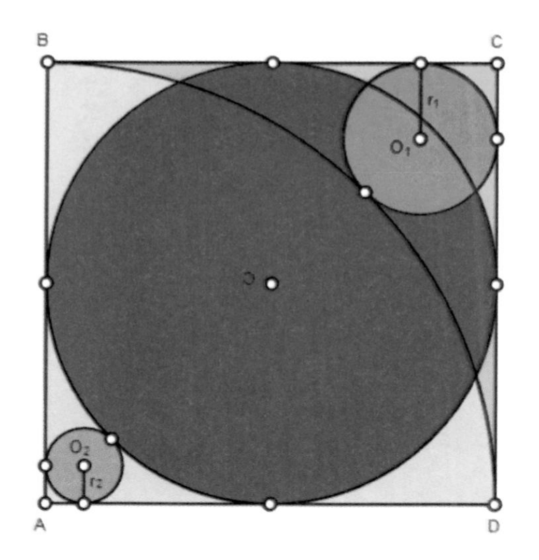

정사각형 $ABCD$ 에서 원 O_1의 반지름 r_1을 구하시오.

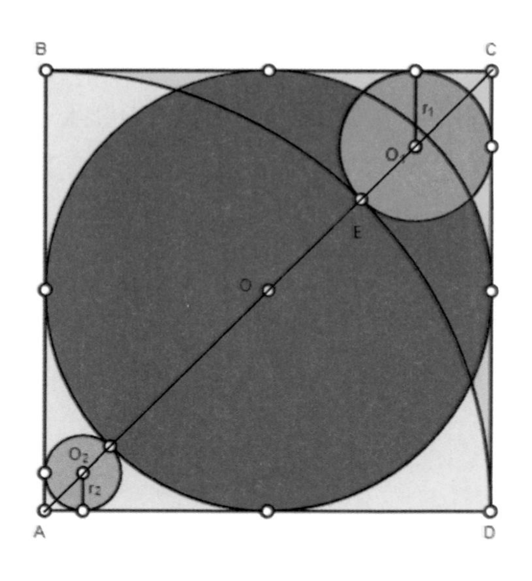

정사각형의 한 변의 길이을 $2a$라고 하자.

$\overline{CE} = \overline{AC} - \overline{AE}$

$\Rightarrow r_1 + \sqrt{2}\, r_1 = 2a\sqrt{2} - 2a$

$\Rightarrow r_1 = 2a(\sqrt{2} - 1)^2$

같은 방식으로 $r_2 = a(\sqrt{2} - 1)^2$이다.

$\therefore r_1 = 2r_2$

[문제 79]

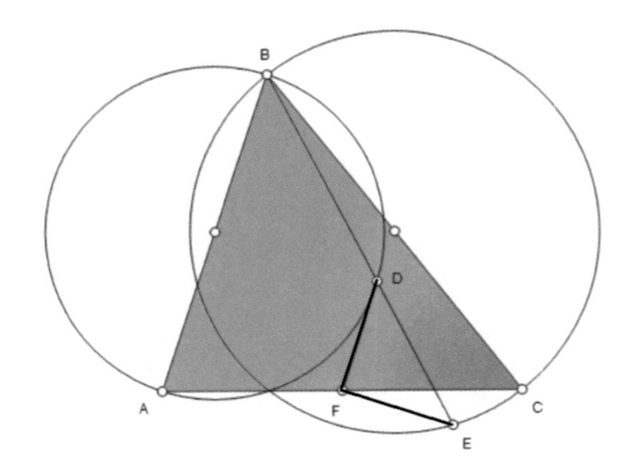

$\triangle ABC$ 에서 두 원을 만든 후 $\overline{AF} = \overline{FC}$ 일 때, $\overline{FD} = \overline{FE}$ 임을 증명하시오.

증명

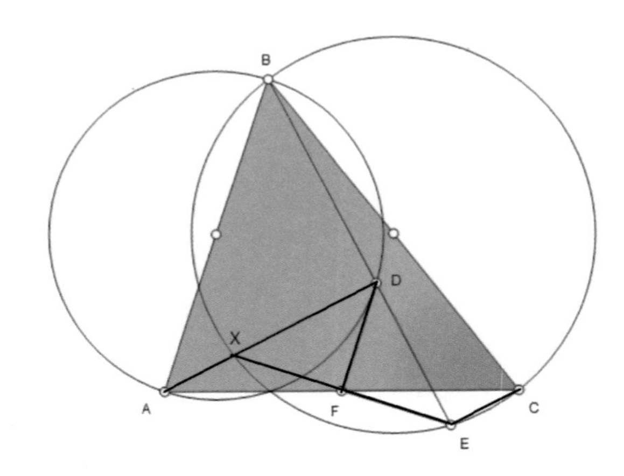

$\overline{FE}$ 에 대칭되게 점 X을 표시한다.
$\Rightarrow \triangle AXF \equiv \triangle FEC$, $\overline{AX} // \overline{EC}$
한편, $\overline{BE} \perp \overline{EC} \Rightarrow \overline{AX} \perp \overline{BE}$
$\Rightarrow \triangle XDE$는 직각이등변 삼각형이다.
$\therefore \overline{FD} = \overline{FE}$

[문제 80]

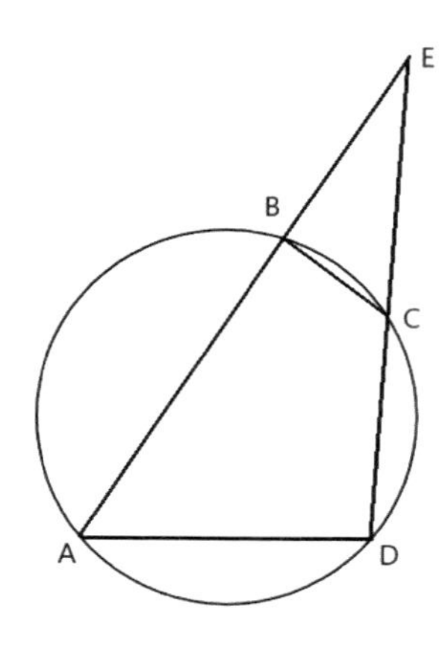

$\overline{AB}=a$, $\overline{BC}=b$, $\overline{CD}=c$, $\overline{DA}=d$ 일 때,
$\overline{BE}$의 길이를 구하시오.

풀이

$\overline{EC}=y$ 라고 하자. $\angle ABC+\angle ADC=180^\circ \Rightarrow \angle EBC=\angle EDA$
$\Rightarrow \triangle EBC \sim \triangle EAD$이다.

$$\frac{x}{y+c}=\frac{y}{x+a}=\frac{b}{d} \Rightarrow dx=by+bc,\ dy=bx+ab \xrightarrow{y\text{을 소거하면}}$$

$$\therefore x=\frac{b(ab+cd)}{d^2-b^2}$$

[문제 81]

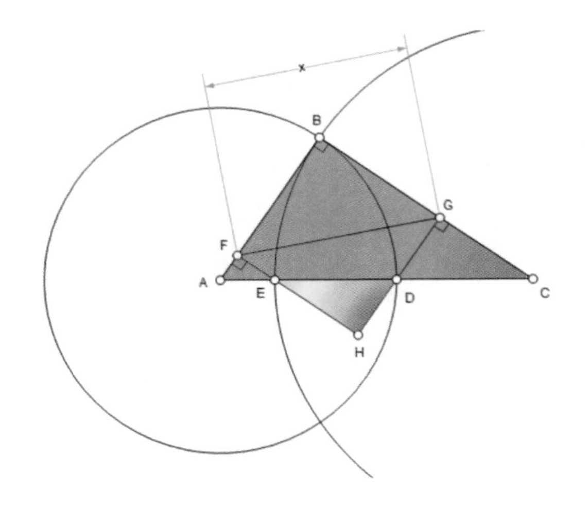

$\triangle DEH$의 둘레의 길이가 6일 때,
선분 $\overline{FG}$ 의 길이를 구하시오.

풀이

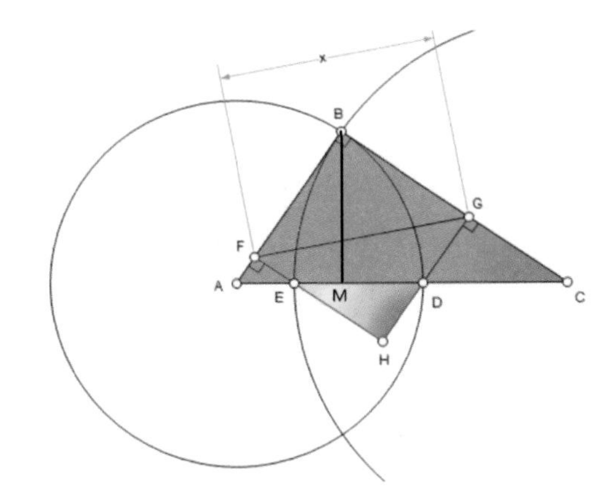

$\overline{AC} \perp \overline{BM} = y$ 라고 하자.

$\angle CBE = \angle CEB \xleftrightarrow{C=90^\circ - A} = 45^\circ + \dfrac{A}{2}$

$\Rightarrow \angle ABE = 45^\circ - \dfrac{A}{2}, \angle BEF = 45^\circ + \dfrac{A}{2}$

$\Rightarrow \triangle BFE \equiv \triangle BEM$, $\overline{BF} = y$

한편,

$\angle ABD = \angle ADB \xleftrightarrow{A=90^\circ - C} = 45^\circ + \dfrac{C}{2}$

$\Rightarrow \angle CBD = 45^\circ - \dfrac{C}{2}, \angle BDG = 45^\circ + \dfrac{C}{2} \Rightarrow \triangle BGD \equiv \triangle BDM, \overline{BG} = y$

또한, $\triangle DEH$의 길이 $= \overline{DM} + \overline{ME} + \overline{EH} + \overline{HD} = 2y = 6 \Rightarrow y = 3$

$\therefore x = \overline{FG} = 3\sqrt{2}$

[문제 82]

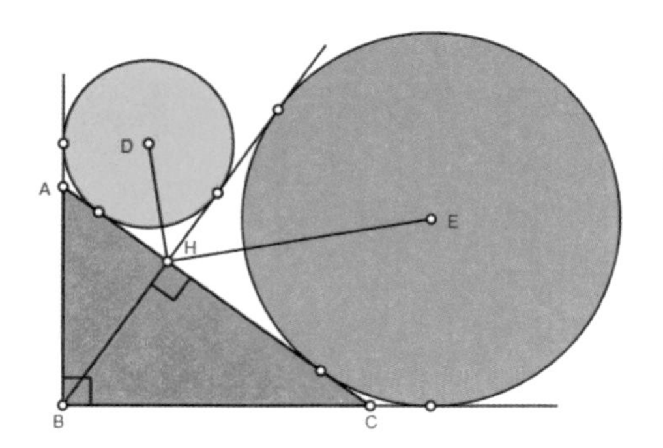

길이 $\overline{BH} = \sqrt{\overline{DH} \times \overline{EH}}$ 이 성립함을 증명하시오.

증명

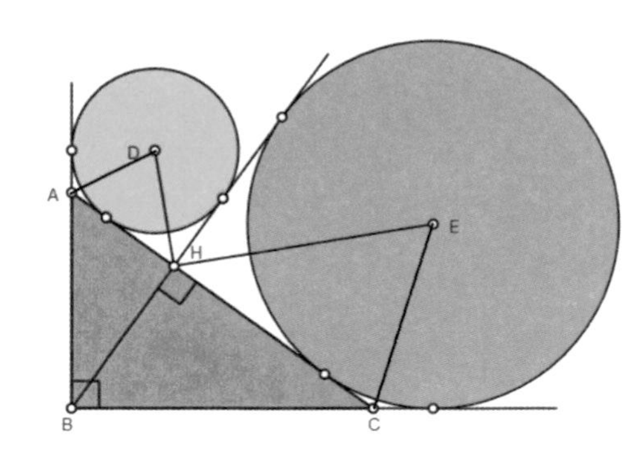

$\angle AHD = \angle EHC = 45^\circ$

$\xrightarrow{\triangle ABC} \angle DAH = 45^\circ + \dfrac{\angle ACB}{2}$,

$\angle ECH = 45^\circ + \dfrac{\angle CAB}{2}$

$\Rightarrow \angle CEH = 90^\circ - \dfrac{\angle CAB}{2} = 45^\circ + \dfrac{\angle ACB}{2}$

$= \angle DAH$

한편, $\angle ADH = 90^\circ - \dfrac{\angle ACB}{2} = 45^\circ + \dfrac{\angle CAB}{2} = \angle ECH$

$\Rightarrow \therefore \triangle ADH \sim \triangle ECH$, $\overline{HD} \times \overline{HE} = \overline{AH} \times \overline{HC} = \overline{BH}^2$

[문제 83]

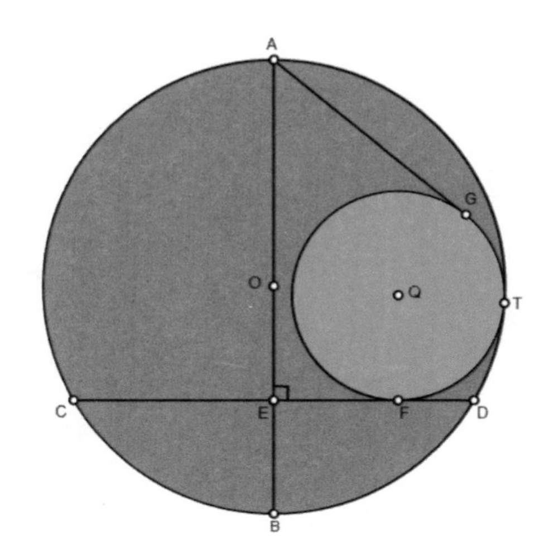

$\overline{AG} = 2(\overline{EF})$이 성립함을 증명하시오.

증명

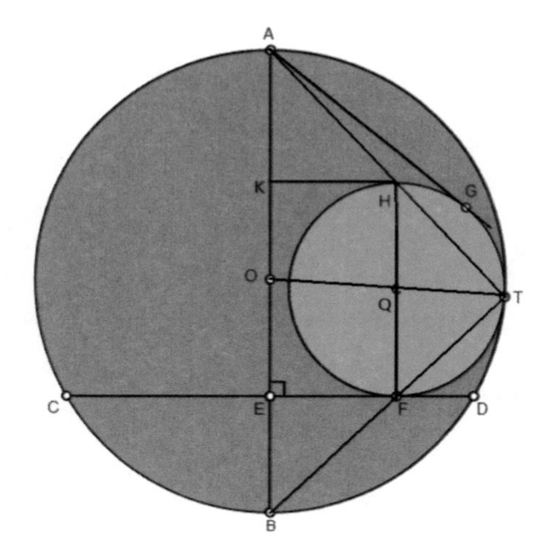

두 원이 점 T에서 접하므로 두 원의 중심 Q, O와 점 T는 일직선 위에 있다.

$\triangle QTF \sim \triangle OTB,\ \angle BOT = \angle FQT,$

$\angle OTB = \angle QTF \Rightarrow T, F, B$는 일직선에 있다.

$\Rightarrow \angle EFB = \angle OTB = 45^\circ \Rightarrow \overline{EF} = \overline{EB}$

같은 방법으로 A, H, T도 일직선에 있다.

$\Rightarrow \triangle BEF \sim \triangle BTA,\ \overline{AT} = \overline{EF}\left(\dfrac{\overline{AB}}{\overline{BF}}\right) \cdots\cdots (1)$

한편, $\triangle BEF \sim \triangle AKH,\ \overline{AH} = \overline{BF}\left(\dfrac{\overline{KH}}{\overline{BE}}\right)$

$= \overline{BF}\left(\dfrac{\overline{EF}}{\overline{BE}}\right) \cdots\cdots (2)$

$\therefore \overline{AG}^2 = \overline{AT} \times \overline{AH} \overset{(1),(2)}{\longleftrightarrow} = \overline{EF}^2\left(\dfrac{\overline{AB}}{\overline{BE}}\right) = 4\overline{EF}^2$

[문제 84]

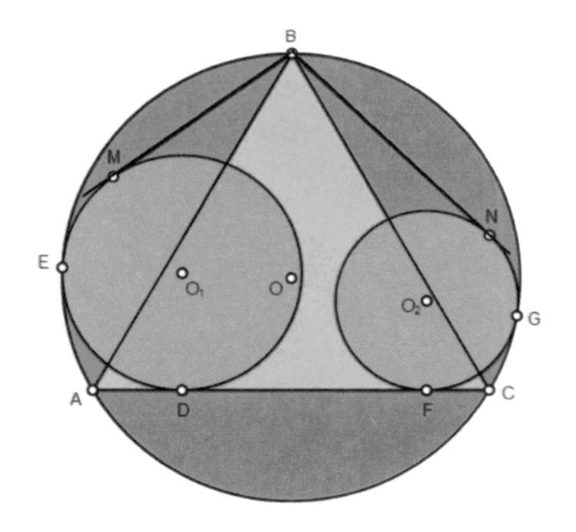

정삼각형 $\triangle ABC$에서 $\overline{BM}+\overline{BN}=2(\overline{DF})$이 성립함을 증명하시오.

증명

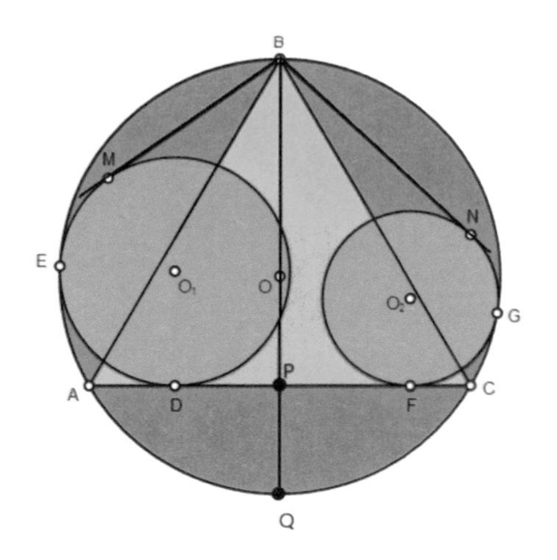

[문제 83]에 의하여

$\overline{BN}=2(\overline{PF}), \overline{BM}=2(\overline{DP})$

$\Rightarrow \overline{BN}+\overline{BM}=2(\overline{DP}+\overline{PF})=2(\overline{DF})$

[문제 85]

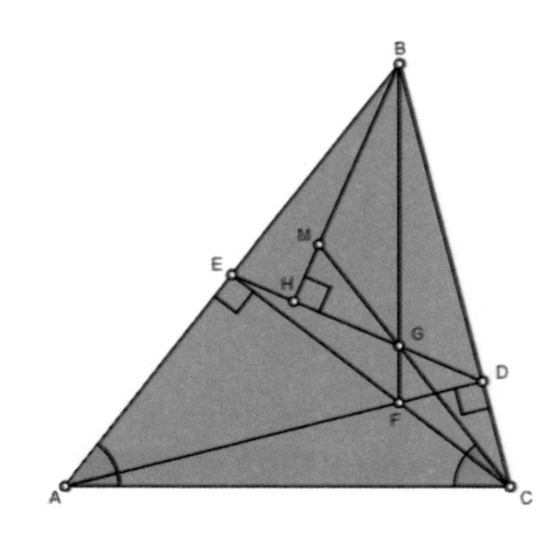

$\angle BAC = \angle GCA$, $\overline{MG} = 2$, $\overline{GC} = 3$일 때,
길이 $\overline{BM}$의 값을 구하시오.

풀이

A, E, D, C는 한 원 위에 있는 점이다.

$\Rightarrow \angle DEC = \angle DAC$, $\angle BDE = \angle BAC = A \cdots\cdots (1)$

B, E, F, D는 지름이 $\overline{BF}$인 한 원 위에 있는 점이다.

$\Rightarrow \angle FBD = \angle FED \overset{(1)}{\longleftrightarrow} = \angle DAC = 90^\circ - C \cdots\cdots (2)$

$\Rightarrow \angle MBG \underset{(2)}{\overset{\triangle BHD}{\longleftrightarrow}} = 90^\circ - A - (90^\circ - C) = C - A = \angle MCB$

$\Rightarrow \triangle BMG \sim \triangle BMC$, $\overline{BM}^2 = \overline{MC} \times \overline{MG} = 10$

$\therefore \overline{BM} = \sqrt{10}$

[문제 86]

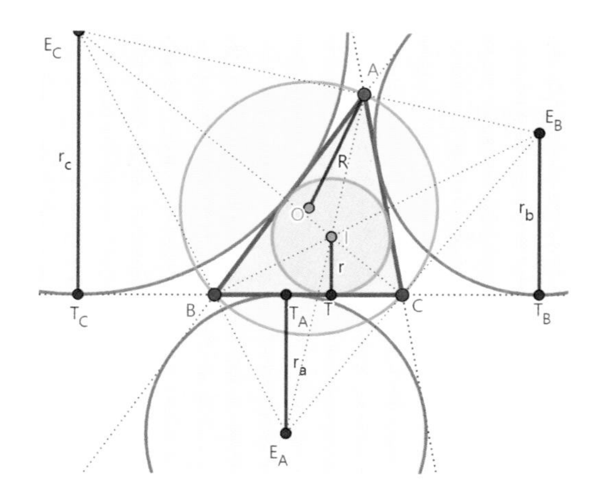

$\triangle ABC$ 의 내심 I, 외심 O, 내접원 반지름 r, 외접원 반지름 R일 때, $r_a+r_b+r_c=4R+r$ 임이 성립함을 증명하시오.
(단, r_a, r_b, r_c 는 방접원의 반지름이다.)

증명

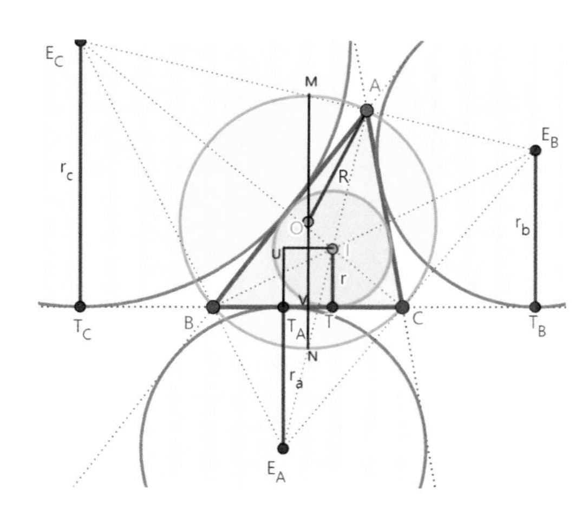

외심 O와 사다리꼴 사변형 $\square E_BE_CT_CT_B$

에 의해 $\overline{MV} \xleftrightarrow{\overline{BT_C}=\overline{CT_B}} = \dfrac{r_b+r_c}{2}$ 이다.

$2R=\overline{MN}=\overline{MV}+\overline{VN}$ ······ (1)

한편, $\triangle IUE_A$, $(\overline{IN}=\overline{E_AN})$에서

$r+\overline{VN}=r_a-\overline{VN}$ 이다

$\Rightarrow \overline{VN}=\dfrac{r_a-r}{2} \xrightarrow{(1)}$

$\therefore 2R=\dfrac{r_a+r_b+r_c-r}{2}$

$\Rightarrow r_a+r_b+r_c=4R+r$

(※ $\triangle ABC$의 세 변 a, b, c와 $s=\dfrac{a+b+c}{2}$라 하면,

$2(\overline{CT_C})=2s \Rightarrow \overline{BT_C}=s-a=\overline{CT_B}$, $\overline{CT}=s-c=\overline{BT_A}$, $\overline{VT_A}=\overline{VT}$ 이다.)

[문제 87]

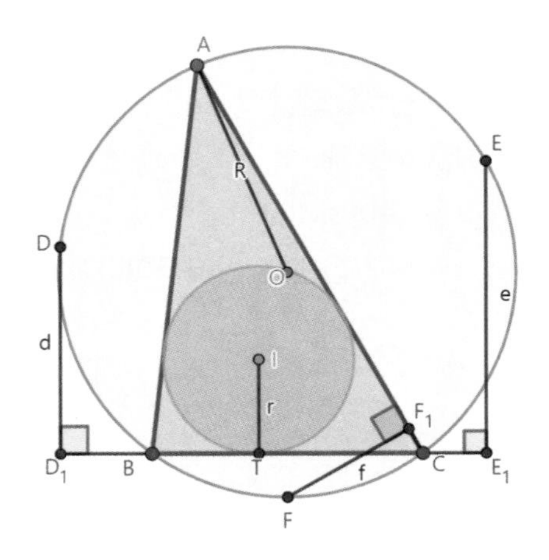

$\triangle ABC$의 외심 O, 내심 I, 호 $\overset{\frown}{AB}$의 중점 D, 호 $\overset{\frown}{AC}$의 중점 E, 호 $\overset{\frown}{BC}$의 중점 F일 때, $d+e+f=2(R+r)$이 성립함을 증명하시오.

증명

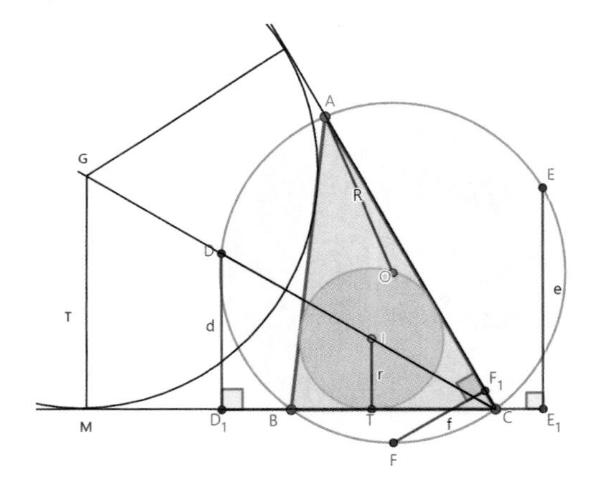

$\overline{AB}$, $\overline{AC}$, $\overline{BC}$ 외접원의 반지름 T, U, V라고 하자. 사다리꼴 사각형 ⌂ $TMGI$에서

$d=\dfrac{T+r}{2}$, $\left(\because [\text{문제}86]\text{의 } \overline{IN}=\overline{E_AN}\right)$이다.

같은 방법으로

$e=\dfrac{U+r}{2}$, $f=\dfrac{V+r}{2}$

$\Rightarrow 2(d+e+f)=T+U+V+3r \xleftrightarrow{[\text{문제}86]}$

$=4R+4r \Rightarrow \therefore d+e+f=2(R+r)$

[문제 88]

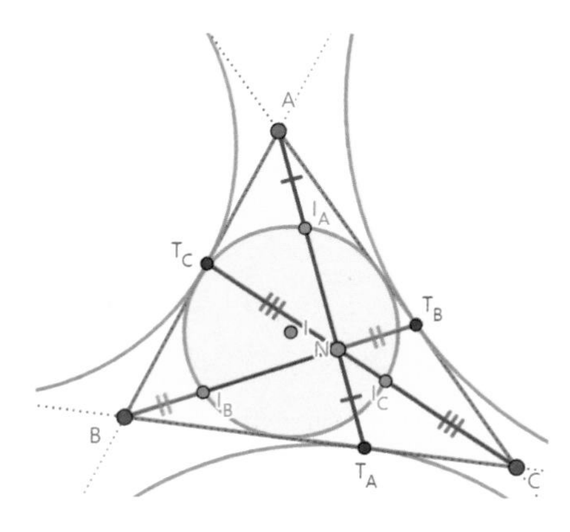

$\triangle ABC$의 내심 I, 세 방접원의 교점 T_A, T_B, T_C, 내접원의 교점 I_A, I_B, I_C 일 때, $\overline{AI_A} = \overline{NT_A}$, $\overline{BI_B} = \overline{NT_B}$, $\overline{CI_C} = \overline{NT_C}$ 이 성립함을 증명하시오.

증명

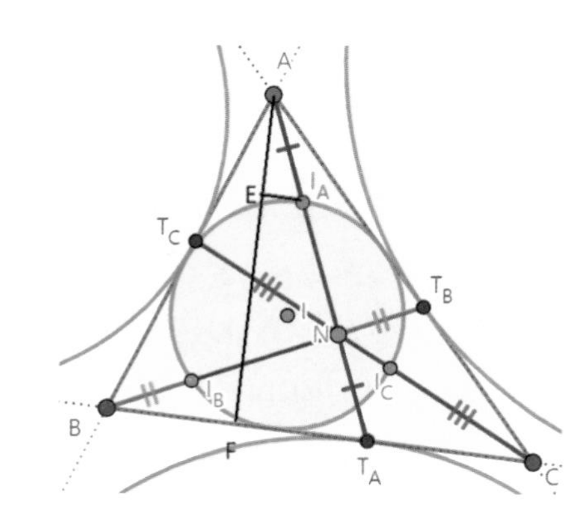

내접원의 반지름 r, $\triangle AEI_A \sim \triangle AFT_A$: 직각삼각형, $\overline{AF} = h$라고 하자. $\triangle ABC$의 세 변을 a, b, c, $s = \dfrac{a+b+c}{2}$라고 하고, 넓이 S라고 하자.

[문제 66]에 의해서 다음 등식이 성립한다.

$$\frac{\overline{AN}}{\overline{NT_A}} = \frac{\overline{AT_C}}{\overline{BT_C}} + \frac{\overline{AT_B}}{\overline{CT_B}} \overset{[\text{문제}86]}{\Longleftrightarrow}$$

$$= \frac{s-b}{s-a} + \frac{s-c}{s-a} = \frac{a}{s-a} \Rightarrow \frac{\overline{AT_A}}{\overline{NT_A}} = \frac{\overline{AN} + \overline{NT_A}}{\overline{NT_A}} = 1 + \frac{a}{s-a} = \frac{s}{s-a} \quad \cdots\cdots (1)$$

한편, $$\frac{\overline{AI_A}}{\overline{AT_A}} = \frac{h-2r}{h} \underset{r=\frac{S}{s}}{\overset{h=\frac{2S}{a}}{\Longleftrightarrow}} = \frac{s-a}{s} \overset{(1)}{\Longleftrightarrow} = \frac{\overline{NT_A}}{\overline{AT_A}} \Rightarrow \overline{AI_A} = \overline{NT_A}$$ 이다.

같은 방법으로 $\overline{BI_B} = \overline{NT_B}$, $\overline{CI_C} = \overline{NT_C}$이 성립한다.

[문제 89]

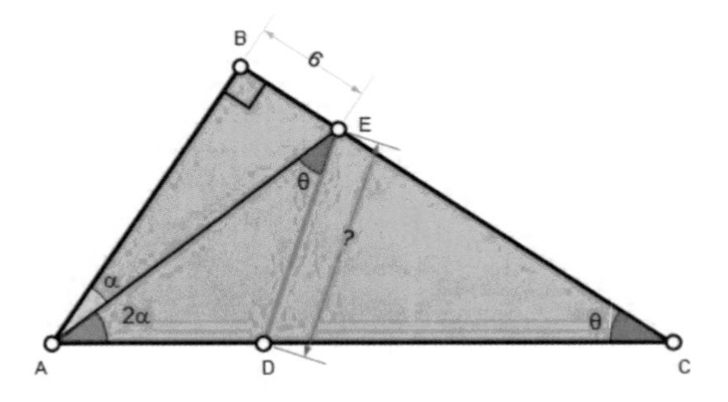

직각삼각형 $\triangle ABC$에 대하여 선분 $\overline{DE}$의 길이를 구하시오.

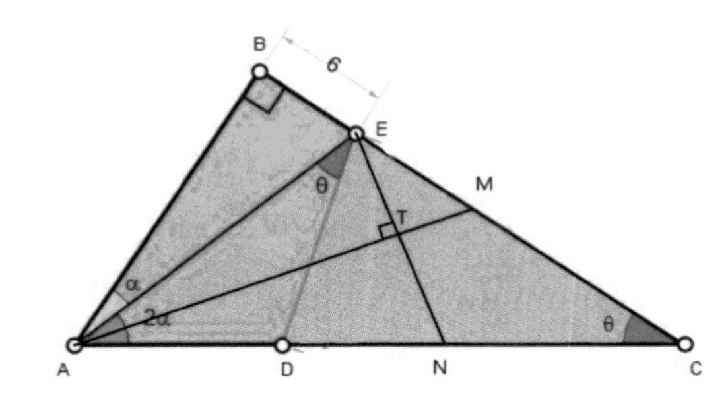

$\angle EAM = \angle MAC$, $\overline{AM} \perp \overline{EN}$이라 하자.

$\Rightarrow 6 = \overline{ET} = \overline{TN}$, $\overline{EN} = 12$

한편, $\angle EDN = \theta + 2\alpha$, $\triangle ABE \equiv \triangle ATE$

$\Rightarrow \angle DEN = 90^\circ - (\alpha + \theta)$

$\Rightarrow \angle END = 180^\circ - (\theta + 2\alpha + 90^\circ - (\alpha + \theta))$

$= 90^\circ - \alpha$

또한, 직각삼각형 $\triangle ABC$에서 $3\alpha + \theta = 90^\circ$이다.

$\Rightarrow \angle EDN = \angle END \Rightarrow \therefore \overline{ED} = \overline{EN} = 12$

[문제 90]

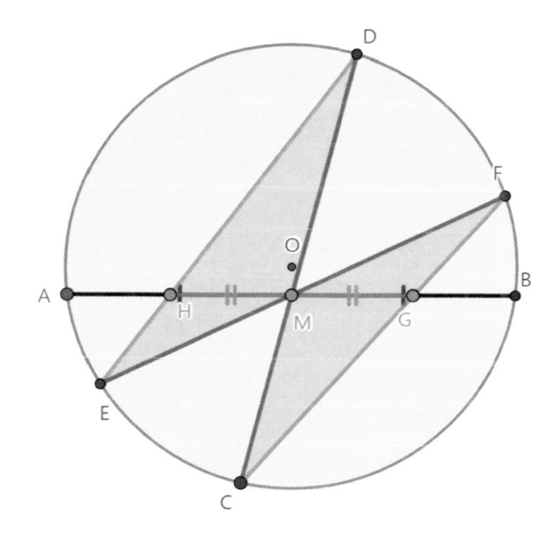

$\overline{AM}=\overline{MB}$일 때, $\overline{GM}=\overline{MH}$이 성립함을 증명하시오.

증명

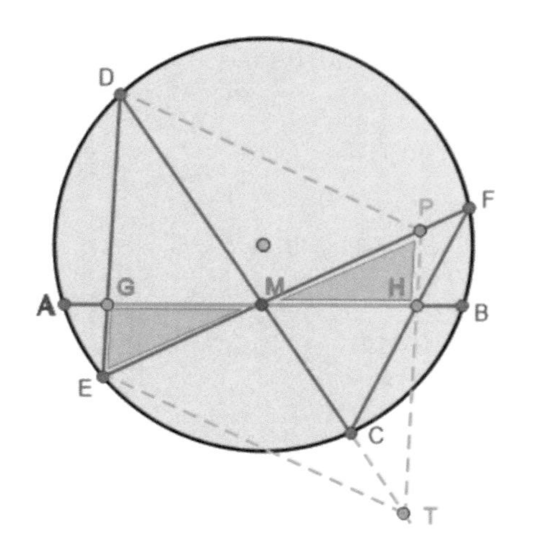

그림처럼 평형사변형 $DPTE$을 만들면,
M은 평형사변형 대각선의 교차점이다.
$\triangle EGM \equiv \triangle MHP \Rightarrow \therefore \overline{GM}=\overline{MH}$

[문제 91]

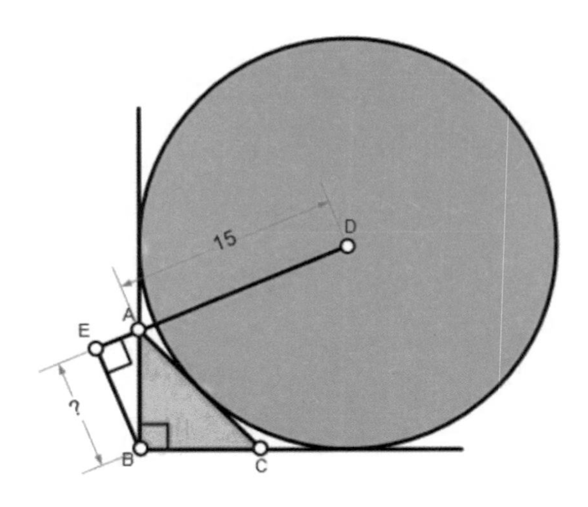

$\triangle ABC$는 직각 이등변 삼각형일 때, $\overline{BE}$의 길이를 구하시오.

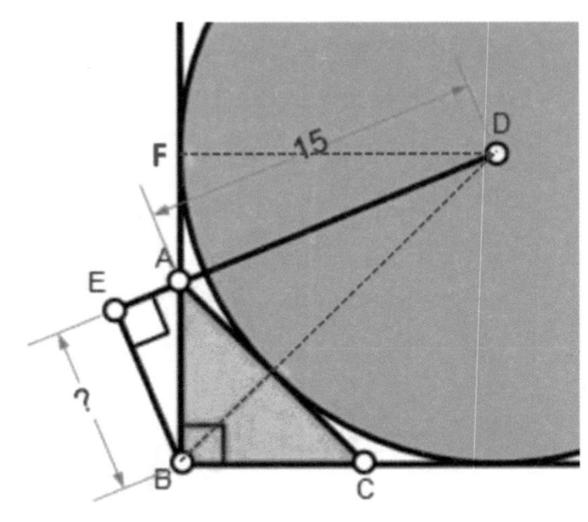

$$\angle ADF = \angle ADB = \frac{\pi}{8}$$

$$\overline{FD} = 15\cos\frac{\pi}{8},$$

$$\overline{BD} = \sqrt{2}\,\overline{FD} = 15\sqrt{2}\cos\frac{\pi}{8},$$

$$\overline{BE} = \overline{BD}\sin\frac{\pi}{8} = 15\sqrt{2}\sin\frac{\pi}{8}\cos\frac{\pi}{8}$$

$$= \frac{15}{2}$$

[문제 92]

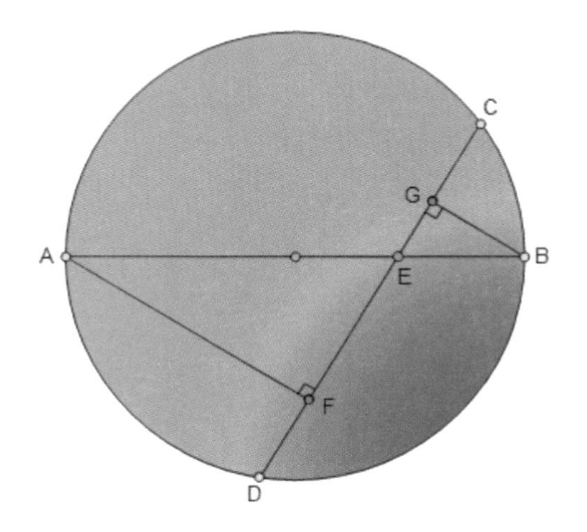

지름 $\overline{AB}$인 원에서 $\overline{DF} = \overline{CG}$임을 증명하시오.

증명

$\overline{AD} = \overline{AB}\cos(\angle BAD)$

$\therefore \overline{DF} = \overline{AD}\cos(\angle ADF) = \overline{AB}\cos(\angle BAD)\cos(\angle ADC)$

$= \overline{AB}\cos(\angle BCD)\cos(\angle ABC) = \overline{BC}\cos(\angle BCD) = \overline{CG}$

[문제 93]

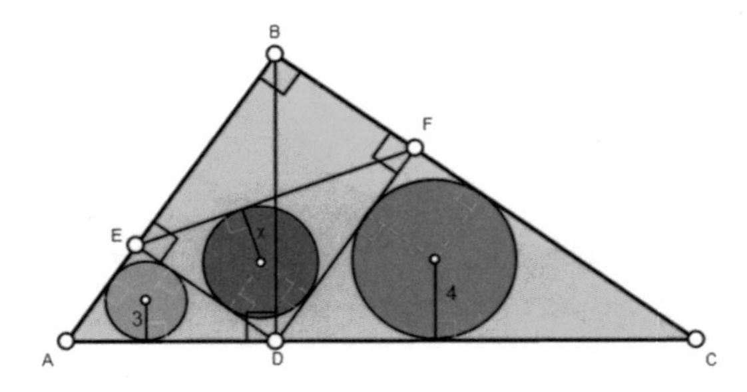

직각삼각형 $\triangle ABC$의 세 변을 a, b, c 라 하면, 파란색 원의 반지름을 구하시오.

풀이

$$\triangle ABC \sim \triangle BCD \Rightarrow \overline{EF} = \overline{BD} = \frac{ac}{b},\ \overline{CD} = \frac{a^2}{b}$$

$$\triangle ABC \sim \triangle ABD \Rightarrow \overline{AD} = \frac{c^2}{b}$$

한편, $\triangle AED \sim \triangle DEF \sim \triangle CDF$

$$\Rightarrow \frac{x}{\overline{EF}} = \frac{3}{\overline{AD}} = \frac{4}{\overline{CD}} \Rightarrow \frac{xb}{ac} = \frac{3b}{c^2} = \frac{4b}{a^2}$$

$$\Rightarrow \therefore x = 2\sqrt{3}$$

[문제 94]

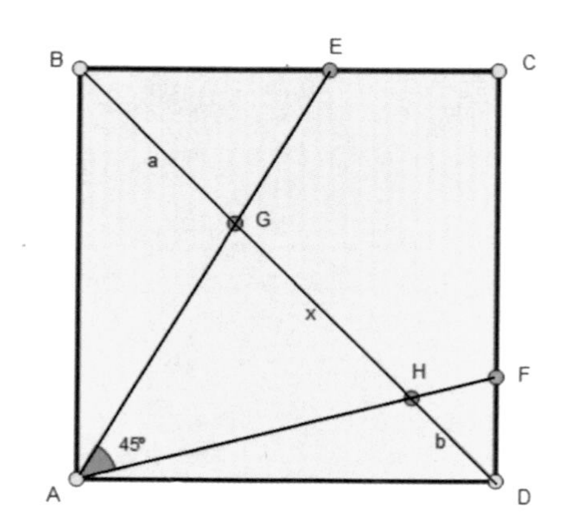

정사각형 $ABCD$ 에서 $\overline{BG}=a, \overline{GH}=x, \overline{HD}=b$ 일 때, $x^2=a^2+b^2$이 성립함을 증명하시오.

증명

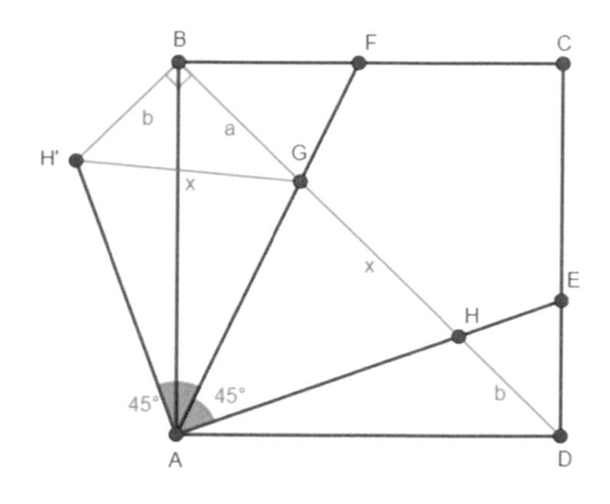

고정점 A을 기준으로 $\overline{AH}$을 시계반대 방향으로 90° 회전한 그림이다.

$\Rightarrow \overline{HD} \perp \overline{H'B}$

$\therefore\ x^2=a^2+b^2$

[문제 95]

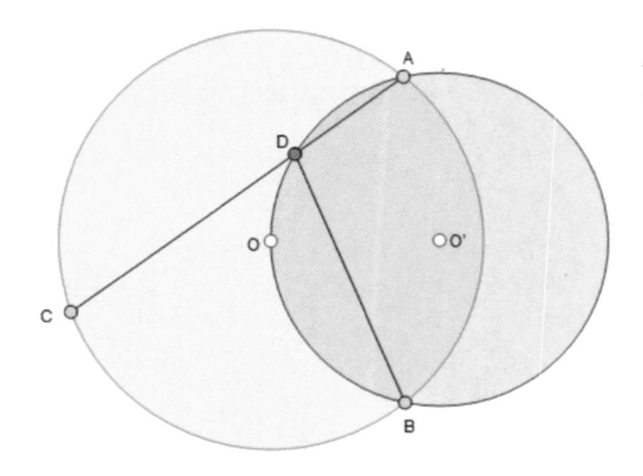

$\overline{BD}=\overline{CD}$이 성립함을 증명하시오.

증 명

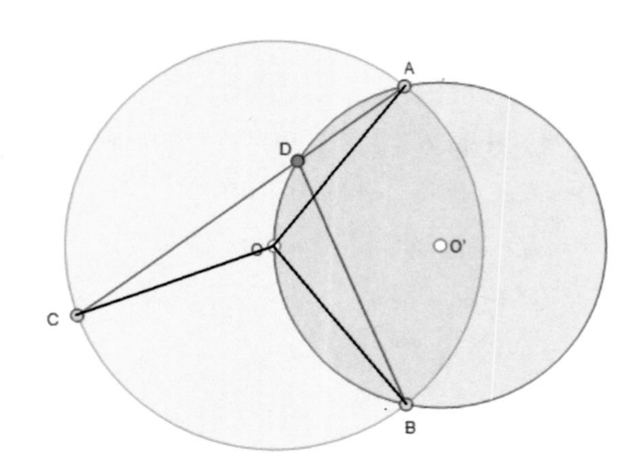

$u=\angle OBD=\angle OAD=\angle OCA$

$v=\angle OBC=\angle OCB$

$\Rightarrow \angle DCB=u+v=\angle DBC$

$\therefore \overline{BD}=\overline{CD}$

[문제 96]

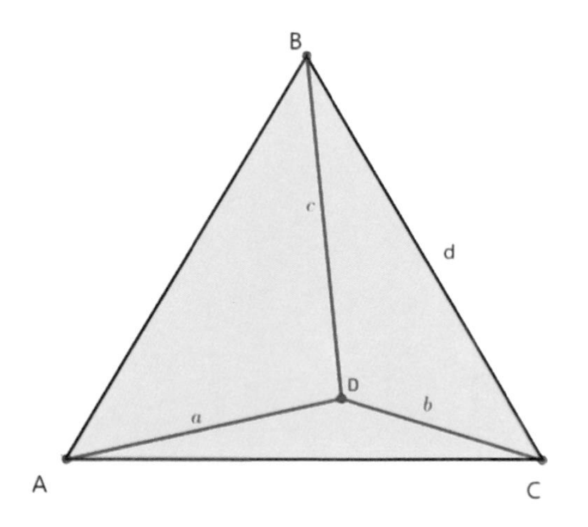

정삼각형 $\triangle ABC$에서 $a^2+b^2=c^2$일 때,
정삼각형 한변의 길이 d를 구하시오.

풀이

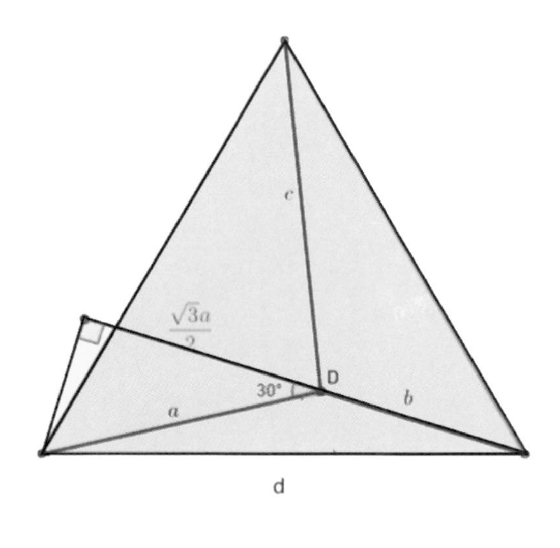

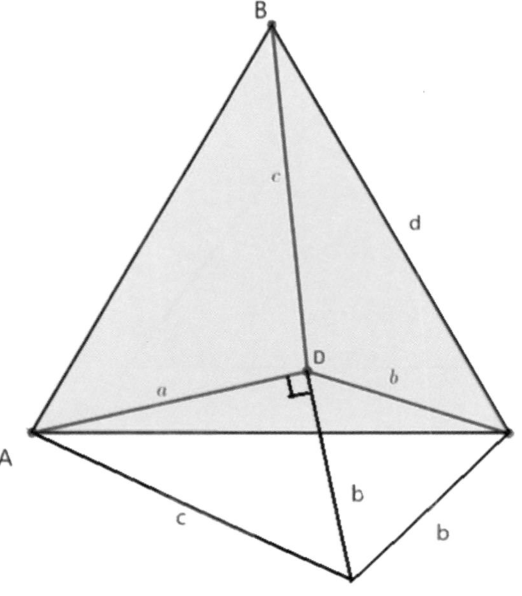

$$\therefore\ d=\sqrt{\left(\frac{a}{2}\right)^2+\left(b+\frac{\sqrt{3}\,a}{2}\right)^2}=\sqrt{c^2+\sqrt{3}\,ab}$$

[문제 97]

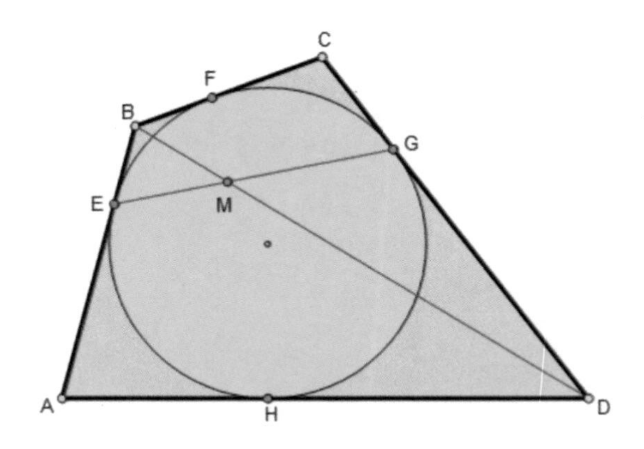

$\dfrac{\overline{BE}}{\overline{GD}}=\dfrac{\overline{BM}}{\overline{DM}}$이 성립함을 증명하시오.

증명

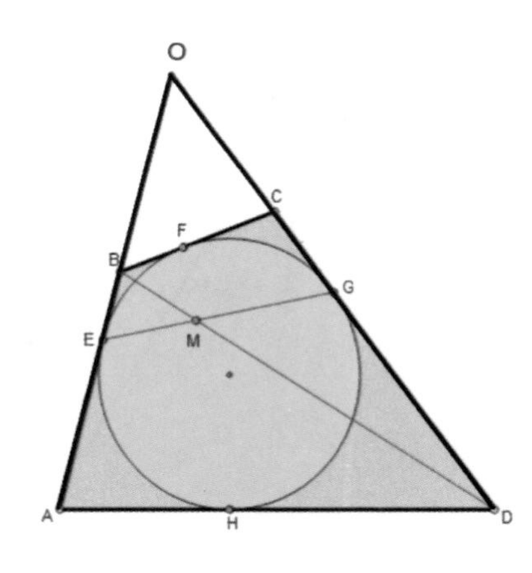

$\overline{OE}=\overline{OG}$, [문제 4]에 의해

$1=\dfrac{\overline{OE}}{\overline{EB}}\times\dfrac{\overline{DG}}{\overline{OG}}\times\dfrac{\overline{BM}}{\overline{MD}}=\dfrac{\overline{DG}}{\overline{EB}}\times\dfrac{\overline{BM}}{\overline{MD}}$

$\Rightarrow\therefore\dfrac{\overline{BE}}{\overline{GD}}=\dfrac{\overline{BM}}{\overline{DM}}$

[문제 98]

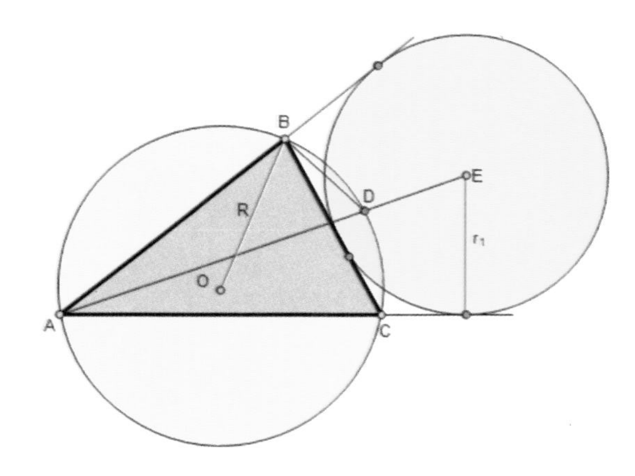

$\triangle ABC$의 외심 O, 외접원의 반지름 R, 방접원의 반지름 r_1일 때, $\overline{BD}=\overline{DE}$ 와 $\overline{AE}\times\overline{DE}=2Rr_1$이 성립함을 증명하시오.

증명

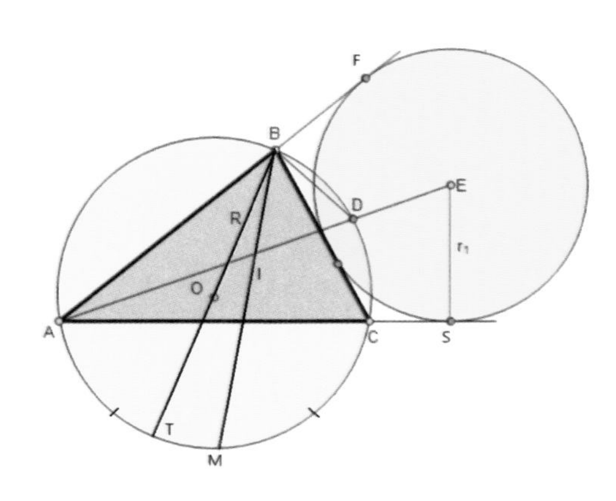

$\angle ABM=\angle CBM$이라 하자.

$\Rightarrow \triangle ABC$의 내심 I , $\angle FBE=\angle EBC$

$\Rightarrow \angle EBM=90^\circ$,

$\angle DBE=90^\circ-\angle DBM=90^\circ-\dfrac{\angle DOM}{2}$

한편, $\angle DEB=90^\circ-\angle BID \xleftrightarrow{\triangle ABI}$

$=90^\circ-(\angle ABI+\angle BAI)$

$=90^\circ-(\angle MBC+\angle DAC)$

$=90^\circ-\angle MBD=\angle DBE \quad \therefore \overline{BD}=\overline{DE}$

또한, $\angle BDT=90^\circ$, $\angle BTD=\angle BAD=\angle EAS \Rightarrow \triangle BTD \sim \triangle EAS$,

$$\frac{\overline{AE}}{\overline{TB}}=\frac{\overline{ES}}{\overline{BD}} \Rightarrow \frac{\overline{AE}}{2R}=\frac{r_1}{\overline{BD}} \Rightarrow \therefore \overline{AE}\times\overline{DE}=2Rr_1$$

[문제 99]

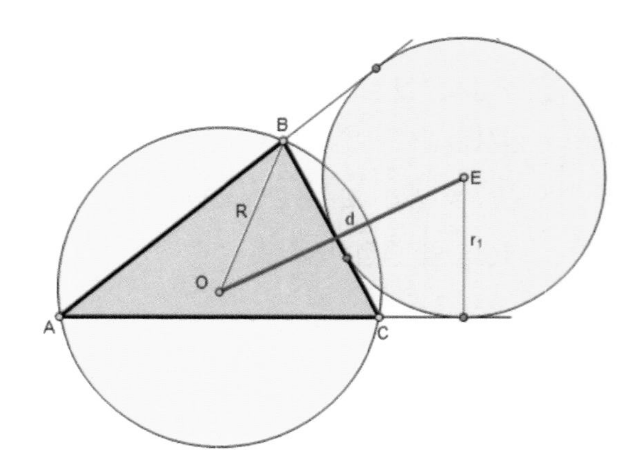

$\triangle ABC$의 외심 O, 외접원의 반지름 R, 방접원의 반지름 r_1일 때, $d^2 = R^2 + 2Rr_1$이 성립함을 증명하시오.

증명

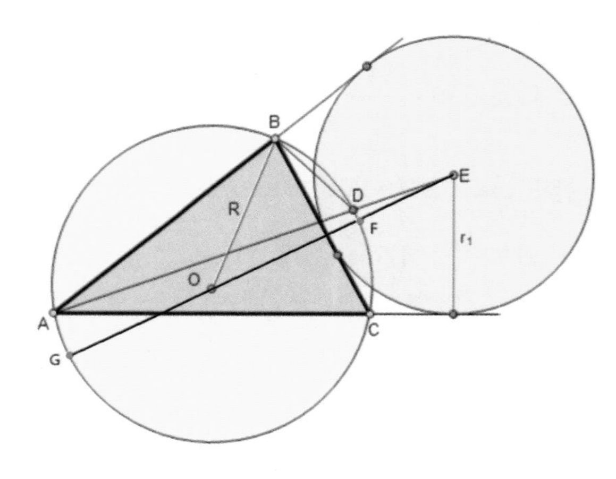

$$\frac{\overline{ED}}{\overline{EF}} = \frac{\overline{EG}}{\overline{EA}}$$

$$\Rightarrow \overline{EA} \times \overline{ED} = \overline{EF} \times \overline{EG} = (d-R)(d+R)$$

$$= d^2 - R^2 \xleftrightarrow{[문제98]} = 2Rr_1$$

$$\therefore d^2 = R^2 + 2Rr_1$$

[문제 100]

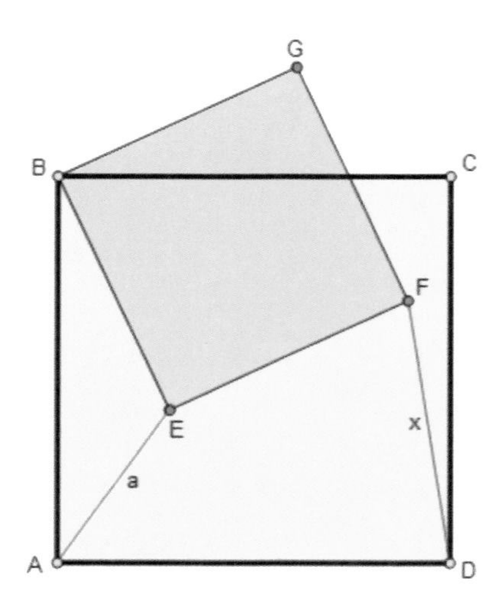

두 정사각형 $ABCD$, $BGFE$ 일 때, 선분 $\overline{DF}$ 의 길이를 구하시오.

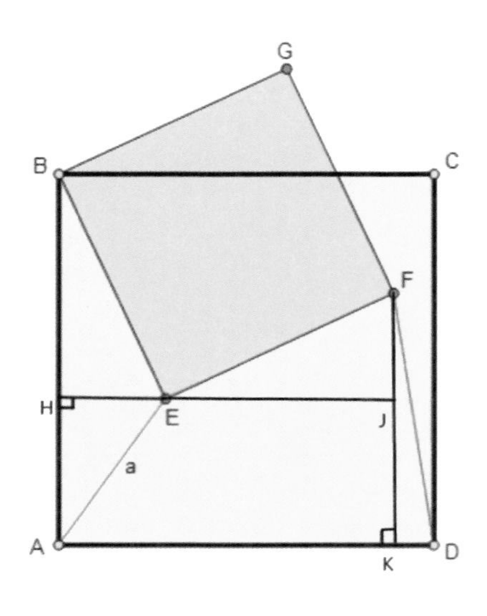

$\overline{BH}=p$, $\overline{HA}=q$, $\overline{HE}=r$ 라고 하자.

$a^2=q^2+r^2$,

$\angle FEJ=90^\circ-\angle BEH=\angle EBH$,

$\triangle BEH \cong \triangle FEJ$, $\overline{EJ}=p$, $\overline{FJ}=r$

$\overline{KD}=(p+q)-(r+p)=q-r \xrightarrow{\triangle FKD}$

$x^2=(q-r)^2+(q+r)^2=2(q^2+r^2)=2a^2$

$\Rightarrow \therefore x=\sqrt{2}\,a$

[문제 101]

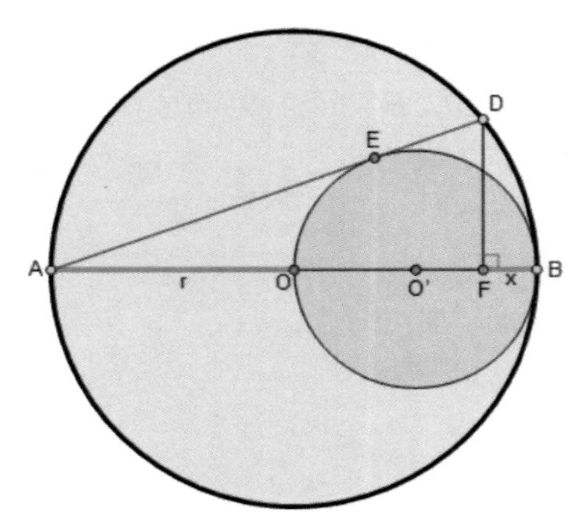

선분 $\overline{BF}$의 길이를 구하시오.

세 개의 직각삼각형 $\triangle ABD \sim \triangle AEO' \sim \triangle BDF$ 이다.

$$\Rightarrow \frac{\overline{FB}}{\overline{DB}} = \frac{\overline{DB}}{2r} = \frac{\overline{EO'}}{\overline{AO'}} = \frac{1}{3} \Rightarrow \overline{DB} = \frac{2r}{3} \quad \therefore \overline{BF} = \frac{2r}{9}$$

[문제 102]

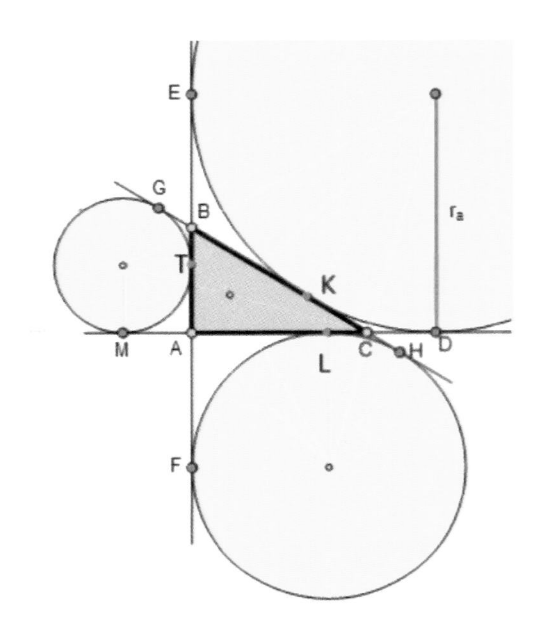

직각삼각형 $\triangle ABC$의 세 변 a, b, c,

$s = \dfrac{a+b+c}{2}$, 방접원의 반지름 r_a일 때,

$r_a = s = \overline{AD} = \overline{BF}$ 이 성립함을 증명하시오.

증명

(1) $2s = \overline{CD} + b + r_a = 2r_a \Rightarrow s = r_a = \overline{AD}$

(2) $\overline{BF} = \overline{BH} = \overline{BE} + \overline{CD} + \overline{CL} = \overline{BE} + \overline{LD} = r_a - c + r_a - \overline{AF} = 2r_a - \overline{BF}$

$\Rightarrow \overline{BF} = r_a$

[문제 103]

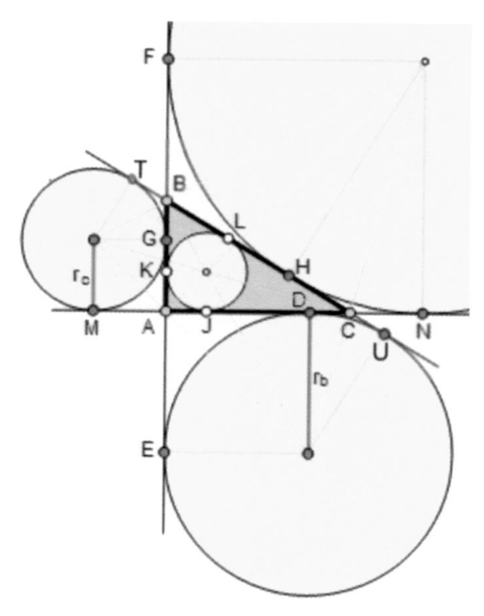

직각삼각형 $\triangle ABC$의 세 변 a, b, c,

$s=\dfrac{a+b+c}{2}$, 방접원의 반지름 r_b, r_c일 때,

$r_b=s-c=\overline{BF}$와 $r_c=s-b=\overline{CH}$이 성립함을 증명하시오.

증명

(1) $2s=b+a+c=r_b+\overline{DC}+\overline{BU}-\overline{DC}+\overline{BE}-r_b=2\overline{BE}\Rightarrow s=\overline{BE}=c+r_b$

$\Rightarrow r_b=s-c,\ \overline{BF}=\overline{AF}-c\xleftrightarrow{[\text{문제}102]}=s-c$

(2) $2s=b+a+c=\overline{CM}-r_c+\overline{CT}-\overline{BT}+r_c+\overline{BG}=2\overline{CM}\Rightarrow s=\overline{CM}=b+r_c$

$\Rightarrow r_c=s-b,\ \overline{CH}=\overline{AN}-b\xleftrightarrow{[\text{문제}102]}=s-b$

[문제 104]

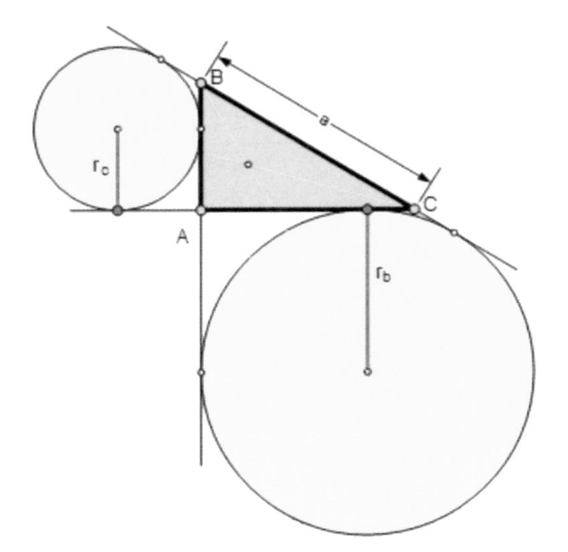

직각삼각형$\triangle ABC$의 세 변 a, b, c,

$s = \dfrac{a+b+c}{2}$, 방접원의 반지름r_b, r_c일 때,

$a = r_b + r_c$이 성립함을 증명하시오.

증명

[문제 103]에 의하여 $r_b + r_c = s - b + s - c = 2s - (b+c) = a$이다.

[문제 105]

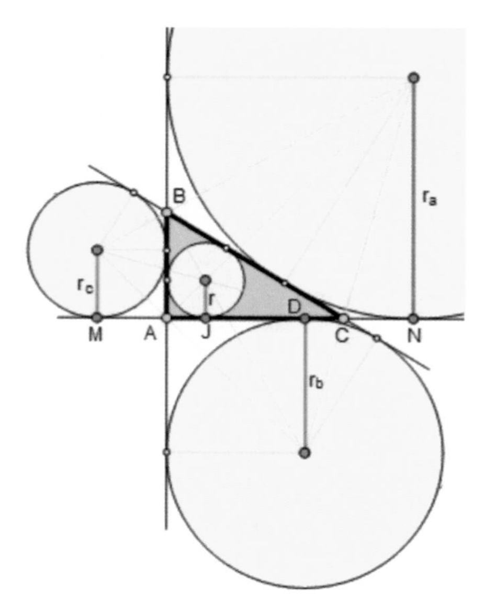

직각삼각형$\triangle ABC$의 세 변a, b, c,

내접원의 반지름r, $s=\dfrac{a+b+c}{2}$,

방접원의 반지름r_a, r_b, r_c일 때,

$r_a=r+r_b+r_c$이 성립함을 증명하시오.

증명

$a=x+y, b=r+y, c=x+r \Rightarrow s=x+y+r=a+r \Rightarrow r=s-a$,

$r_b=s-c, r_c=s-b$, $(\because$ [문제103]$)$ $\Rightarrow r+r_b+r_c=s \xleftrightarrow{\text{[문제102]}} =r_a$

[문제 106]

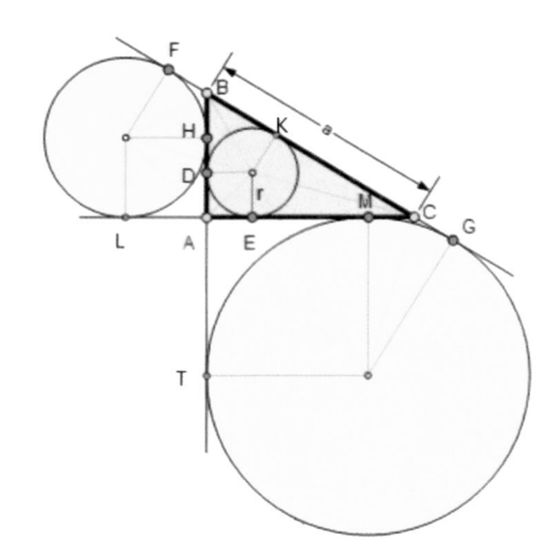

직각삼각형$\triangle ABC$의 세 변a, b, c,

내접원의 반지름 r, $s=\dfrac{a+b+c}{2}$일 때,

$r=s-a=\overline{BF}=\overline{CG}$이 성립함을 증명하시오.

증명

[문제 105]의 증명과정에서 $r=s-a$이다.

(1) $\overline{FC}=\overline{LC}$

$\Rightarrow \overline{FB}+\overline{BK}+\overline{KC}=\overline{LA}+r+\overline{EC} \Rightarrow \overline{FB}+\overline{BK}=\overline{AH}+r$

$\Rightarrow \overline{FB}+\overline{BH}+\overline{HD}=2r+\overline{HD} \Rightarrow \overline{FB}=r$

(2) $\overline{BG}=\overline{BT}$

$\Rightarrow \overline{BK}+\overline{KC}+\overline{CG}=\overline{BD}+r+\overline{AT}$

$\Rightarrow \overline{EC}+\overline{CG}=2r+\overline{EM} \Rightarrow \overline{EM}+2\overline{CG}=2r+\overline{EM}$

$\Rightarrow \overline{CG}=r$

[문제 107]

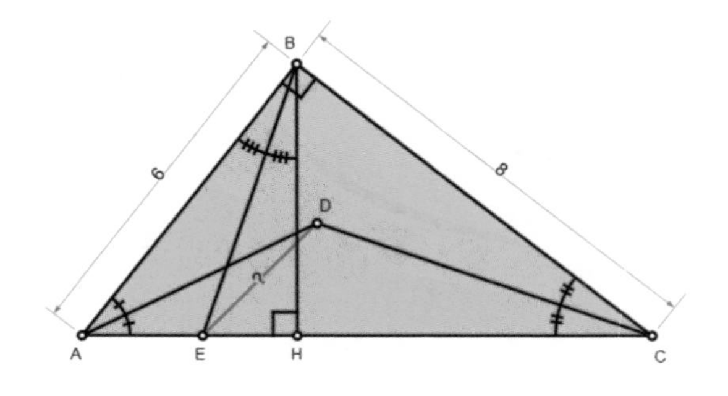

직각삼각형 ABC에서 선분 $\overline{DE}$의 길이를 구하시오.

풀이

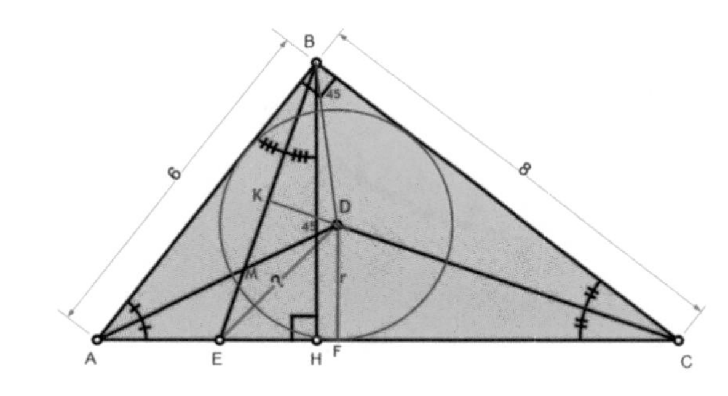

점 D는 내심이고, $\overline{AC}=10$,

$s=\dfrac{6+8+10}{2}=12$이므로 삼각형의 넓이는

$24=12r \Rightarrow r=2$이다.

한편,

$\dfrac{\angle A+\angle C}{2}=45^\circ \Rightarrow \angle ADC=135^\circ$,

$\angle KDM=45^\circ$, $\triangle ABH \sim \triangle ABC \Rightarrow \angle ABH=\angle C$, $\angle KMD=\dfrac{\angle A+\angle C}{2}=45^\circ$

$\Rightarrow \overline{CK}\perp\overline{BE}$, $\triangle BCE$: 이등변 삼각형이다. $\triangle DEF$: 직각 이등변 삼각형이다.

$\therefore \overline{DE}=\overline{BD}=r\sqrt{2}=2\sqrt{2}$

[문제 108]

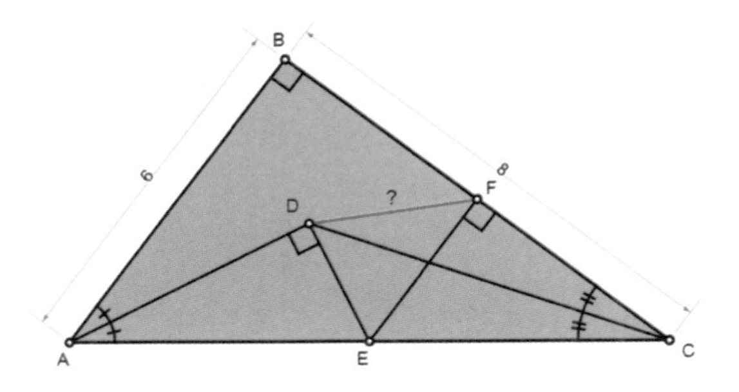

선분 $\overline{DF}$의 길이를 구하시오.

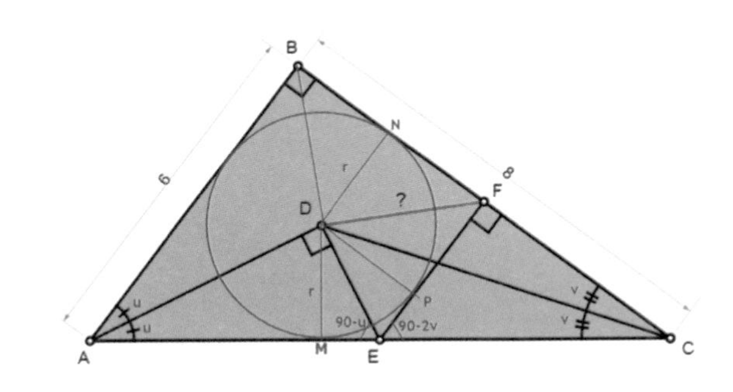

$u+v=45^{\circ}$, $\angle DEF=u+2v=90^{\circ}-u$

$\Rightarrow$ 원과 $\overline{EF}$는 접한다.

점 D은 내심이고, $DPFN$은 정사각형이다.

[문제 107]에서 $r=2 \Rightarrow \therefore \overline{DF}=2\sqrt{2}$.

[문제 109]

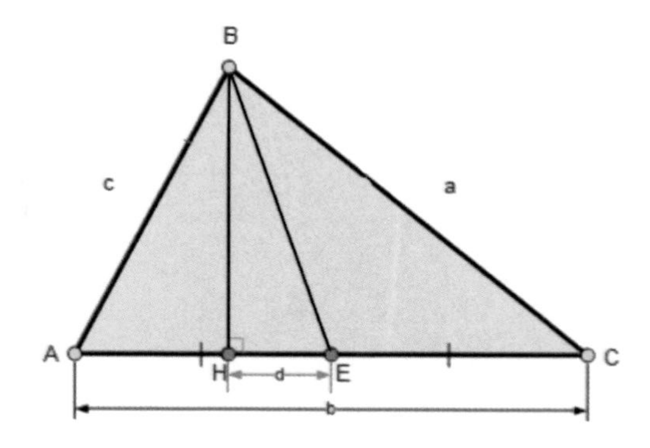

$\overline{AE} = \overline{CE}$ 일 때, $a^2 - c^2 = 2bd$ 이 성립함을 증명하시오.

증명

$$a^2 = b^2 + c^2 - 2bc\cos A,\ \cos A = \frac{\overline{AH}}{\overline{AB}} = \frac{\frac{b}{2} - d}{c}$$

$$\Rightarrow \therefore a^2 = b^2 + c^2 - 2bc\left(\frac{b - 2d}{2c}\right) = c^2 + 2bd$$

[문제 110]

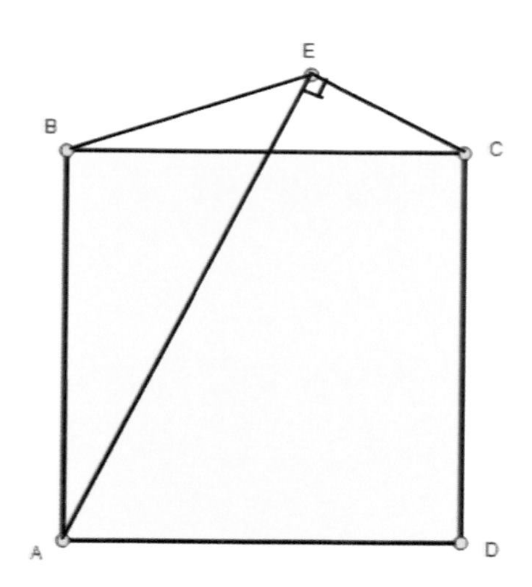

정사각형 $ABCD$ 에서 $\overline{AE} = a$, $\overline{EC} = b$일 때, $\overline{BE} = \frac{a-b}{2}\sqrt{2}$ 이 성립함을 증명하시오.

증명

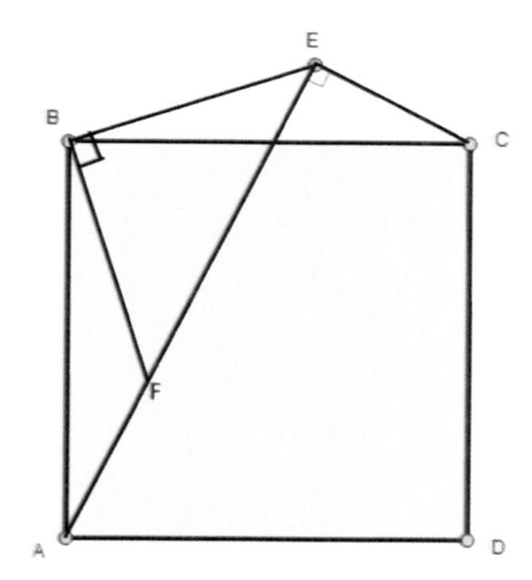

A, B, C, E 는 한 원 위의 점들이다.

$\Rightarrow \angle BAE = \angle BCE$

점 B 을 고정하고 $\triangle BAF$ 을 시계 반대방향으로 90° 회전하면, $\triangle BCE$ 가 된다. $\angle BEF = 45^\circ$,

$\Rightarrow \overline{AF} = \overline{EC} = b$, $\overline{EF} = a - b$

$\therefore \ \overline{BE} = \frac{a-b}{2}\sqrt{2}$

[문제 111]

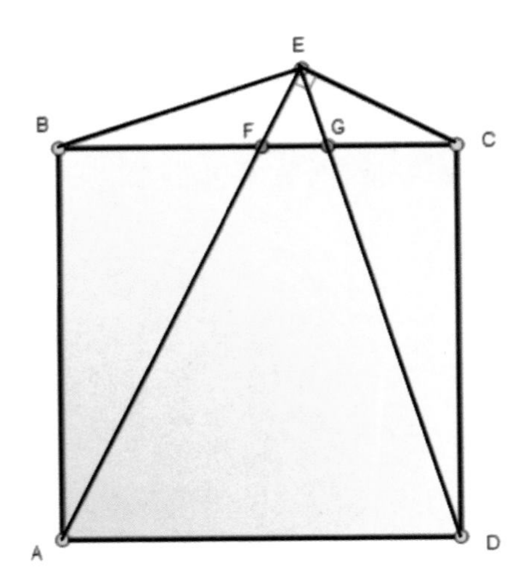

정사각형 $ABCD$, $\angle AEC = 90^\circ$ 일 때, $\dfrac{\overline{BF}}{\overline{FG}} = \dfrac{\overline{BC}}{\overline{CG}}$ 이 성립함을 증명하시오.

증명

점 A, B, C, D, E 는 한 원 위의 점들이다.

$$\xrightarrow{[문제110]} \angle BEA = 45^\circ = \angle AED = \angle DEC$$

$$\Rightarrow \frac{\overline{FG}}{\overline{GC}} = \frac{\overline{EF}}{\overline{EC}} = \frac{\overline{BF}}{\overline{BC}} \quad (\because \overline{EB}\text{는 } \triangle EFC \text{ 외부의 이등분선})$$

$$\therefore \frac{\overline{BF}}{\overline{FG}} = \frac{\overline{BC}}{\overline{CG}}$$

[문제 112]

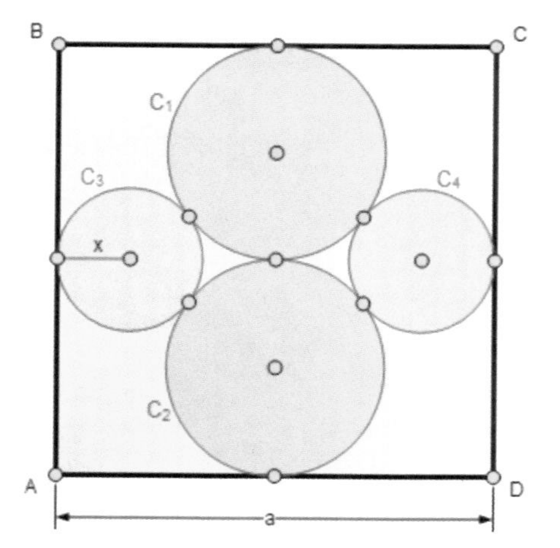

한변이 a인 정사각형 $ABCD$에 대하여 원 C_3의 반지름을 구하시오.

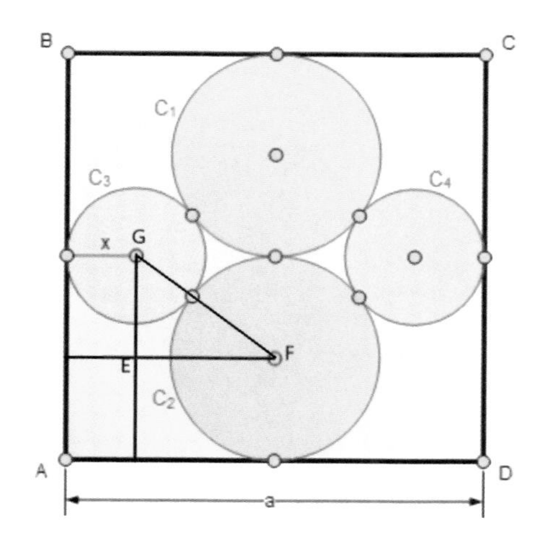

$$\overline{FG}^2 = \overline{FE}^2 + \overline{EG}^2,$$

$$\left(\frac{a}{2} - x\right)^2 + \left(\frac{a}{4}\right)^2 = \left(\frac{a}{4} + x\right)^2$$

$$\Rightarrow \therefore x = \frac{a}{6}$$

[문제 113]

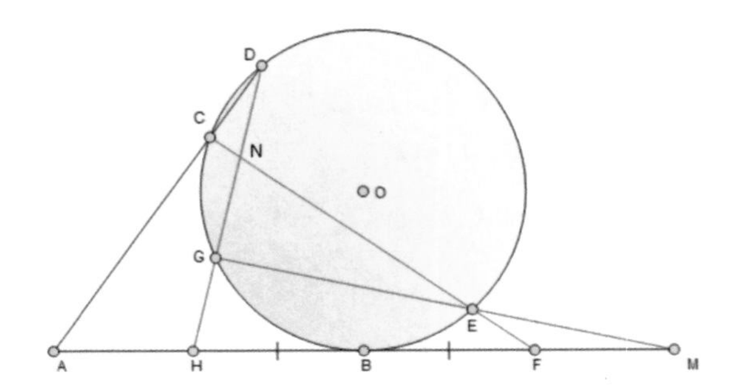

$\overline{HB} = \overline{BF}$ 일 때,

$\overline{AB} = \overline{BM}$ 이 성립함을 증명하시오.

증명

$\overline{GN} \times \overline{DN} = \overline{CN} \times \overline{EN},\ \overline{HG} \times \overline{HD} = \overline{FE} \times \overline{FC} = \overline{HB}^2 = \overline{FB}^2\ \cdots (1)$

[문제 4]에 의해서 다음 식이 성립한다.

$$\frac{\overline{MF}}{\overline{MH}} \times \frac{\overline{GH}}{\overline{GN}} \times \frac{\overline{EN}}{\overline{EF}} = 1,\ \frac{\overline{AF}}{\overline{AH}} \times \frac{\overline{DH}}{\overline{DN}} \times \frac{\overline{CN}}{\overline{CF}} = 1 \xrightarrow[(1)]{\text{곱하면}}$$

$$1 = \frac{\overline{MF}}{\overline{MH}} \times \frac{\overline{AF}}{\overline{AH}}\ \cdots\cdots (2)$$

한편, $\overline{BH} = \overline{BF} = b, \overline{BA} = x, \overline{BM} = y$라고 하자.

$$\Rightarrow \overline{AH} = x - b, \overline{MF} = y - b,\ \overline{AF} = x + b, \overline{MH} = y + b \xrightarrow{(2)}$$

$$1 = \frac{(y-b)(x+b)}{(y+b)(x-b)} \Rightarrow b(x-y) = 0 \Rightarrow \therefore x = y$$

[문제 114]

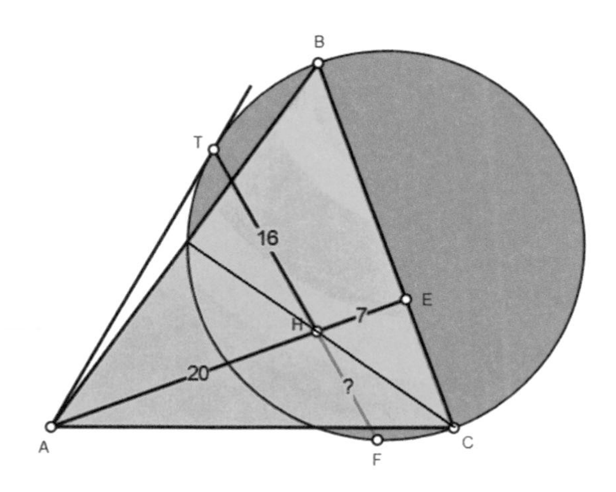

점 H는 $\triangle ABC$의 수심일 때,
선분 $\overline{HF}$의 길이를 구하시오.

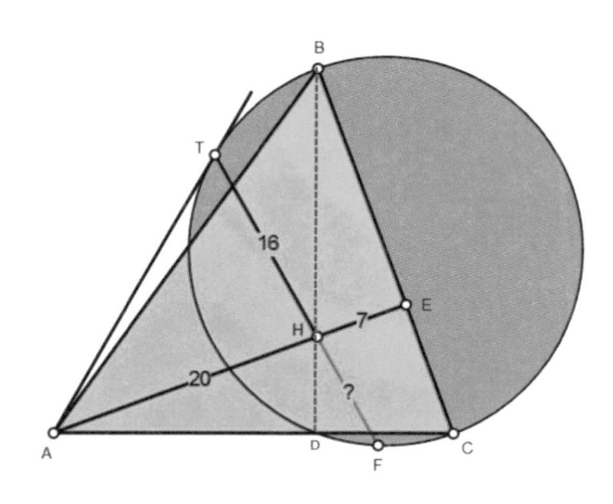

선분 $\overline{BD}$는 $\triangle ABC$의 높이이다.
점 A, B, D, E는 한 원 위의 점들이다.
$\Rightarrow \overline{BH} \times \overline{DH} = \overline{AH} \times \overline{HE} = 140$,
$\overline{BH} \times \overline{DH} = \overline{TH} \times \overline{HF} = 16\overline{HF}$
$\Rightarrow \therefore \overline{HF} = \dfrac{140}{16} = 8.75$

[문제 115]

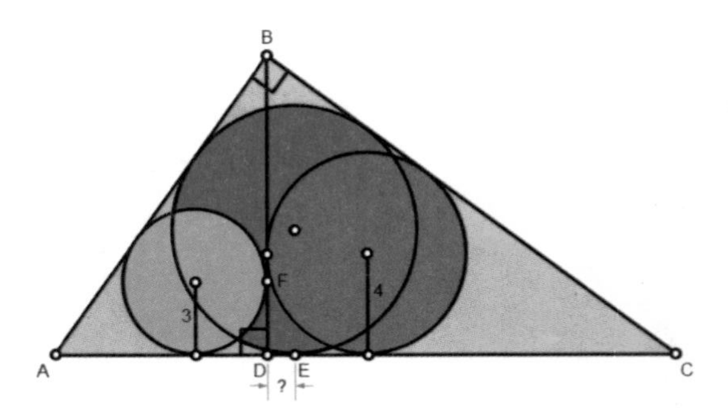

선분 $\overline{DE}$의 길이를 구하시오.

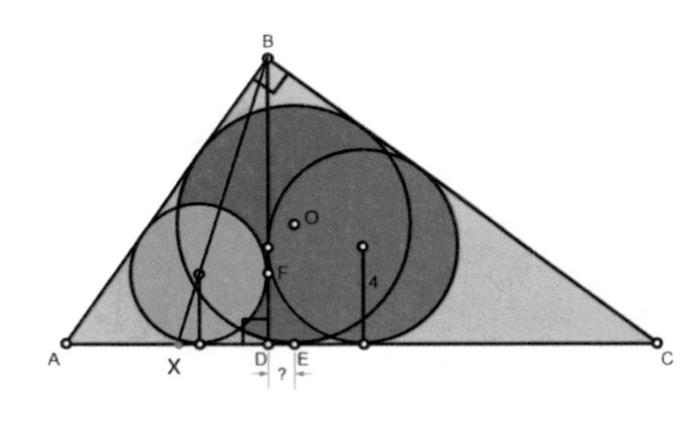

$\triangle ABC$의 세변a, b, c, 내접원의 반지름 r하자. $\triangle ABC \sim \triangle ABD \sim \triangle BCD$

$\Rightarrow \dfrac{r}{b} = \dfrac{4}{a} = \dfrac{3}{c}$, $a^2 + c^2 = b^2 \Rightarrow r = 5$,

$a = 4n, b = 5n, c = 3n$,

$\xrightarrow{\text{면적}} r = \dfrac{ac}{a+b+c} \xrightarrow{\text{대입}} n = 5$

$\Rightarrow a = 20, b = 25, c = 15$

한편, $\dfrac{\overline{DX}}{\overline{AX}} = \dfrac{\overline{BD}}{\overline{AB}} = \dfrac{12}{15} = \dfrac{4}{5} \Rightarrow \overline{AX} = \dfrac{5}{4}\overline{DX}$, $\overline{AD} = \dfrac{9}{4}\overline{DX} = 9 \Rightarrow \overline{DX} = 4$

또한, [문제 107]의 증명중에 의해 $\triangle OEX$는 직각 이등변 삼각형이다.

$\therefore \overline{DE} = \overline{EX} - \overline{DX} = 5 - 4 = 1$

[문제 116]

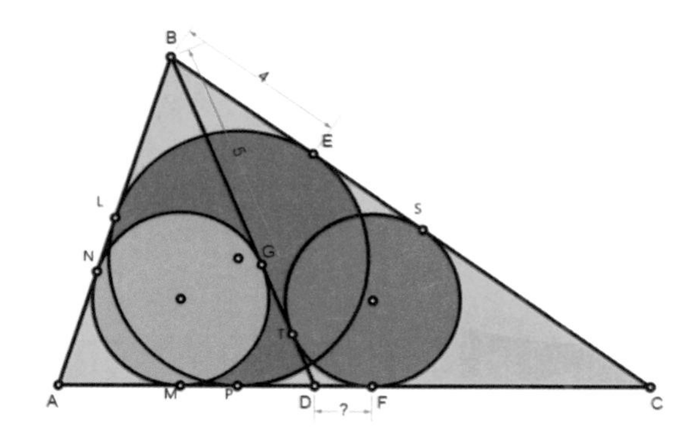

$\overline{BG}=5, \overline{BE}=4$일 때, 선분 $\overline{DF}$의 길이를 구하시오.

풀이

$\overline{GT}+5=\overline{ES}+4 \Rightarrow 1+\overline{GT}=\overline{ES} \Rightarrow 1+\overline{GD}-\overline{TD}=\overline{PD}+\overline{DF}$

$\Rightarrow 1+\overline{MD}-\overline{DF}=\overline{PD}+\overline{DF} \Rightarrow 2\overline{DF}=1+\overline{MD}-\overline{PD}=1+\overline{MP}=1+\overline{NL}=2$

$\therefore \overline{DF}=1$

[문제 117]

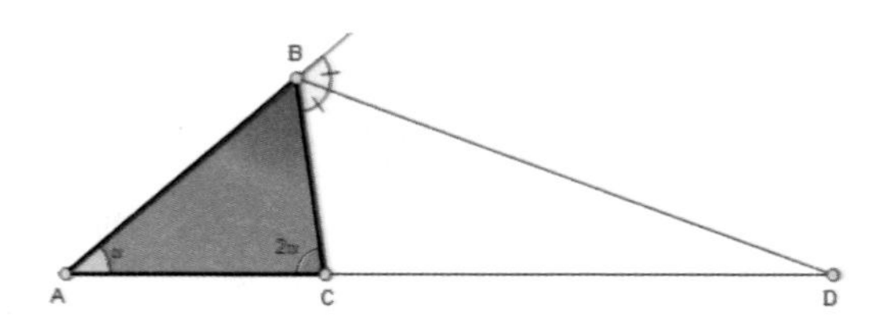

$\overline{CD} = \overline{AB} + \overline{BC}$이 성립함을 증명하시오.

증명

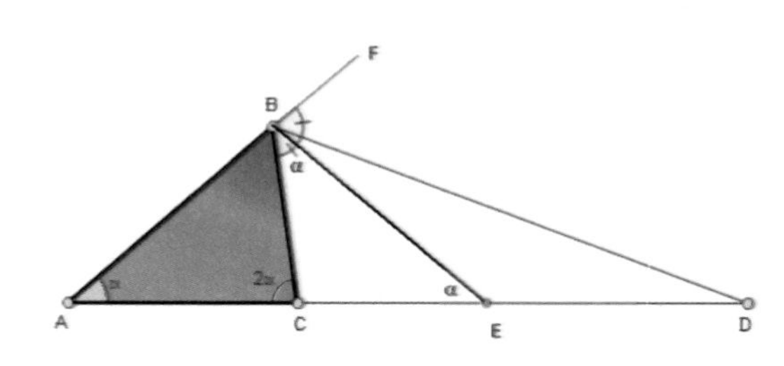

$\angle D = \angle FBD - \angle A = \frac{3\alpha}{2} - \alpha = \frac{\alpha}{2}$

$= \angle EBD$,

$\triangle BCE, \triangle ABE, \triangle BED$: 이등변 삼각형

$\therefore \overline{CD} = \overline{CE} + \overline{ED} = \overline{BC} + \overline{BE} = \overline{BC} + \overline{AB}$

[문제 118]

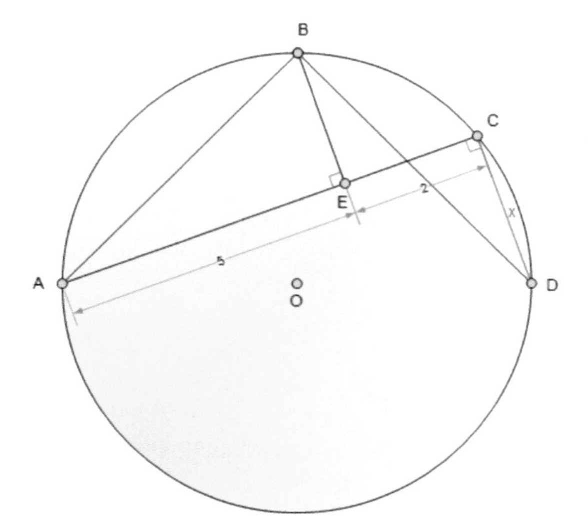

$\overline{AB}=\overline{BD}$일 때,

선분 $\overline{CD}$의 길이를 구하시오.

풀이

$\overline{AD}$는 지름이므로 $\angle BDA=45^\circ=\angle BCA \Rightarrow \overline{BE}=2$, $\overline{AB}^2=29$, $\overline{AD}^2=58$

$\therefore x^2=58-49=9 \Rightarrow x=3$

[문제 119]

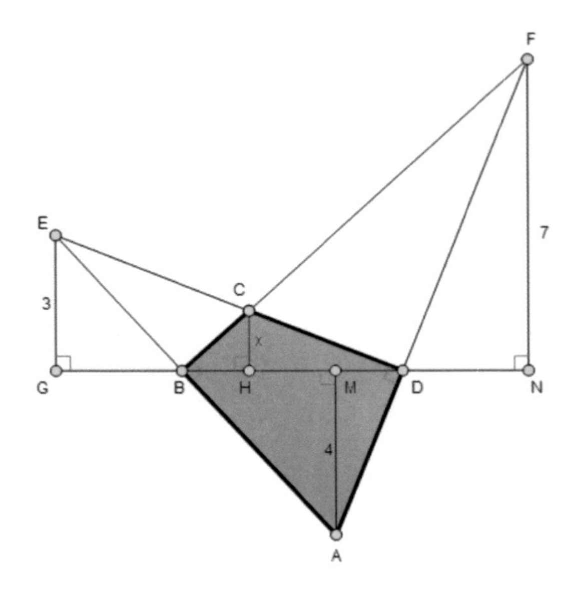

선분 $\overline{CH}$의 길이를 구하시오.

풀이

[문제 4]에 의해서 $1=\dfrac{\overline{AE}}{\overline{EB}}\times\dfrac{\overline{BC}}{\overline{CF}}\times\dfrac{\overline{FD}}{\overline{DA}}=\dfrac{7}{3}\left(\dfrac{\overline{BC}}{\overline{CF}}\right)\dfrac{7}{4}\ \Rightarrow\dfrac{\overline{BC}}{\overline{CF}}=\dfrac{12}{49}$

한편, $\triangle BCH\sim\triangle BFN\Rightarrow\dfrac{x}{7}=\dfrac{12}{61}\ \Rightarrow\therefore x=\dfrac{84}{61}$

[문제 120]

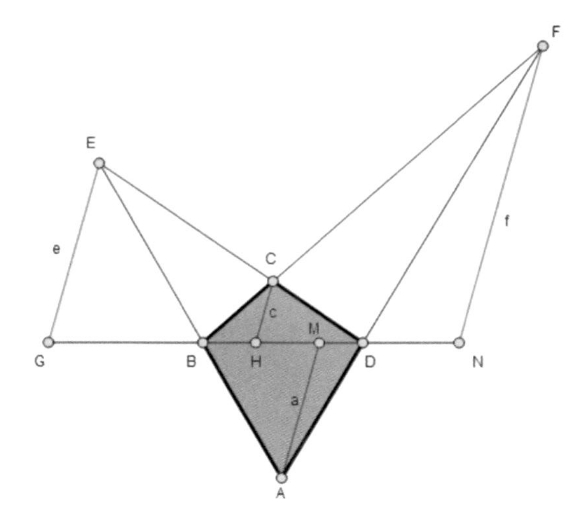

$\overline{EG} // \overline{CH} // \overline{AM} // \overline{FN}$일 때,

$\dfrac{1}{c} = \dfrac{1}{a} + \dfrac{1}{e} + \dfrac{1}{f}$가 성립함을 증명하시오.

증명

[문제 4]에 의해서 $1 = \dfrac{\overline{AE}}{\overline{EB}} \times \dfrac{\overline{BC}}{\overline{CF}} \times \dfrac{\overline{FD}}{\overline{DA}} = \dfrac{a+e}{e}\left(\dfrac{\overline{BC}}{\overline{CF}}\right)\dfrac{f}{a} \Rightarrow \dfrac{\overline{BC}}{\overline{CF}} = \dfrac{ae}{f(a+e)}$,

$\dfrac{\overline{BC}}{\overline{BF}} = \dfrac{ae}{ae+f(a+e)} = \dfrac{c}{f} \Rightarrow \therefore \dfrac{1}{c} = \dfrac{ae+f(a+e)}{aef} = \dfrac{1}{f} + \dfrac{1}{e} + \dfrac{1}{a}$

MEMO

04

면 적

[문제 121] ~ [문제 200]

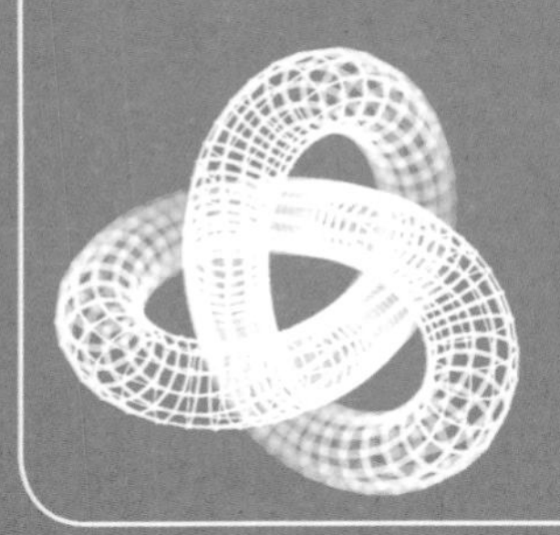

[문제 121]

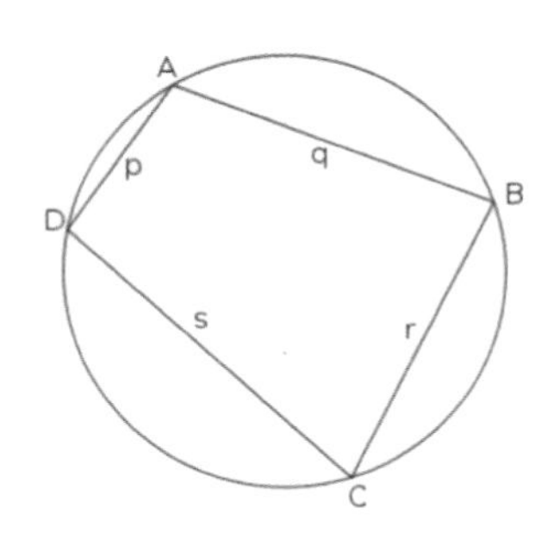

$T=\dfrac{p+q+r+s}{2}$ 일 때, 사각형 $ABCD$의 넓이 $\sqrt{(T-p)(T-q)(T-s)(T-r)}$ 이 됨을 증명하시오.

풀이

$\overline{DB}^2=p^2+q^2-2pq\cos A=r^2+s^2-2rs\cos C=r^2+s^2-2rs\cos(\pi-A)$

$\Rightarrow 2(pq+rs)\cos A=p^2+q^2-r^2-s^2 \cdots\cdots (1)$

사각형 $ABCD$의 넓이를 S라고 하자.

$S=\dfrac{pq\sin A+rs\sin C}{2}=\dfrac{pq\sin A+rs\sin(\pi-A)}{2}$

$\Rightarrow 4S^2=(pq+rs)^2\sin^2A=(pq+rs)^2-(pq+rs)^2\cos^2A \overset{(1)}{\longleftrightarrow}$

$=(pq+rs)^2-\left(\dfrac{p^2+q^2-r^2-s^2}{2}\right)^2$

$\Rightarrow 16S^2=(p^2+2pq+q^2-r^2+2rs-s^2)(r^2+2rs+s^2-p^2+2pq-q^2)$

$=\{(p+q)^2-(r-s)^2\}\{(r+s)^2-(p-q)^2\}$

$=(p+q+r-s)(p+q-r+s)(r+s+p-q)(r+s-p+q) \overset{\text{조건식}}{\longleftrightarrow}$

$=16(T-s)(T-r)(T-q)(T-p) \Rightarrow \therefore S=\sqrt{(T-p)(T-q)(T-s)(T-r)}$

[문제 122]

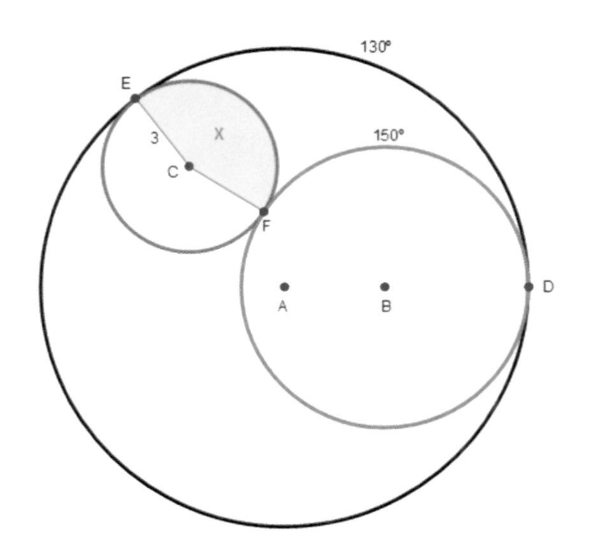

호 $\widehat{DE}$, $\widehat{DF}$의 중심 사이각이 각각 $130°$, $150°$일 때, 부채꼴 CEF의 넓이를 구하시오.

풀이

$\angle FBD = 150° \Rightarrow \angle ABC = 30°$, $\angle CAB = 130° \Rightarrow \angle ACB = 20°$,

$\angle ECF = 160° = \dfrac{8\pi}{9} \Rightarrow \therefore x = \dfrac{9}{2}\left(\dfrac{8\pi}{9}\right) = 4\pi$

[문제 123]

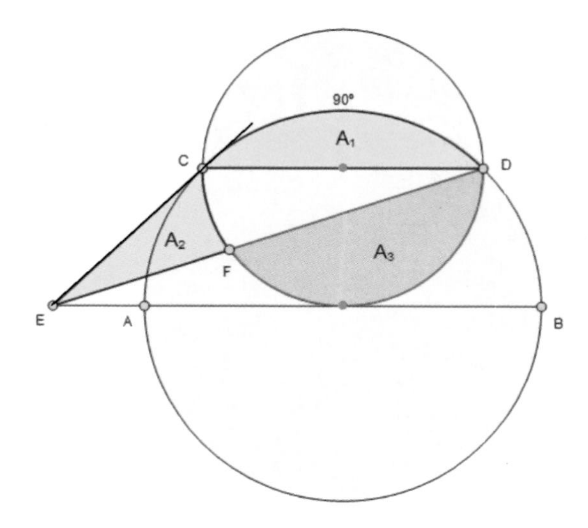

$\overline{AB} \,//\, \overline{CD}$ 일 때,

넓이 A_1, A_2, A_3에 대하여

$A_3 = A_1 + A_2$가 성립함을 증명하시오.

증명

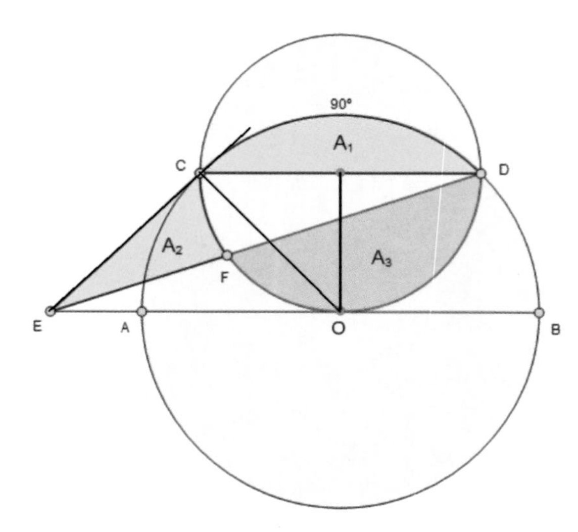

작은 원의 반지름 r 라고 하자.

$\Rightarrow \overline{CO} = \sqrt{2}\,r$,

$A_1 = \dfrac{1}{2}(\sqrt{2}\,r)^2\left(\dfrac{\pi}{2}\right) - r^2 = \dfrac{\pi r^2}{2} - r^2$,

$r^2 = \triangle DCE = A_2 + (DCF$의 영역$)$,

$\dfrac{\pi r^2}{2} = A_3 + (DCF$의 영역$)$

$\Rightarrow \therefore A_3 = A_1 + A_2$

[문제 124]

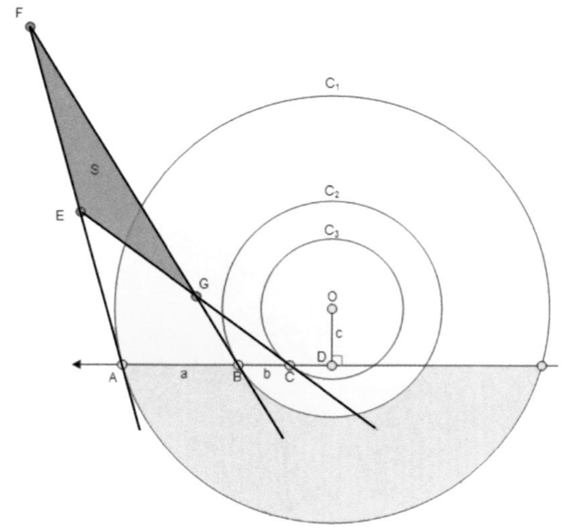

$\overline{AB}=a$, $\overline{BC}=b$, $\overline{OD}=c$일 때, $\triangle EFG$의 넓이가 $\dfrac{ab(a+b)}{2c}$임을 증명하시오.

증명

$\overline{AD}=d$라고 하자. $O(0,0)$을 좌표로 설정한다.

$\overline{FA}$, $\overline{FB}$, $\overline{FC}$의 각각 직선식은 다음과 같다.

$dx+cy=d^2+c^2$, $(d-a)x+cy=(d-a)^2+c^2$, $(d-a-b)x+cy=(d-a-b)^2+c^2$

$\xrightarrow{\text{연립}} F\left(2d-a,\ \dfrac{c^2-d^2+ad}{c}\right)$, $G\left(2d-2a-b,\ \dfrac{-a^2-ab+2ad+c^2-d^2+bd}{c}\right)$,

$E\left(2d-a-b,\ \dfrac{c^2-d^2+ad+bd}{c}\right)$

$\therefore S=\dfrac{1}{2c}\left[(2d-a)(-a^2-ab+ad)+bd(2d-2a-b)+(2d-a-b)(a^2+ab-ad-bd)\right]$

$=\dfrac{ab(a+b)}{2c}$

[문제 125]

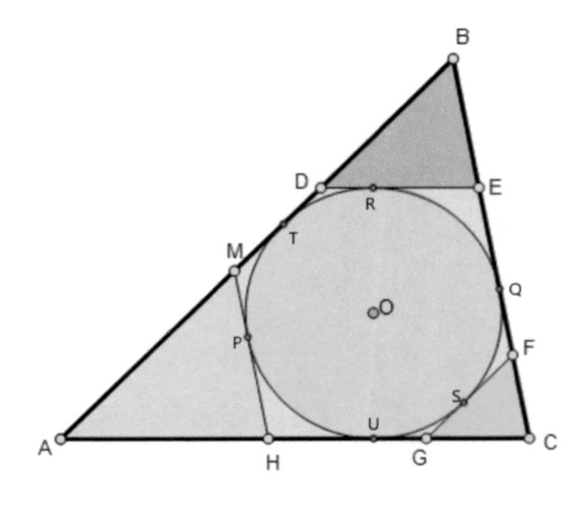

$\triangle ABC$, $\triangle AHM$, $\triangle BDE$, $\triangle CFG$의 둘레를 각각 p, p_1, p_2, p_3이고, $\overline{HM} // \overline{CB}$, $\overline{DE} // \overline{AC}$, $\overline{FG} // \overline{AB}$일 때,

$p = p_1 + p_2 + p_3$,

$\overline{HM} = \overline{EF}$, $\overline{DE} = \overline{HG}$, $\overline{FG} = \overline{DM}$이 성립함을 증명하시오.

증명

(1) $2\overline{AU} = p_1$, $2\overline{BT} = p_2$, $2\overline{CU} = p_3$

$\Rightarrow \dfrac{p_1 + p_2 + p_3}{2} = \overline{AU} + \overline{BT} + \overline{CU} = \overline{AT} + \overline{BQ} + \overline{CQ}$

$\xrightarrow{\text{두 식을 더하면}} \therefore p_1 + p_2 + p_3 = p$

(2) $\overline{TS}$, $\overline{RU}$, $\overline{PQ}$의 교차점 O이다. $\angle OPH = \angle OQE = 90^\circ$, $\overline{OP} = \overline{OQ}$,

$\angle OHP = \angle OEQ \Rightarrow \triangle OPH \equiv \triangle OQE \Rightarrow \overline{HP} = \overline{EQ}$

같은 방법으로 $\overline{PM} = \overline{QF} \Rightarrow \overline{HM} = \overline{EF}$

[문제 126]

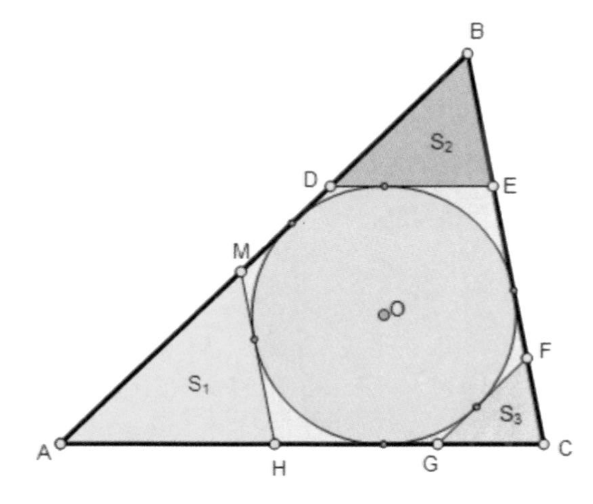

$\triangle ABC$, $\triangle AHM$, $\triangle BDE$, $\triangle CFG$의 넓이를 각각 S, S_1, S_2, S_3이고, $\overline{HM} // \overline{CB}$, $\overline{DE} // \overline{AC}$, $\overline{FG} // \overline{AB}$일 때, $\sqrt{S} = \sqrt{S_1} + \sqrt{S_2} + \sqrt{S_3}$이 성립함을 증명하시오.

증 명

[문제 125]에 의해 $\overline{MH} = \overline{EF}, \overline{DE} = \overline{HG}, \overline{DM} = \overline{FG}$이다.

$\triangle ABC \sim \triangle AHM \sim \triangle BED \sim \triangle CFG$

$$\Rightarrow \sqrt{\frac{S_1}{S}} + \sqrt{\frac{S_2}{S}} + \sqrt{\frac{S_3}{S}} = \frac{\overline{AM}}{\overline{AB}} + \frac{\overline{AD}}{\overline{AB}} + \frac{\overline{FG}}{\overline{AB}} = 1$$

$$\therefore \sqrt{S} = \sqrt{S_1} + \sqrt{S_2} + \sqrt{S_3}$$

[문제 127]

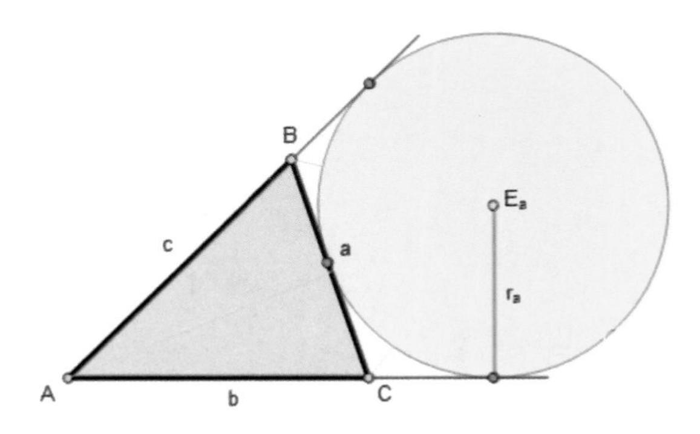

$s=\dfrac{a+b+c}{2}$, 방접원의 반지름r_a 일 때, 삼각형$\triangle ABC$의 넓이가 $r_a(s-a)$임을 증명하시오.

증명

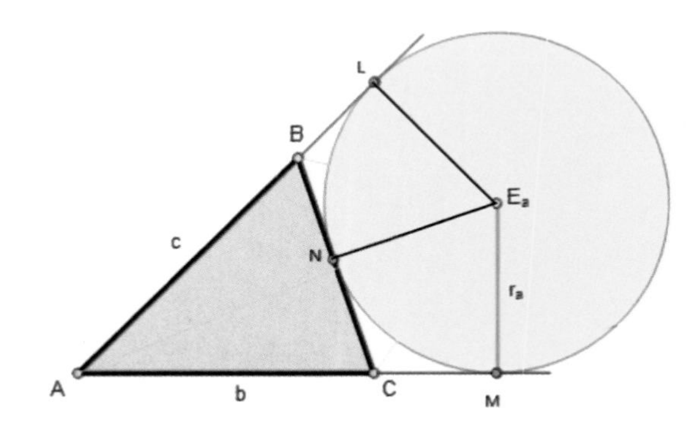

$b+\overline{CM}=c+\overline{BL}, a=\overline{CM}+\overline{BL}$

$\Rightarrow \overline{CM}=\dfrac{a+c-b}{2}$,

$\Rightarrow \overline{AM}=b+\overline{CM}=\dfrac{a+b+c}{2}=s$,

$\therefore \ \triangle ABC=\square AMLE_a-\square LBCME_a$

$=sr_a-(\overline{NC}+\overline{BN})r_a \ =(s-a)r_a$

[문제 128]

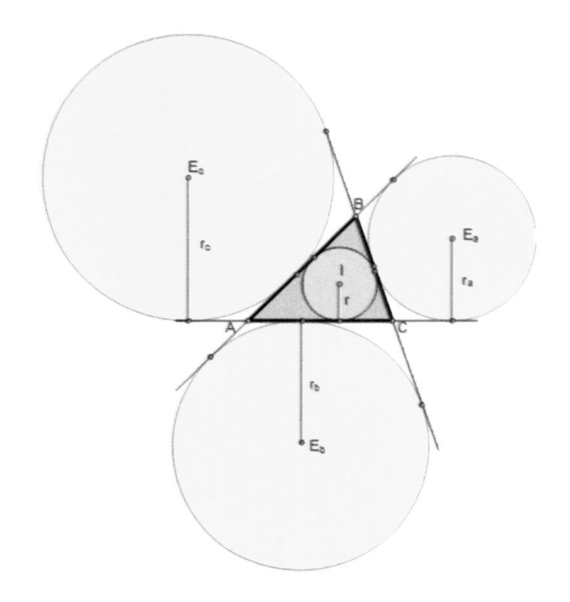

삼각형 $\triangle ABC$ 의 세 변 a, b, c이고,

$s=\dfrac{a+b+c}{2}$, 방접원의 반지름 r_a, r_b, r_c ,

내접원의 반지름 r일 때,

$\triangle ABC$의 넓이가 $\sqrt{r r_a r_b r_c}$ 임을 증명하시오.

증명

$\triangle ABC$ 의 넓이를 S 라고 하자. $S=rs$,

헤론의 공식 $S = \sqrt{s(s-a)(s-b)(s-c)} \Rightarrow (s-a)(s-b)(s-c)=sr^2=rS$

[문제 127]에서 $S=(s-a)r_a=(s-b)r_b=(s-c)r_c$이다.

$\Rightarrow S^3=(s-a)(s-b)(s-c)r_a r_b r_c = r r_a r_b r_c S \Rightarrow \therefore S=\sqrt{r r_a r_b r_c}$

[문제 129]

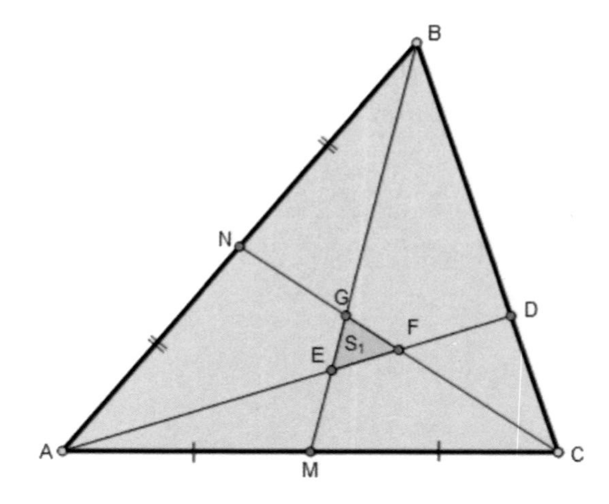

$\overline{BD} = 2\overline{DC}$, G는 무게중심,
삼각형 $\triangle ABC$의 넓이 S,
$\triangle EGF$ 넓이S_1라 할 때,
$S = 60S_1$이 성립함을 증명하시오.

증명

삼각형 $\triangle ABC$의 높이h, $\overline{AC} = b$ 라고 하자. $\Rightarrow S = \dfrac{hb}{2}$

$\dfrac{\overline{BG}}{\overline{GM}} = \dfrac{\overline{BD}}{\overline{DC}} = 2 \Rightarrow \overline{GD} // \overline{AC}$, $\dfrac{\overline{BD}}{\overline{BC}} = \dfrac{2}{3}$, $\triangle AME \sim \triangle EGD$, $\triangle BGD \sim \triangle BCM$

$\Rightarrow \dfrac{\overline{EG}}{\overline{EM}} = \dfrac{\overline{GD}}{\overline{AM}} = \dfrac{\overline{GD}}{\overline{MC}} = \dfrac{2}{3} \cdots\cdots (1)$

한편, $\triangle GDF \sim \triangle FAC \Rightarrow \dfrac{\overline{GF}}{\overline{FC}} = \dfrac{\overline{GD}}{\overline{AC}} = \dfrac{\overline{GD}}{2\overline{MC}} = \dfrac{1}{3} \cdots\cdots (2)$

$\Rightarrow \triangle CGM = \dfrac{1}{2}\left(\dfrac{b}{2}\right)\left(\dfrac{h}{3}\right) = \dfrac{S}{6}$

또한, $\triangle CMG, \triangle FGM$ 는 같은 높이를 갖는다. $\xrightarrow{(2)} \overline{CG} = 4\overline{FG}$

$\Rightarrow \triangle FGM = \dfrac{\triangle CGM}{4} = \dfrac{S}{24}$, $\xrightarrow{(1)} \dfrac{\overline{EG}}{\overline{GM}} = \dfrac{2}{5}$ $\therefore S_1 = \dfrac{S}{60}$

[문제 130]

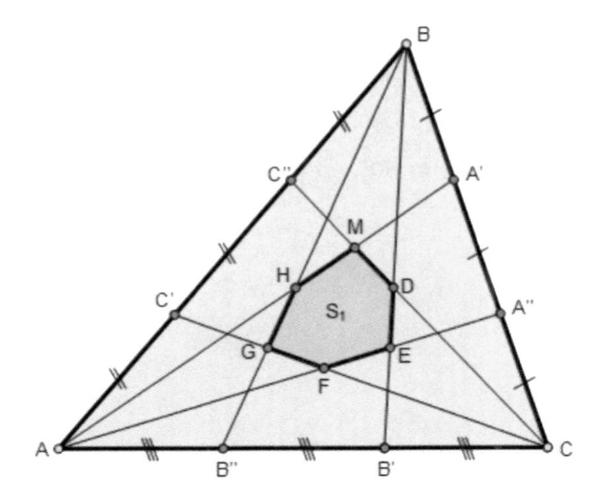

삼각형 $\triangle ABC$의 넓이 S,
육각형 넓이S_1라 할 때,
$S=10S_1$이 성립함을 증명하시오.

증명

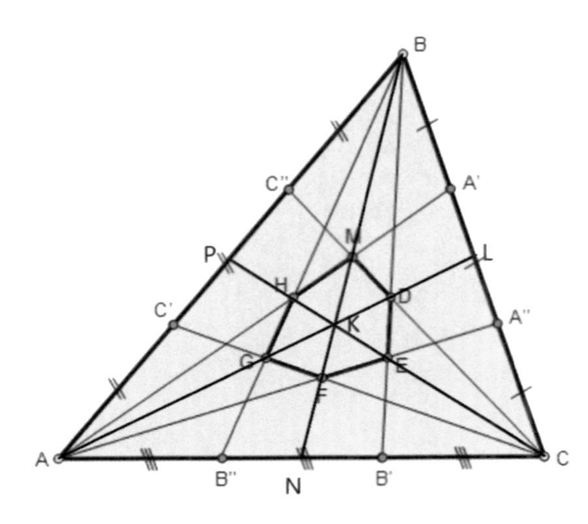

$\triangle ABC$의 무게중심K라고 하자.
[문제 5]에 의해서 다음 식이 성립한다.

$$1=\frac{\overline{AN}}{\overline{NC}}\times\frac{\overline{CA''}}{\overline{BA''}}\times\frac{\overline{BC'}}{\overline{AC'}},$$

$$1=\frac{\overline{AN}}{\overline{NC}}\times\frac{\overline{CA'}}{\overline{BA'}}\times\frac{\overline{BC''}}{\overline{AC''}}$$

$\Rightarrow F, M$은 $\overline{BN}$위에 있게 된다.

[문제 129]에 의해 $\triangle KEF=\dfrac{S}{60}$이다.

같은 방법으로 $S=10S_1$이다.

[문제 131]

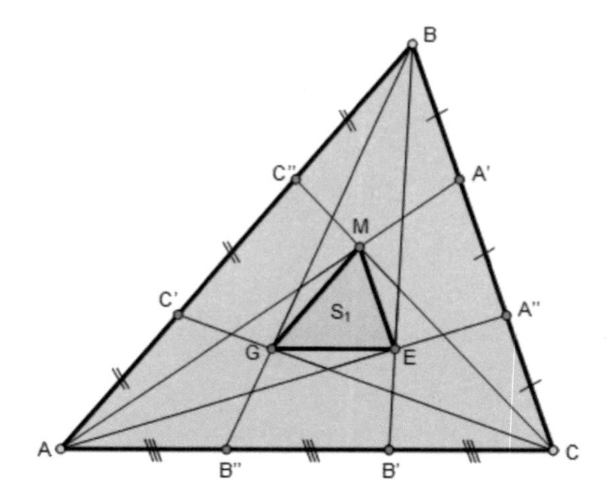

삼각형$\triangle ABC$의 넓이 S,
삼각형$\triangle MEG$의 넓이 S_1일 때,
$16S_1 = S$이 성립함을 증명하시오.

증명

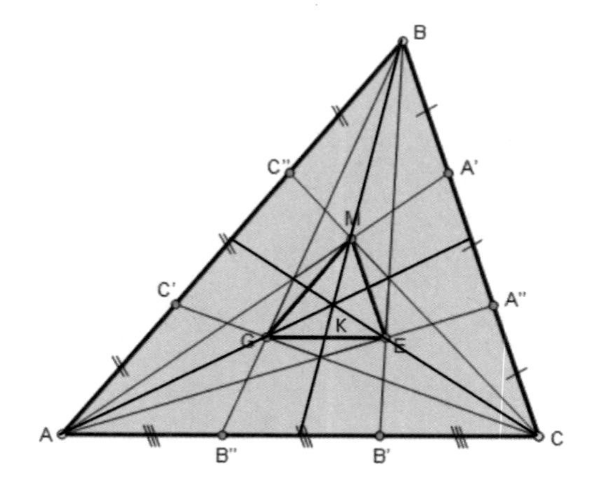

삼각형$\triangle ABC$의 무게중심K라고 하자.

[문제 129,(2)]에서 $\dfrac{\overline{KE}}{\overline{KC}}=\dfrac{1}{4}$, $\dfrac{\overline{KG}}{\overline{KA}}=\dfrac{1}{4}$

한편, $\triangle KGE \sim \triangle KAC$

$\Rightarrow \triangle KAC = 16\triangle KGE$

같은 방법으로 $\therefore 16S_1 = S$

[문제 132]

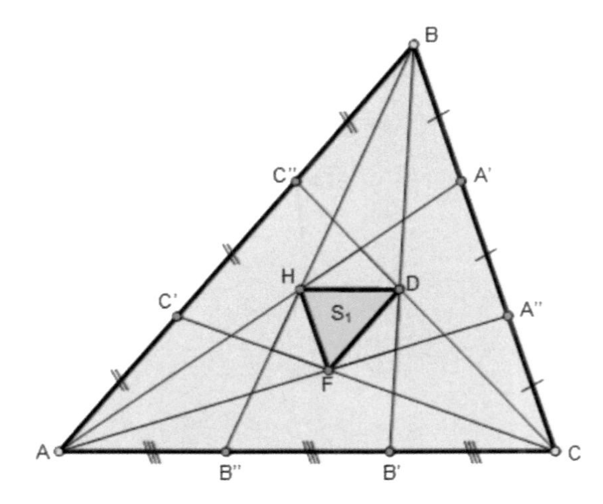

삼각형 $\triangle ABC$의 넓이 S,
삼각형 $\triangle DHF$의 넓이 S_1일 때,
$25S_1 = S$이 성립함을 증명하시오.

증명

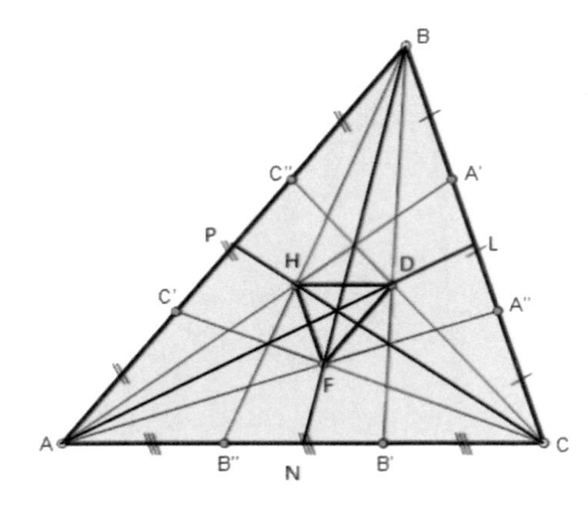

$\triangle ABC$의 무게중심 K라고 하자.

[문제 129,(1)]에서 $\dfrac{\overline{KD}}{\overline{KL}} = \dfrac{\overline{KF}}{\overline{KN}} = \dfrac{\overline{KH}}{\overline{KP}} = \dfrac{2}{5}$

$\triangle KDF \sim \triangle KLN$

$\Rightarrow \triangle KDF = \dfrac{4}{25} \triangle KLN$

$\therefore \triangle DHF = \dfrac{4}{25} \triangle NLP = \dfrac{4}{25}\left(\dfrac{S}{4}\right) = \dfrac{S}{25}$

[문제 133]

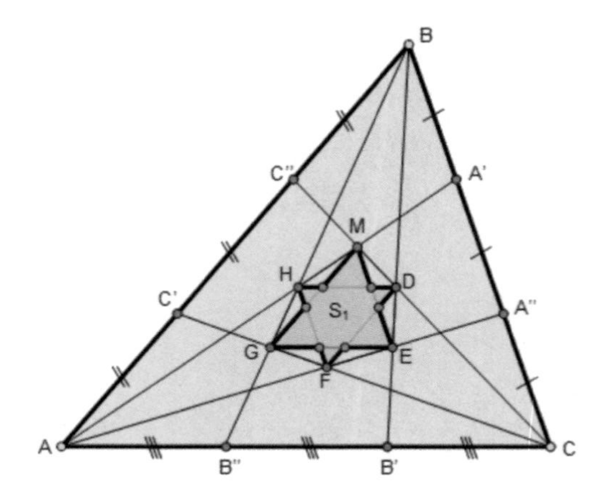

삼각형$\triangle ABC$의 넓이 S,
별모양 넓이 S_1일 때,
$100S_1 = 7S$이 성립함을 증명하시오.

증명

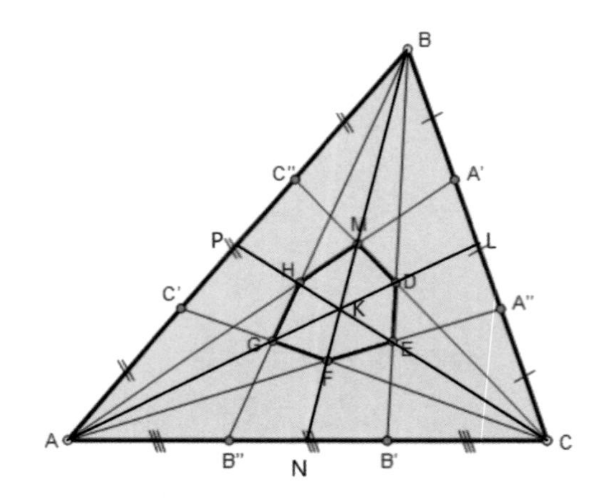

[문제 130] 증명에서 옆 그림이 성립한다.
[문제 131]에서
$\overline{EG} // \overline{AC}$, $\overline{GM} // \overline{AB}$, $\overline{ME} // \overline{BC}$이다.
$\Rightarrow$ 6개의 별모양 삼각형은 $\triangle ABC$과 닮음
$\overline{EG}$, $\overline{KF}$의 만나는 점을 U라 하자.

$\dfrac{\overline{KN}}{\overline{BN}} = \dfrac{1}{3}$, $\dfrac{\overline{KF}}{\overline{KN}} = \dfrac{2}{5}$, $\dfrac{\overline{KE}}{\overline{KC}} = \dfrac{1}{4}$,

$(\because$ 문제129$)$ $\Rightarrow \dfrac{\overline{KF}}{\overline{BN}} = \dfrac{2}{15} \cdots\cdots (1)$

한편, $\triangle KUE \sim \triangle KNC$

$$\Rightarrow \frac{\overline{KU}}{\overline{KN}} = \frac{\overline{KE}}{\overline{KC}} = \frac{1}{4} \Rightarrow \frac{\overline{KF}}{\overline{KU}} = \left(\frac{2}{5}\right)\left(\frac{4}{1}\right) = \frac{8}{5},\ \frac{\overline{UF}}{\overline{KF}} = \frac{3}{8} \cdots\cdots (2)$$

$\xrightarrow{(1),(2)} \dfrac{\overline{UF}}{\overline{BN}} = \dfrac{1}{20}$. 결국 점$F$ 하나의 별모양 삼각형 넓이($S(F)$)는 $\dfrac{S}{400}$이다.

같은 방법으로 $S(D) = S(H) = \dfrac{S}{400}$이다.

[문제 131]에서 $\triangle EGM = \dfrac{S}{16}$ $\Rightarrow \therefore S_1 = \dfrac{S}{16} + \dfrac{3S}{400} = \dfrac{7S}{100}$

[문제 134]

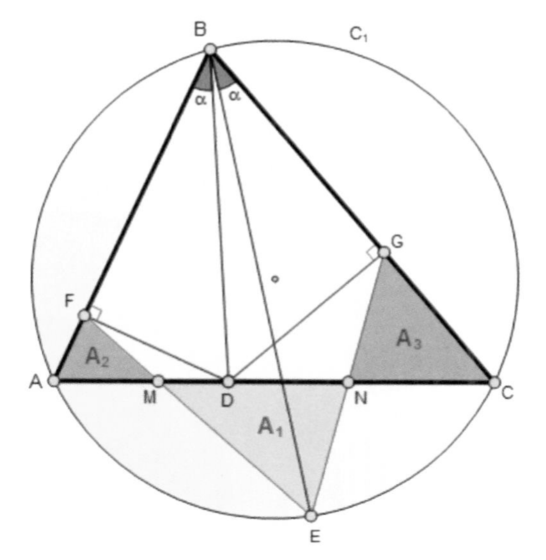

삼각형 $\triangle AFM, \triangle MEN, \triangle NCG$의 넓이를 A_1, A_2, A_3라 할 때,
$A_1 = A_2 + A_3$이 성립함을 증명하시오.

증명

$$\frac{\overline{BC}}{\overline{BD}} = \frac{\sin(A+\alpha)}{\sin C},\ \ \frac{\overline{BE}}{\overline{AB}} = \frac{\sin(A+\alpha)}{\sin C} \Rightarrow \frac{\overline{BC}}{\overline{BD}} = \frac{\overline{BE}}{\overline{AB}}\ \ \cdots\cdots (1)$$

$\angle DBE = \beta$ 라고 하자. $\cos\alpha = \dfrac{\overline{BF}}{\overline{BD}}, \cos(\alpha+\beta) = \dfrac{\overline{BG}}{\overline{BD}}\ \ \cdots\cdots (2)$

$$\triangle ABC = \frac{1}{2}\overline{AB} \times \overline{BC} \times \sin(2\alpha+\beta)$$

$$= \frac{\overline{AB} \times \overline{BC}}{2}(\sin(\alpha+\beta)\cos\alpha + \cos(\alpha+\beta)\sin\alpha) \overset{(1)}{\longleftrightarrow}$$

$$= \frac{\overline{BD} \times \overline{BE}}{2}(\sin(\alpha+\beta)\cos\alpha + \cos(\alpha+\beta)\sin\alpha) \overset{(2)}{\longleftrightarrow}$$

$$= \frac{\overline{BE}}{2}\left(\overline{BF}\sin(\alpha+\beta) + \overline{BG}\sin\alpha\right) = \triangle BFE + \triangle BGE$$

$\therefore A_1 = A_2 + A_3$

[문제 135]

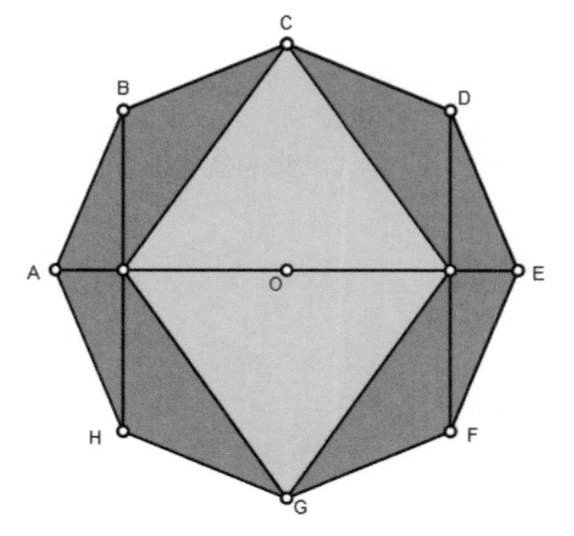

정팔각형에서 노란색 부분과 빨간색 부분의 넓이가 같음을 증명하시오.

증 명

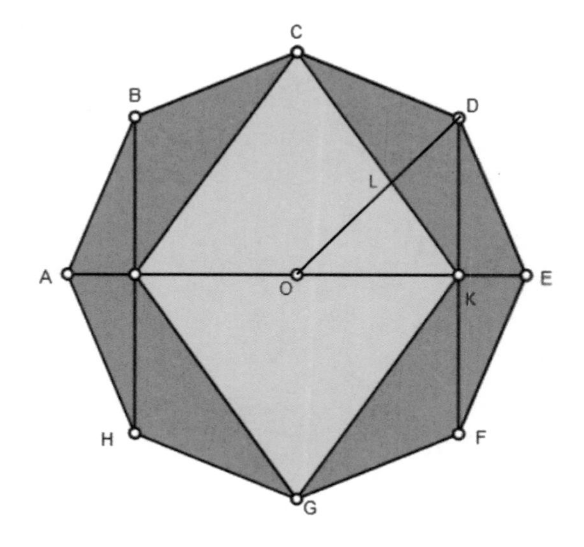

$\triangle OKD$는 직각이등변 삼각형이다.

$\Rightarrow \triangle CLD \equiv \triangle DKE$,

$\square CKED = \triangle CKD + \triangle DKE$

$= \frac{1}{2}\overline{DK}(\overline{OK} + \overline{KE}) = \frac{1}{2}\overline{OK} \times \overline{OC}$

$= \triangle OCK$

결국 노란색 부분과 빨간색 부분의 넓이가 같다.

[문제 136]

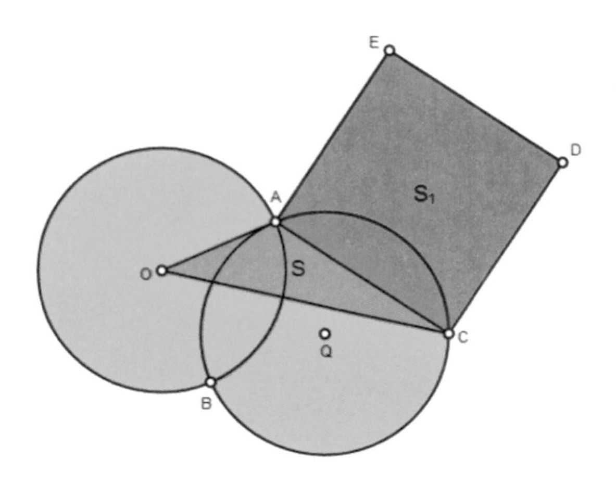

정사각형 S_1의 넓이를 구하시오.

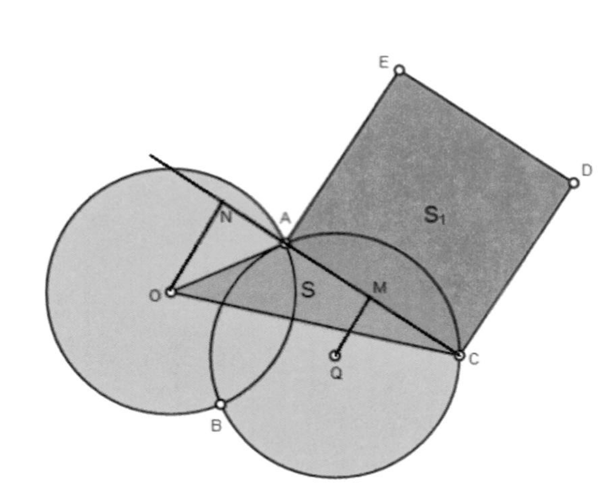

$\triangle OAN \equiv \triangle QAM,\ \overline{OA} = \overline{QA}$

$\Rightarrow \overline{ON} = \overline{AM} = \dfrac{1}{2}\overline{AC}$

넓이 $S = \dfrac{1}{2}\overline{ON} \times \overline{AC}$

$= \dfrac{1}{4}\overline{AC}^2 = \dfrac{1}{4}S_1$

$\therefore S_1 = 4S$

[문제 137]

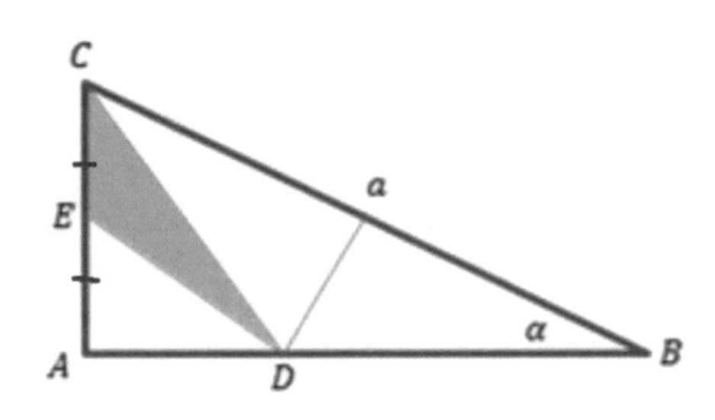

직각삼각형 ABC에서 선분 $\overline{BC}$의 수직이등분선이 점 D을 만들면, $\triangle CDE$의 넓이 $\frac{a^2}{8}\tan\alpha\cos 2\alpha$임을 증명하시오.

증명

$\overline{AD} = a\cos\alpha - \frac{a}{2\cos\alpha}$, $\overline{AC} = a\sin\alpha$

$\therefore \triangle CDE = \frac{1}{4}\overline{AD}\times\overline{AC} = \frac{a^2}{4}\left(\sin\alpha\cos\alpha - \frac{\sin\alpha}{2\cos\alpha}\right) = \frac{a^2}{8}\left(\frac{2\sin\alpha\cos^2\alpha - \sin\alpha}{\cos\alpha}\right)$

$= \frac{a^2}{8}\tan\alpha\cos 2\alpha$

[문제 138]

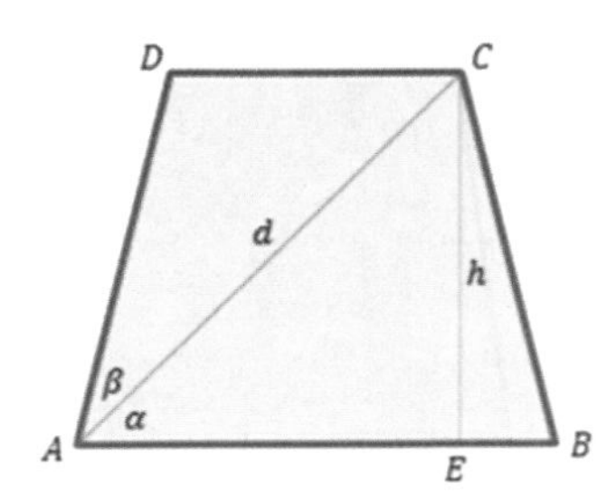

$\angle DAB = \angle CBA$일 때,
사다리꼴 넓이 $ABCD$을 구하시오.
(단, d, α로만 넓이를 표시하시오.)

풀이

$\triangle ACD$에서 $\dfrac{\overline{CD}}{\sin\beta} = \dfrac{d}{\sin(\pi-\alpha-\beta)} = \dfrac{d}{\sin(\alpha+\beta)} \Rightarrow \overline{CD} = \dfrac{d\sin\beta}{\sin(\alpha+\beta)}$

$\triangle ABC$에서 $\dfrac{d}{\sin(\alpha+\beta)} = \dfrac{\overline{AB}}{\sin(\pi-2\alpha-\beta)} = \dfrac{\overline{AB}}{\sin(2\alpha+\beta)} \Rightarrow \overline{AB} = \dfrac{d\sin(2\alpha+\beta)}{\sin(\alpha+\beta)}$

$\triangle ACD = \dfrac{1}{2}\overline{CD}(d\sin\alpha) = \dfrac{d^2\sin\alpha\sin\beta}{2\sin(\alpha+\beta)}$,

$\triangle ABC = \dfrac{1}{2}\overline{AB}(d\sin\alpha) = \dfrac{d^2\sin\alpha\sin(2\alpha+\beta)}{2\sin(\alpha+\beta)}$

$$\frown ABCD = \frac{d^2\sin\alpha}{2\sin(\alpha+\beta)}(\sin\beta + \sin(2\alpha+\beta))$$

$$= \frac{d^2\sin\alpha}{2\sin(\alpha+\beta)}(\sin\beta + \sin2\alpha\cos\beta + \cos2\alpha\sin\beta)$$

$$= \frac{d^2\sin\alpha}{2\sin(\alpha+\beta)}(\sin\beta(1+\cos2\alpha) + \sin2\alpha\cos\beta)$$

$$= \frac{d^2\sin\alpha}{2\sin(\alpha+\beta)}(2\sin\beta\cos^2\alpha + 2\sin\alpha\cos\alpha\cos\beta)$$

$$= \frac{d^2\sin\alpha}{\sin(\alpha+\beta)}(\cos\alpha)\sin(\alpha+\beta) = d^2\sin\alpha\cos\alpha = \frac{d^2}{2}\sin2\alpha$$

[문제 139]

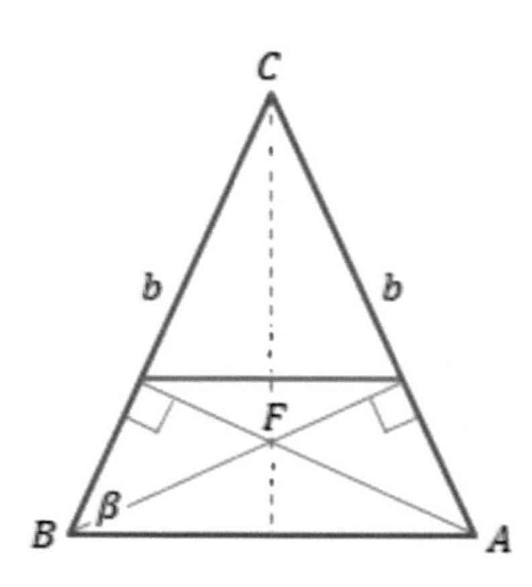

이등변 삼각형에서 $\triangle ABF$의 넓이를 구하시오.
(단, $\overline{AC}=b$, β로만 표시하시오.)

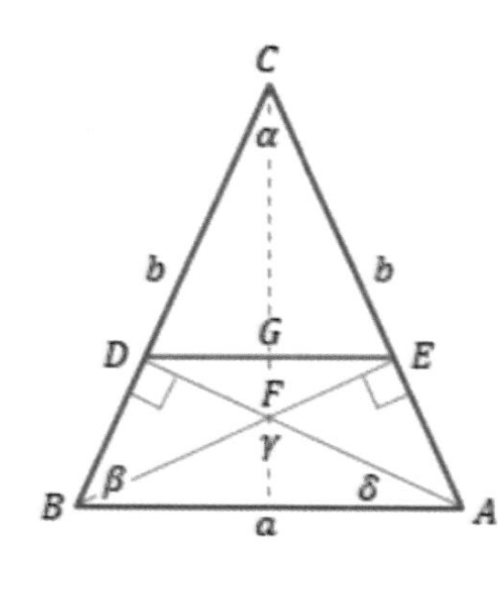

$$\delta=\frac{\pi}{2}-\beta \Rightarrow \gamma=\pi-2\delta=2\beta,$$

$$\overline{AF}=\frac{a}{2\cos\delta}=\frac{a}{2\sin\beta},\quad \frac{a}{2}=b\cos\beta$$

$$\therefore \triangle ABF$$

$$=\frac{1}{2}(\overline{AF})^2\sin\gamma=\frac{1}{2}\left(\frac{a^2}{4\sin^2\beta}\right)\sin2\beta=\frac{1}{2}b^2\cos^2\beta\left(\frac{2\cos\beta}{\sin\beta}\right)$$

$$=b^2\cos^2\beta\cot\beta$$

[문제 140]

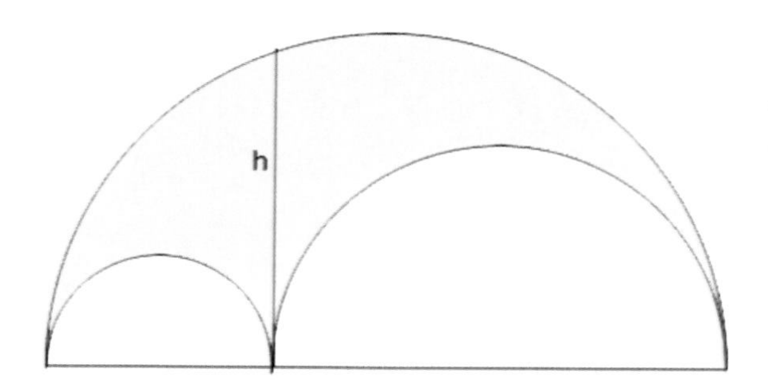

세 개 반원의 관계에서 회색부분의 넓이 S 을 구하시오

풀이

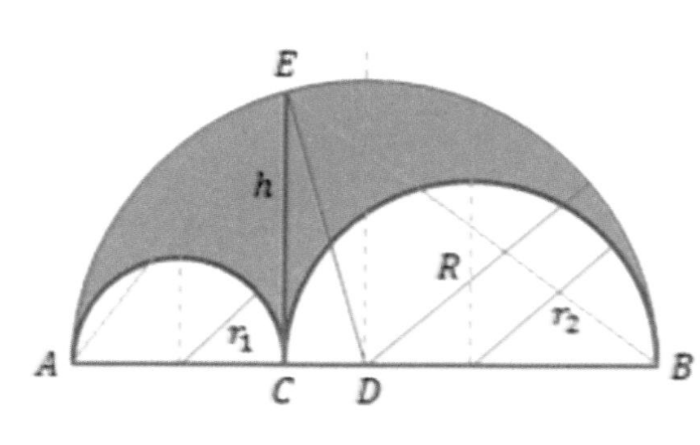

$\triangle ACE$ 에서 $\tan A = \dfrac{h}{2r_1}$

$\triangle BCE$ 에서

$$\frac{h}{2r_2} = \tan B = \tan(90^\circ - A) = \cot A$$

$$= \frac{2r_1}{h} \Rightarrow h^2 = 4r_1 r_2,\ \ r_2 = \frac{h^2}{4r_1}$$

$\triangle CDE$ 에서 $h^2 = R^2 - (R - 2r_1)^2 = 4r_1 R - 4r_1^2 \Rightarrow R = \dfrac{h^2 + 4r_1^2}{4r_1}$

$$\therefore S = \frac{\pi}{2}\left(R^2 - r_1^2 - r_2^2\right) = \frac{\pi}{2}\left(\frac{\left(h^2 + 4r_1^2\right)^2}{16r_1^2} - r_1^2 - \frac{h^4}{16r_1^2}\right) = \frac{\pi}{4}h^2$$

[문제 141]

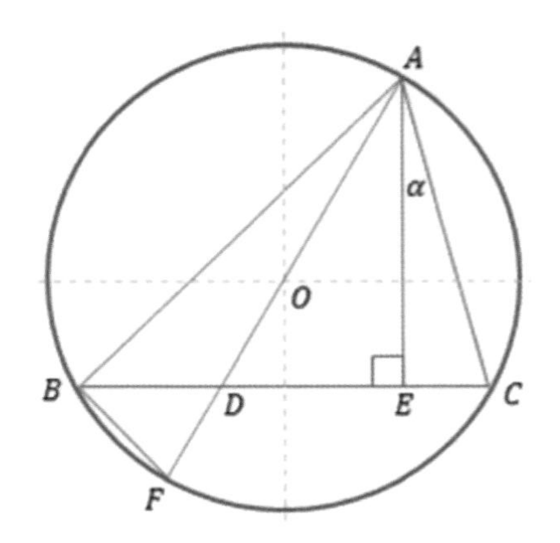

$\overline{AC}=a$, 반지름 r일 때, $\triangle ABD$의 넓이를 구하시오.

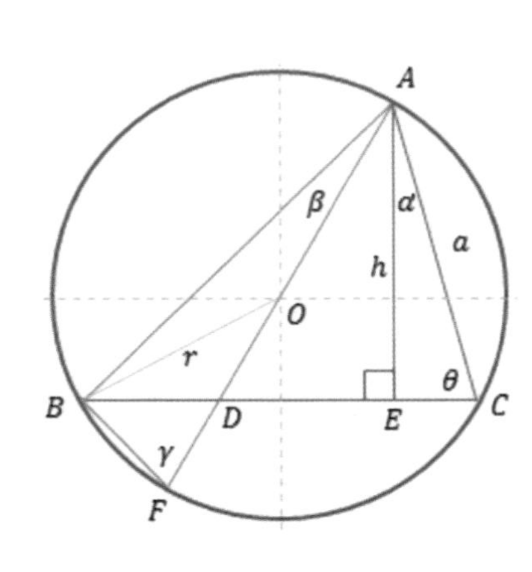

$h=a\cos\alpha$, $\overline{AB}=2r\cos\beta=2r\cos\alpha$. $(\because \theta=\gamma)$

$\angle ABD=\varphi$라고 하자.

$$\frac{a}{\sin\varphi}=\frac{\overline{AB}}{\sin\theta}=\frac{2r\cos\alpha}{\sin(90^\circ-\alpha)}=\frac{2r\cos\alpha}{\cos\alpha}=2r$$

$$\Rightarrow \sin\varphi=\frac{a}{2r},\ \cos\varphi=\frac{\sqrt{4r^2-a^2}}{2r}\cdots\cdots(1)$$

$\angle ADB=\pi-(\alpha+\varphi)$

$\triangle ABD$에서 $\dfrac{\overline{BD}}{\sin\alpha}=\dfrac{\overline{AB}}{\sin(\pi-(\alpha+\varphi))}=\dfrac{2r\cos\alpha}{\sin(\alpha+\varphi)}$

$$\Rightarrow \overline{BD}=\frac{r\sin2\alpha}{\sin(\alpha+\varphi)},\quad \therefore \triangle ABD=\frac{h}{2}\times\overline{BD}=\frac{a\cos\alpha}{2}\left(\frac{r\sin2\alpha}{\sin\alpha\cos\varphi+\cos\alpha\sin\varphi}\right)\overset{(1)}{\longleftrightarrow}$$

$$=\frac{ar^2\cos\alpha\sin2\alpha}{a\cos\alpha+\sin\alpha\sqrt{4r^2-a^2}}$$

[문제 142]

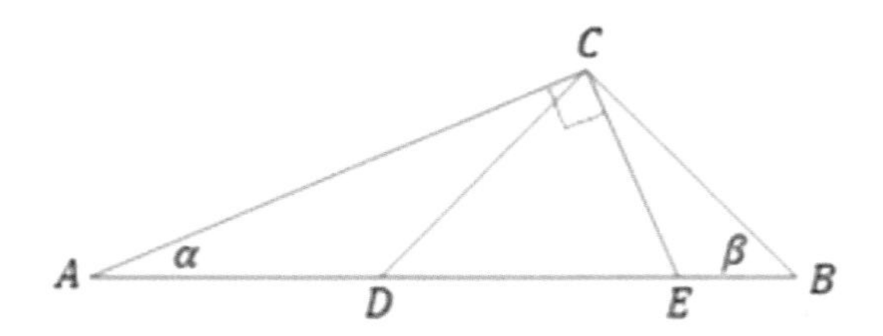

직각삼각형 ACE 에서 $\overline{AD} = \overline{DE} = R$ 일 때, $\triangle BCE$ 의 넓이를 구하시오.

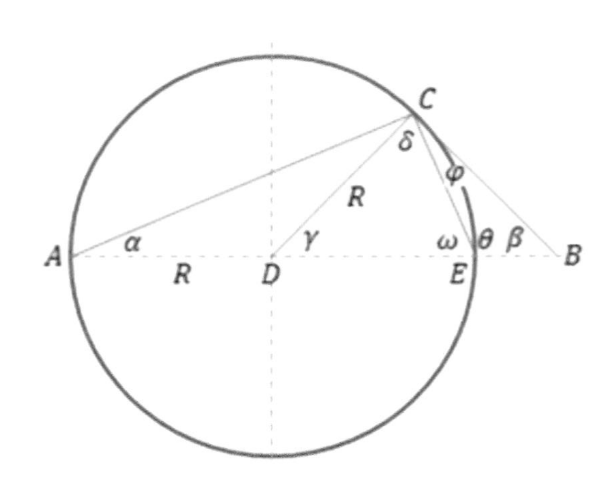

$\overline{AC} = 2R\cos\alpha,\ \ \overline{CE} = 2R\sin\alpha$

$\dfrac{\overline{BC}}{\sin\alpha} = \dfrac{\overline{AC}}{\sin\beta} \Rightarrow \overline{BC} = \dfrac{2R\sin\alpha\cos\alpha}{\sin\beta}$

$= \dfrac{R\sin2\alpha}{\sin\beta},\ \ \varphi = \dfrac{\pi}{2} - \alpha - \beta$

$\therefore \triangle BCE = \dfrac{1}{2}\overline{BC} \times \overline{CE}\sin\varphi$

$= R^2\dfrac{\sin2\alpha\sin\alpha\sin\varphi}{\sin\beta}$

$= R^2\dfrac{\sin\alpha\sin2\alpha\cos(\alpha+\beta)}{\sin\beta}$

[문제 143]

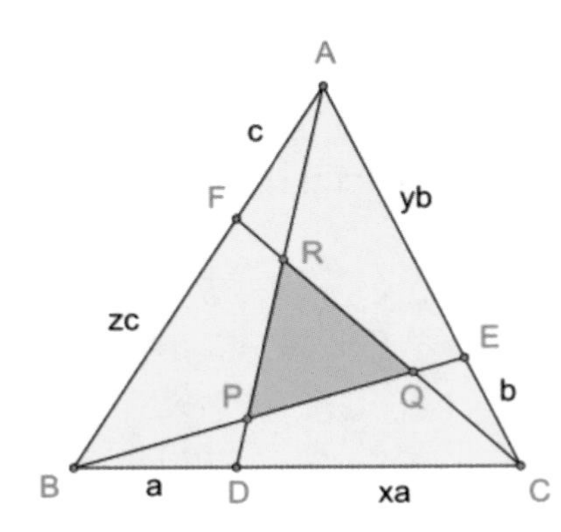

$\triangle ABC$의 넓이가 1일 때,

$\triangle PQR$의 넓이 $\dfrac{(xyz-1)^2}{(xy+y+1)(yz+z+1)(zx+x+1)}$가

됨을 증명하시오.

증명

$\triangle ARC$의 넓이: S_{ARC}, $\triangle ADC$의 넓이: S_{ADC} 라고 표시하자.

[문제 4]에 의해서 $\triangle ABD$와 횡단선 $\overline{CF}$가 다음 식이 성립한다.

$$\frac{\overline{AF}}{\overline{FB}}\times\frac{\overline{BC}}{\overline{CD}}\times\frac{\overline{DR}}{\overline{RA}}=1\Rightarrow\frac{\overline{DR}}{\overline{RA}}=\frac{\overline{CD}}{\overline{BC}}\times\frac{\overline{FB}}{\overline{AF}}=\frac{zx}{x+1}\Rightarrow\frac{\overline{DR}}{zx}=\frac{\overline{RA}}{x+1}\ \cdots(1)$$

한편, $S_{ARC}=\dfrac{\overline{AR}}{\overline{AD}}\times S_{ADC}=\dfrac{\overline{AR}}{\overline{AD}}\times\dfrac{\overline{DC}}{\overline{BC}}\times S_{ABC}=\dfrac{\overline{AR}}{(\overline{DR}+\overline{RA})}\times\dfrac{xa}{(1+x)a}\overset{(1)}{\longleftrightarrow}$

$=\dfrac{x}{zx+x+1}$. 같은 방법으로 $S_{BPA}=\dfrac{y}{xy+y+1}$, $S_{CQB}=\dfrac{z}{yz+z+1}$

$\therefore S_{PQR}=1-S_{ARC}-S_{BPA}-S_{CQB}$

$$=1-\frac{x}{zx+x+1}-\frac{y}{xy+y+1}-\frac{z}{yz+z+1}=\frac{(xyz-1)^2}{(xy+y+1)(yz+z+1)(zx+x+1)}$$

[문제 144]

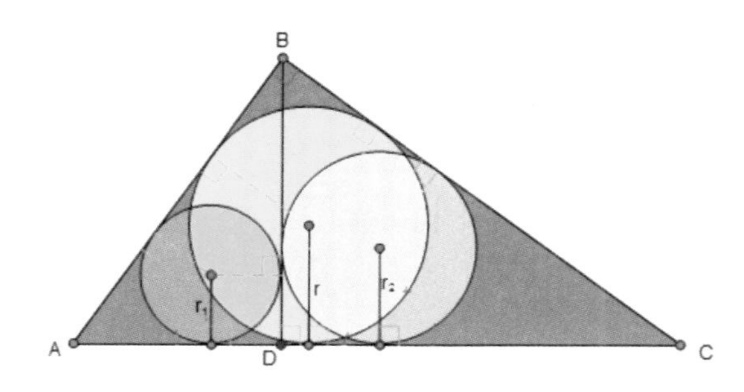

직각삼각형 ABC, 반지름 r, r_1, r_2에 대하여 $r_1\overline{AB}+r_2\overline{BC}=r\overline{AC}$이 성립함을 증명하시오.

풀이

a, b, c를 $\triangle ABC$의 세 변이라 하자. $\triangle ABD \sim \triangle ABC \sim \triangle BCD$

$$\Rightarrow \overline{BD}=\frac{ca}{b}, \overline{AD}=\frac{c^2}{b} \xrightarrow{\triangle ABD\text{넓이}} r_1=\frac{\frac{ca}{b}\cdot\frac{c^2}{b}}{c+\frac{ca}{b}+\frac{c^2}{b}}=\frac{ac^2}{b(a+b+c)}$$

$$\text{한편, } \overline{DC}=\frac{a^2}{b} \xrightarrow{\triangle BCD\text{넓이}} r_2=\frac{\frac{ca}{b}\cdot\frac{a^2}{b}}{a+\frac{ca}{b}+\frac{a^2}{b}}=\frac{ca^2}{b(a+b+c)}$$

$$\xrightarrow{\triangle ABC\text{넓이}} r=\frac{ac}{a+b+c}$$

$$\therefore r_1\overline{AB}+r_2\overline{BC}=\frac{ac^3+ca^3}{b(a+b+c)}=\frac{ac(a^2+c^2)}{b(a+b+c)}=\frac{acb^2}{b(a+b+c)}=rb=r\overline{AC}$$

[문제 145]

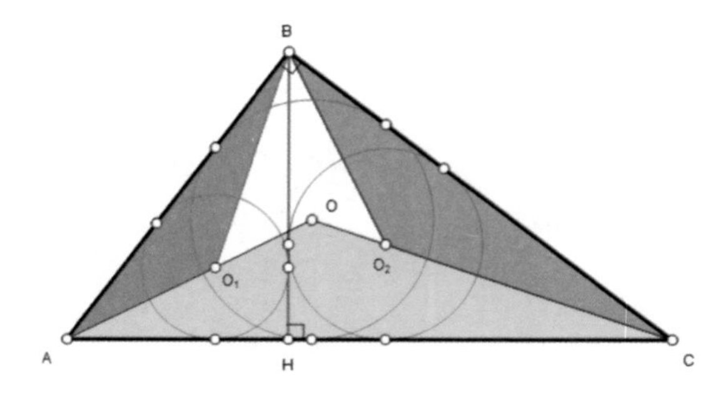

직각삼각형 ABC,
넓이 $\triangle ABO_1 = 5$, $\triangle ACO = 13$일 때,
$\triangle BCO_2$의 넓이를 구하시오.

[문제 144]에서 $5 + \triangle BCO_2 = 13 \Rightarrow \therefore \triangle BCO_2 = 8$

[문제 146]

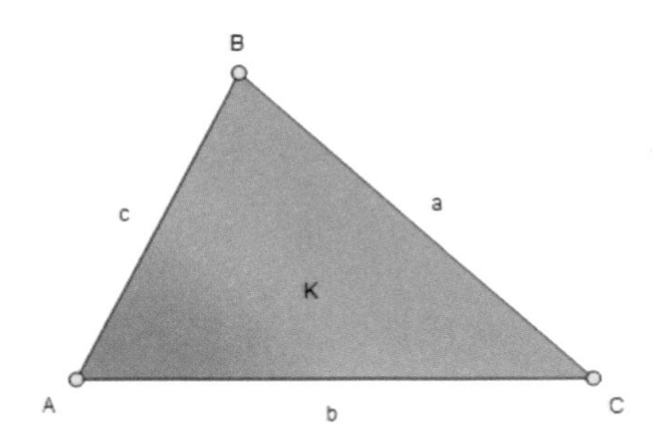

삼각형 넓이 $\dfrac{\sqrt{2\left((ab)^2+(bc)^2+(ca)^2\right)-\left(a^4+b^4+c^4\right)}}{4}$

이 성립함을 증명하시오.

증명

[Heron 공식]에서 $p=\dfrac{a+b+c}{2}$,

$$K^2=p(p-a)(p-b)(p-c)=\frac{a+b+c}{2}\times\frac{b+c-a}{2}\times\frac{a+c-b}{2}\times\frac{a+b-c}{2}$$

$$=\frac{\left[(a+b)^2-c^2\right]\left[c^2-(a-b)^2\right]}{16}=-\frac{\left(a^2-b^2\right)^2-c^2\left(2a^2+2b^2\right)+c^4}{16}$$

$$=\frac{2(ab)^2+2(bc)^2+2(ca)^2-\left(a^4+b^4+c^4\right)}{16}$$

$$\therefore K=\frac{\sqrt{2\left((ab)^2+(bc)^2+(ca)^2\right)-\left(a^4+b^4+c^4\right)}}{4}$$

[문제 147]

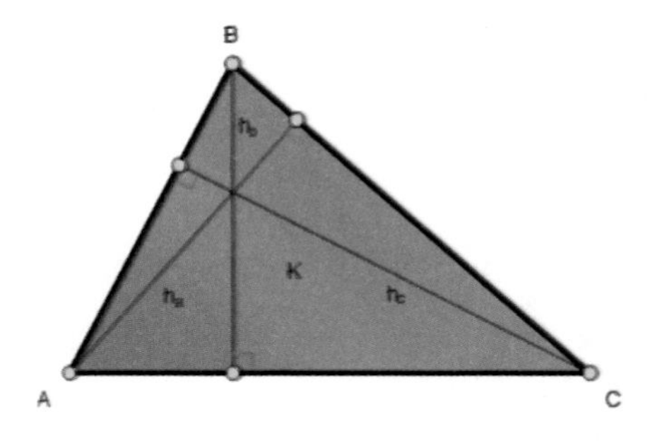

넓이 $\dfrac{1}{\sqrt{\left(\dfrac{1}{h_a}+\dfrac{1}{h_b}+\dfrac{1}{h_c}\right)\left(\dfrac{1}{h_a}+\dfrac{1}{h_b}-\dfrac{1}{h_c}\right)}}\times\dfrac{1}{\sqrt{\left(\dfrac{1}{h_a}-\dfrac{1}{h_b}+\dfrac{1}{h_c}\right)\left(\dfrac{1}{h_b}-\dfrac{1}{h_a}+\dfrac{1}{h_c}\right)}}$ 이 성립한다.

증명

a, b, c : $\triangle ABC$의 세 변의 길이, $p=\dfrac{a+b+c}{2}$라고 하자.

[Heron 공식] $\Rightarrow K=\sqrt{p(p-a)(p-b)(p-c)}\ \cdots(1)$

$$K=\frac{ah_a}{2}=\frac{bh_b}{2}=\frac{ch_c}{2}\Rightarrow a=\frac{2K}{h_a},\ b=\frac{2K}{h_b},\ c=\frac{2K}{h_c},$$

$$p=K\left(\frac{1}{h_a}+\frac{1}{h_b}+\frac{1}{h_c}\right),\ p-a=K\left(\frac{1}{h_b}-\frac{1}{h_a}+\frac{1}{h_c}\right),\ p-b=K\left(\frac{1}{h_a}-\frac{1}{h_b}+\frac{1}{h_c}\right)$$

$$p-c=K\left(\frac{1}{h_a}+\frac{1}{h_b}-\frac{1}{h_c}\right)$$

$$\xrightarrow{(1)}\therefore K=\frac{1}{\sqrt{\left(\frac{1}{h_a}+\frac{1}{h_b}+\frac{1}{h_c}\right)\left(\frac{1}{h_a}+\frac{1}{h_b}-\frac{1}{h_c}\right)}}\times\frac{1}{\sqrt{\left(\frac{1}{h_a}-\frac{1}{h_b}+\frac{1}{h_c}\right)\left(\frac{1}{h_b}-\frac{1}{h_a}+\frac{1}{h_c}\right)}}$$

[문제 148]

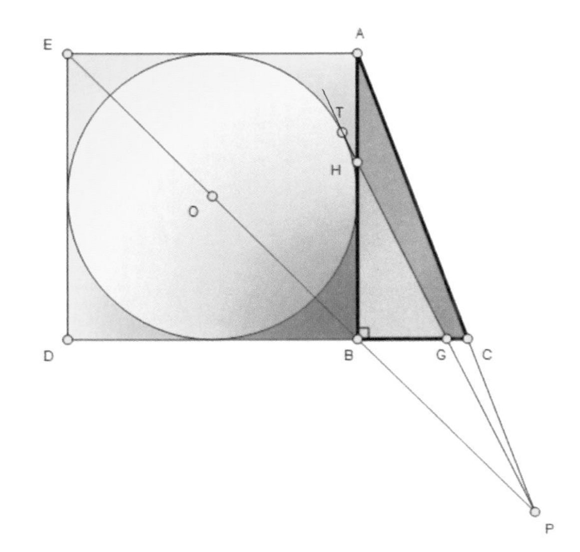

넓이 $\triangle BHG = \triangle ACH$ 이 성립함을 증명하시오.

증명

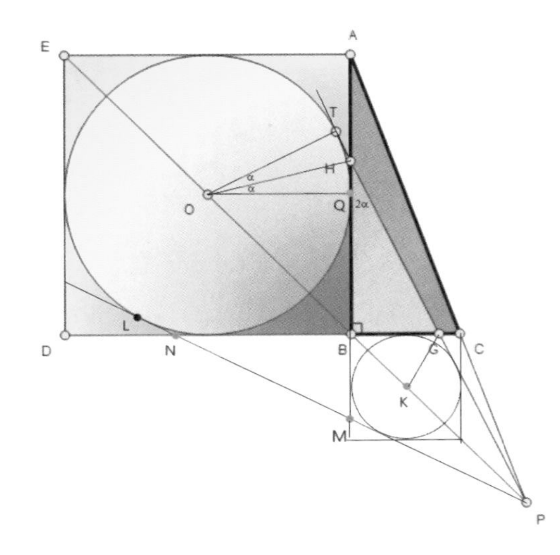

$$\angle KGP = \frac{90^\circ + 2\alpha}{2} = 45^\circ + \alpha = \angle HOK$$

$\Rightarrow O, H, K, G$: 한 원 위의 점들이다.

또한, O, N, M, K : 한 원 위의 점들이다.

$\Rightarrow \overline{PG} \times \overline{PH} = \overline{PK} \times \overline{PO} = \overline{PM} \times \overline{PN}$

$\Rightarrow M, N, O, H, G, K$: 한 원 위의 점들이다.

$\therefore 2\overline{BG} \times \overline{BH} = 2\overline{BM} \times \overline{BH} = 2\overline{BK} \times \overline{BO}$

$= 2\left(\frac{\overline{BC}\sqrt{2}}{2}\right)\left(\frac{\overline{AB}\sqrt{2}}{2}\right) = \overline{AB} \times \overline{BC}$

[문제 149]

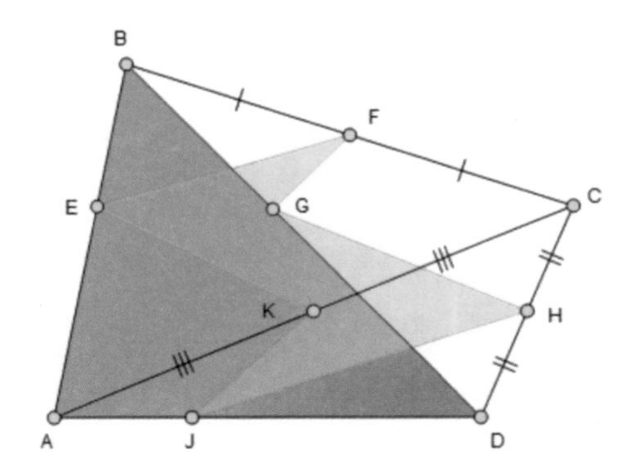

넓이 $2(\square EFGHJK) = \triangle ABD$ 이 성립함을 증명하시오.

증명

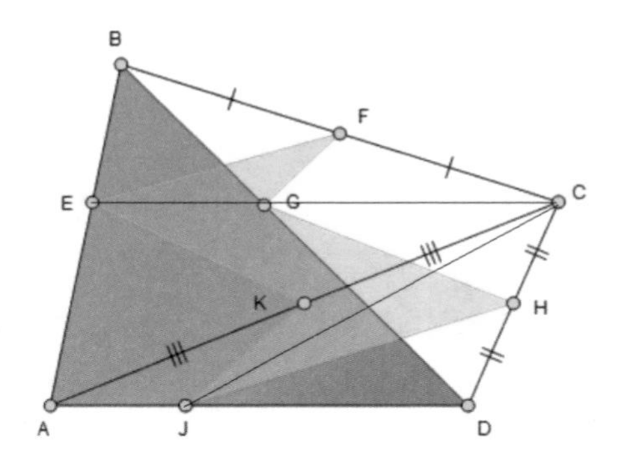

$p = \triangle BEF = \triangle CEF,\ q = \triangle AEK = \triangle CEK,$

$r = \triangle AJK = \triangle CJK,\ u = \triangle DJH = \triangle CJH,$

$v = \triangle BFG = \triangle CFG,\ w = \triangle CGH = \triangle DGH$

$\square EFGHJK = \square ABCD - (p+q+r+u+v+w)$

$= \square ABCD - \dfrac{\triangle ABC + \triangle ACD + \triangle BCD}{2}$

$= \dfrac{\square ABCD - \triangle BCD}{2} = \dfrac{\triangle ABD}{2}$

[문제 150]

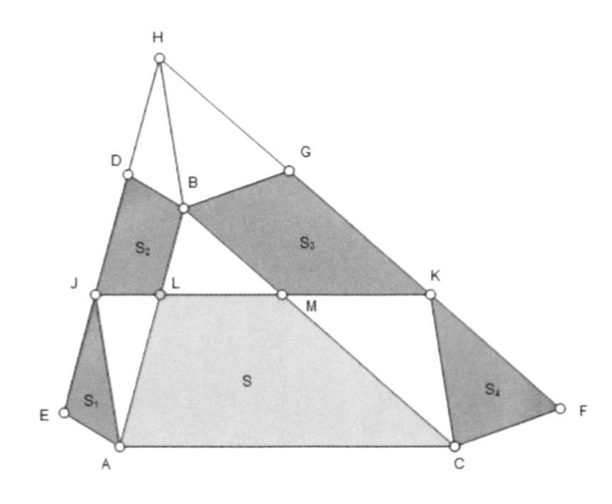

$\overline{AJ} // \overline{BH} // \overline{CK}$, $\square ABDE$, $\square BCFG$이 평형사변형일 때, 넓이 $S = S_1 + S_2 + S_3 + S_4$이 성립함을 증명하시오.

증명

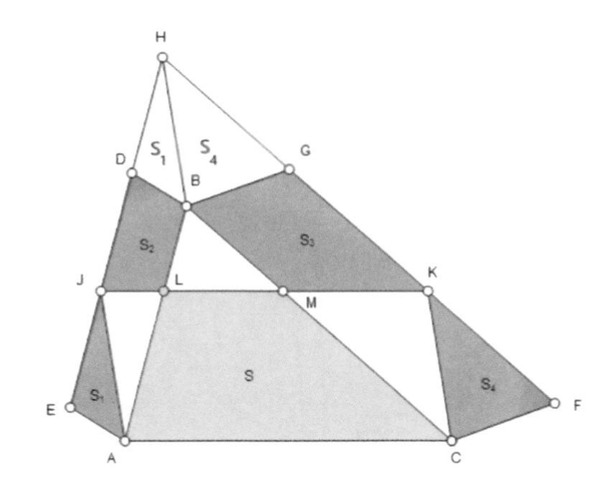

$\overline{AJ} = \overline{BH} = \overline{CK} \Rightarrow \triangle ABC = \triangle JKH$,

$S + \triangle BLM = S_1 + S_2 + S_3 + S_4 + \triangle BNM$

$\Rightarrow \therefore S = S_1 + S_2 + S_3 + S_4$

[문제 151]

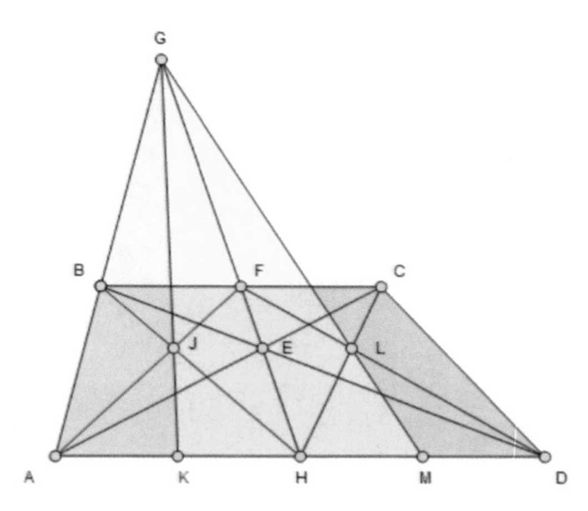

$\overline{AD} // \overline{BC}$, $\triangle AGK = 10$, $\overline{BF} = \overline{FC}$ 일 때, 넓이 $\triangle KGM$을 구하시오.

풀이

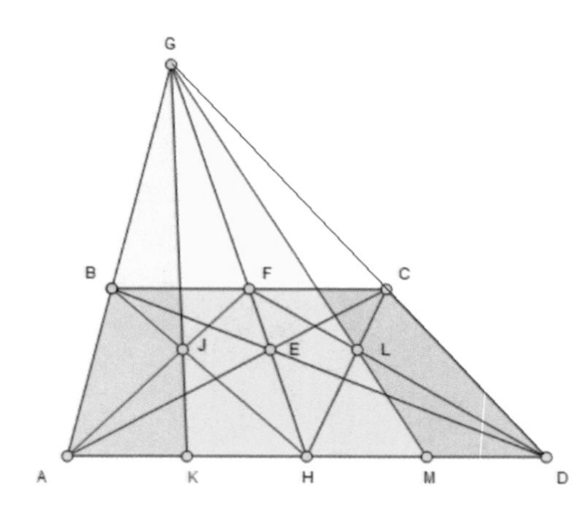

$\triangle BEF \sim \triangle EHD \Rightarrow \dfrac{\overline{BF}}{\overline{HD}} = \dfrac{\overline{FE}}{\overline{EH}} = \dfrac{\overline{FC}}{\overline{AH}}$

$\Rightarrow \overline{AH} = \overline{HD}$ $\cdots\cdots (1)$

$\triangle GBF \sim \triangle GAH \Rightarrow \dfrac{\overline{BF}}{\overline{AH}} = \dfrac{\overline{GF}}{\overline{GH}} = \dfrac{\overline{FC}}{\overline{HD}}$

$\Rightarrow \triangle GFC \sim \triangle GHD$, D, C, G : 일직선 상에 있다. 넓이 $\square ABFH$, $\square HFCD$는 같다.

$\Rightarrow \overline{AK} = \overline{KH} = \overline{HM} = \overline{MD}$

$\therefore \triangle GKM = 20$

[문제 152]

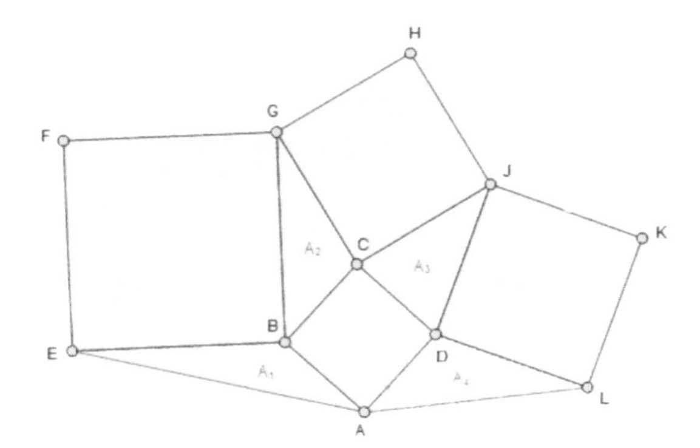

네 개의 정사각형에서 네 개의 삼각형 넓이들이 모두 같음을 증명하시오.

증명

$\angle GBC + \angle EBA = \pi \Rightarrow \angle GBC = \angle BAE + \angle BEA,\ \sin\angle EBA = \sin\angle GBC$

$\therefore A_1 = \dfrac{\overline{EB} \times \overline{BA}}{2} \sin\angle EBA = \dfrac{\overline{BC} \times \overline{BG}}{2} \sin\angle GBC = A_2$

같은 방법으로 $A_1 = A_2 = A_3 = A_4$ 성립한다.

[문제 153]

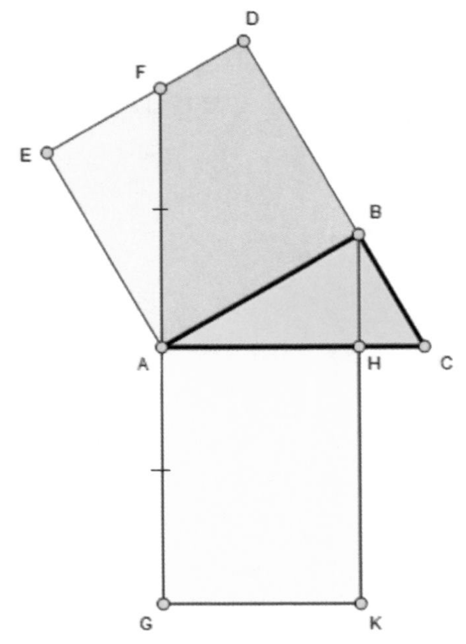

정사각형 $ABDE$ 에서 넓이 $\square AFDC = \square AHGK$ 이 성립함을 증명하시오.

증명

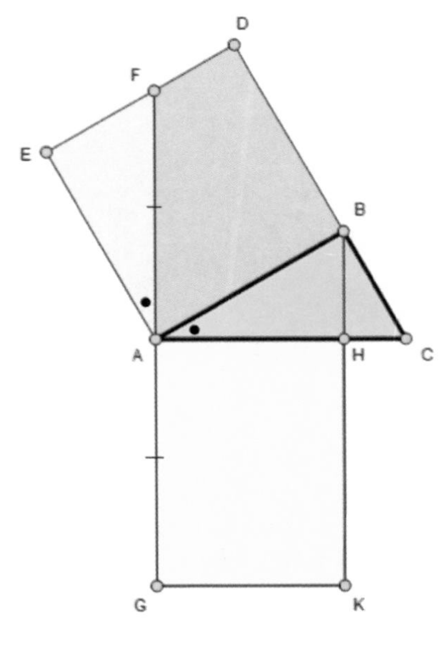

$\triangle ABC \equiv \triangle AEF \Rightarrow \overline{AC} = \overline{AF} = \overline{AG}$

$\square AFDC = \square ABDE = \overline{AB}^2 \cdots\cdots (1)$

한편, $\square AHKG = \overline{AG} \times \overline{AH} = \overline{AC} \times \overline{AH} = \overline{AB}^2$

$\overset{(1)}{\longleftrightarrow} = \square AFDC$

[문제 154]

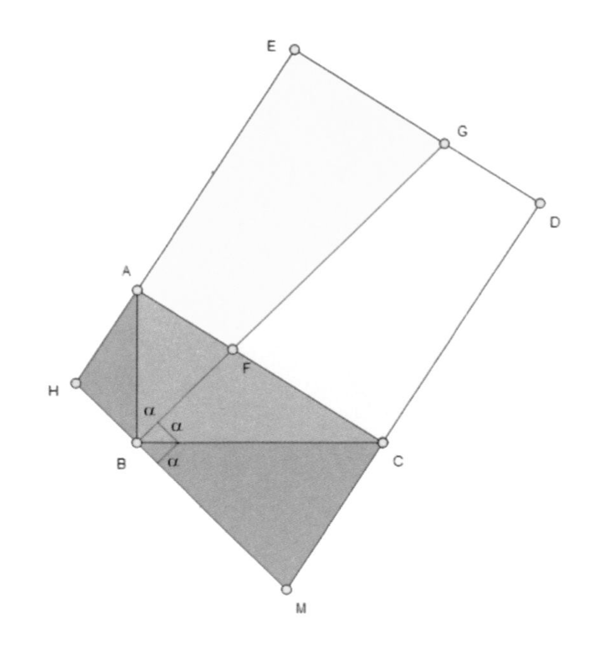

정사각형 $ACDE$ 에서 넓이 $\triangle AFGE = \triangle FGDC = \triangle ACMH$ 이 성립함을 증명하시오.

증명

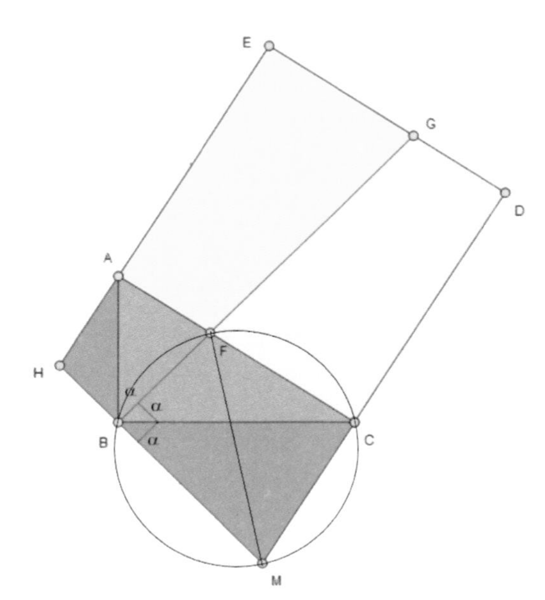

$\angle C = 90^\circ \Rightarrow B, M, C, F$: 원 위의 점들이다.

$\xrightarrow{\alpha} \overline{FC} = \overline{CM}, \ \overline{AC} = \overline{CD}$

$\therefore \triangle MCAH \equiv \triangle CFDG$,

$\angle A = 90^\circ \Rightarrow A, H, F, B$: 원 위의 점들이다.

$\angle HBA = \alpha \Rightarrow \overline{AH} = \overline{AF}$

$\therefore \triangle MCAH \equiv \triangle AEFG$

[문제 155]

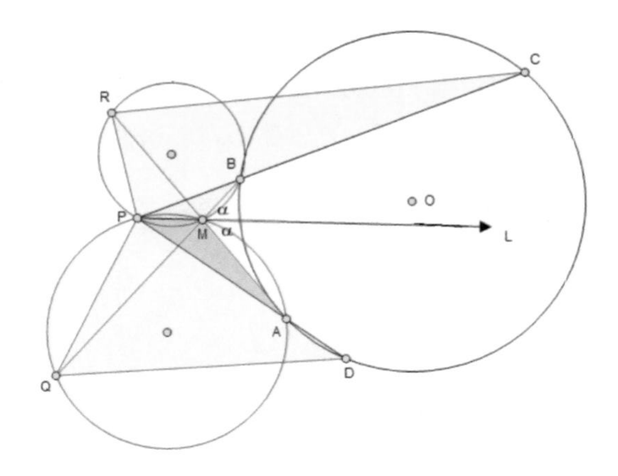

선분 $\overline{AR}=\overline{BQ}$, 넓이 $\triangle PRC=\triangle PQD$ 이 성립함을 증명하시오.

증명

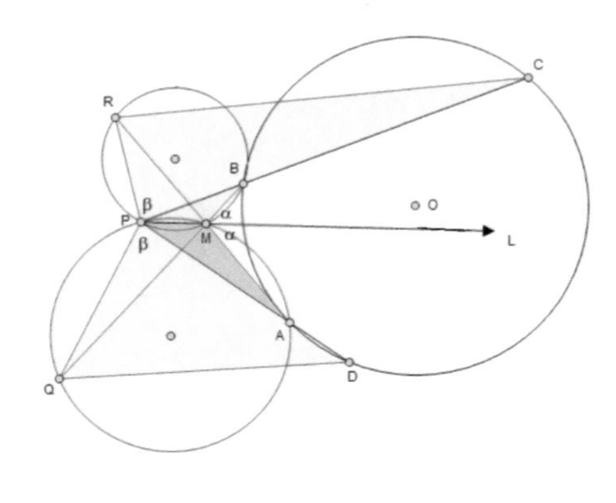

$\angle RMP=\alpha,\ \angle BMP=\pi-\alpha \Rightarrow \overline{PR}=\overline{PB}$

$\angle PMQ=\alpha,\ \angle PMA=\pi-\alpha \Rightarrow \overline{PQ}=\overline{PA}$

$\beta=\angle BMR=\angle QMA$

$\Rightarrow \triangle APR\equiv\triangle QPB,\ \therefore\ \overline{AR}=\overline{BQ}$

$\triangle PRC=\dfrac{\overline{PR}\times\overline{PC}}{2}\sin\beta=\dfrac{\overline{PB}\times\overline{PC}}{2}\sin\beta$

$\triangle PQD=\dfrac{\overline{PQ}\times\overline{PD}}{2}\sin\beta=\dfrac{\overline{PA}\times\overline{PD}}{2}\sin\beta$

$\therefore\ \triangle PRC=\triangle PQD$

[문제 156]

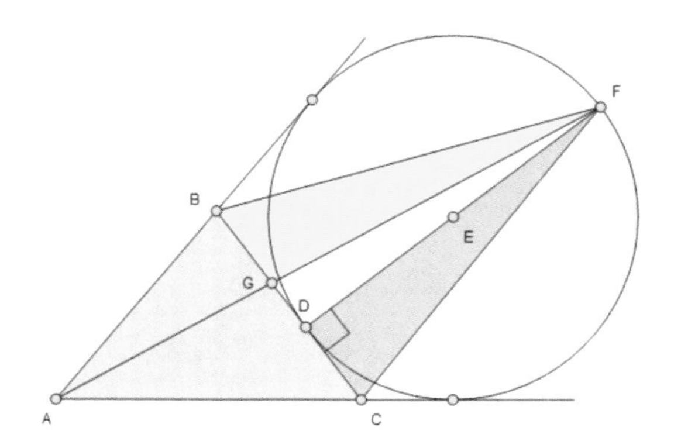

넓이 $\triangle BGF = \triangle CDF$ 이 성립함을 증명하시오.

증 명

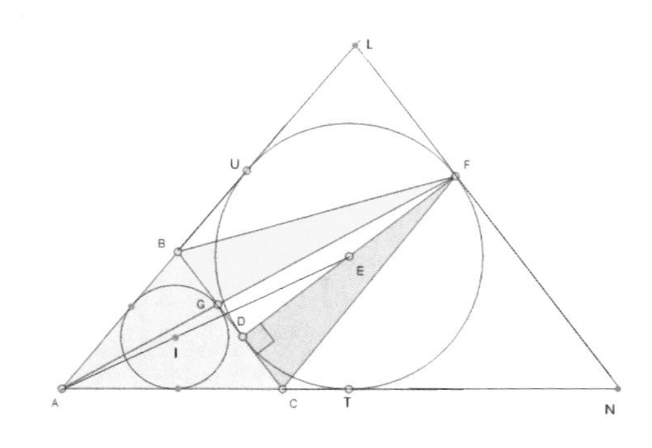

$\overline{BC} // \overline{LN}$ 하자. $\dfrac{\overline{AB}}{\overline{AL}} = \dfrac{\overline{AC}}{\overline{AN}} = \dfrac{\overline{AG}}{\overline{AF}}$

$a, b, c : \triangle ABC$ 의 세 변, $s = \dfrac{a+b+c}{2}$ 하자.

$2\overline{AT} = \overline{AT} + \overline{AU} = 2s \Rightarrow \overline{AT} = s$, $\overline{CT} = s - b$,

$\overline{BG} = s - b \Rightarrow \overline{BG} = \overline{CD}$

$\therefore \ \triangle BGF = \triangle CDF$

[문제 157]

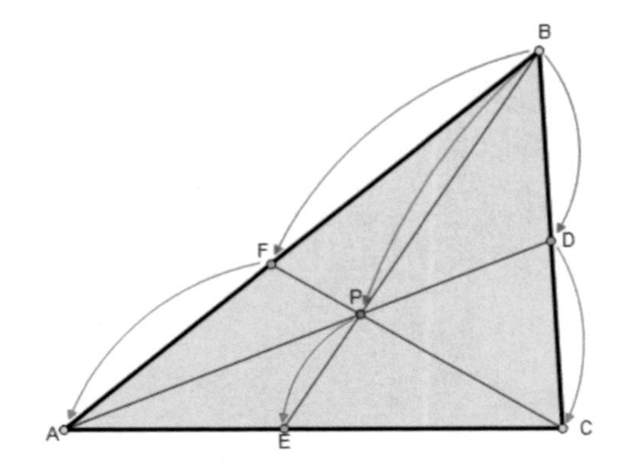

$\frac{\overline{BP}}{\overline{PE}}=\frac{\overline{BF}}{\overline{FA}}+\frac{\overline{BD}}{\overline{DC}}$이 성립함을 증명하시오.

증명

[문제 4]에서 다음 식이 성립한다.

$$\frac{\overline{AF}}{\overline{FB}}\times\frac{\overline{BP}}{\overline{PE}}\times\frac{\overline{EC}}{\overline{CA}}=1,\ \frac{\overline{CD}}{\overline{DB}}\times\frac{\overline{BP}}{\overline{PE}}\times\frac{\overline{EA}}{\overline{CA}}=1$$

$$\Rightarrow \therefore \frac{\overline{FB}}{\overline{AF}}+\frac{\overline{DB}}{\overline{CD}}=\frac{\overline{BP}(\overline{EC}+\overline{EA})}{\overline{PE}}\left(\frac{1}{\overline{CA}}\right)=\frac{\overline{BP}}{\overline{PE}}$$

[문제 158]

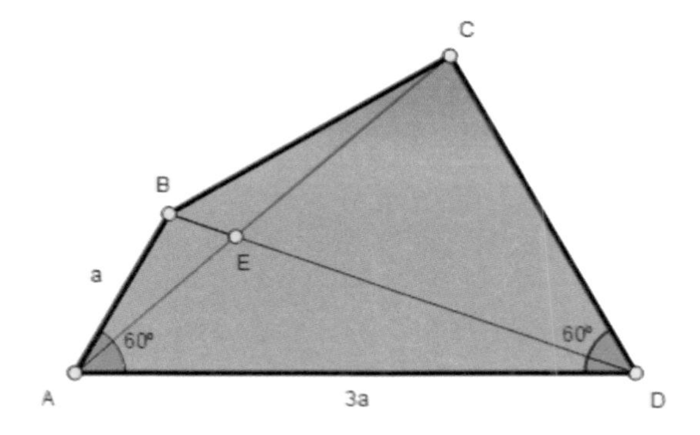

선분 $3\overline{BE} = \overline{AE}$을 증명하고,
넓이 $ABCD$를 구하시오.

증명

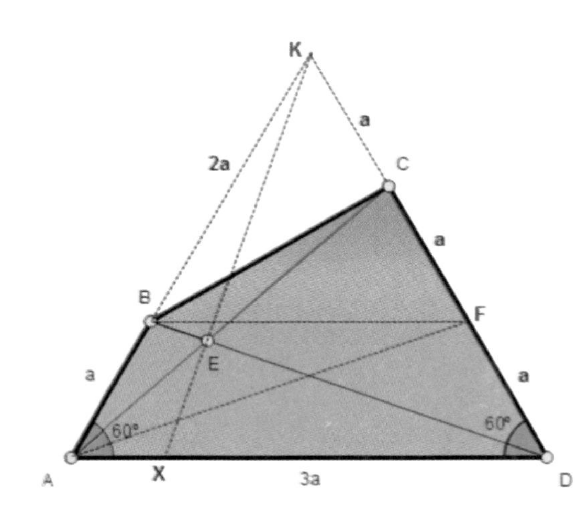

$\overline{FD} = a$하자. $\overline{AC} = \overline{AF} = \overline{BD} = \sqrt{7}a$,

[문제 5] $\Rightarrow \dfrac{\overline{AB}}{\overline{BK}} \times \dfrac{\overline{KC}}{\overline{CD}} \times \dfrac{\overline{DX}}{\overline{XA}} = 1$,

$\dfrac{\overline{DX}}{\overline{XA}} = 4$, [문제 157]에서

$\dfrac{\overline{DE}}{\overline{EB}} = \dfrac{\overline{DX}}{\overline{XA}} + \dfrac{\overline{DC}}{\overline{CK}} = 6 \cdots (1)$

$\dfrac{\overline{AE}}{\overline{EC}} = \dfrac{\overline{AB}}{\overline{BK}} + \dfrac{\overline{AX}}{\overline{XD}} = \dfrac{3}{4} \cdots (2)$

$\xrightarrow{(1)} \dfrac{\overline{DE}}{6} = \dfrac{\overline{EB}}{1} = \dfrac{\overline{DB}}{7}, \overline{EB} = \dfrac{a}{\sqrt{7}}, \xrightarrow{(2)} \dfrac{\overline{AE}}{3} = \dfrac{\overline{EC}}{4} = \dfrac{\overline{AC}}{7} = \dfrac{a}{\sqrt{7}}, \overline{AE} = \dfrac{3a}{\sqrt{7}}$

$\Rightarrow \therefore \dfrac{\overline{EB}}{\overline{AE}} = \dfrac{1}{3}$, 한편, $\triangle ACF$:이등변 삼각형, $\triangle KBF$:정삼각형 $\Rightarrow \overline{BC} \perp \overline{CD}$,

$\overline{BC} = \sqrt{3}a$, $\triangle KAD = \dfrac{\sqrt{3}}{4}(9a^2)$, $\triangle KBC = \dfrac{\sqrt{3}}{2}a^2 \Rightarrow \therefore \square ABCD = \dfrac{7\sqrt{3}}{4}a^2$

[문제 159]

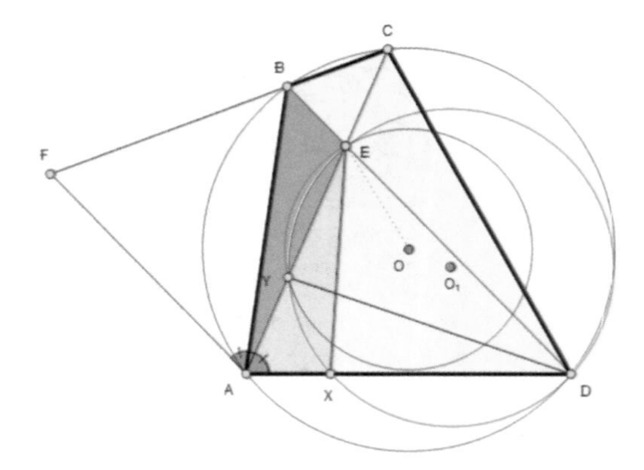

$\overline{AF} // \overline{BD}$일 때, 넓이$\triangle ABE = \triangle AEX$가 성립함을 증명하시오.

증명

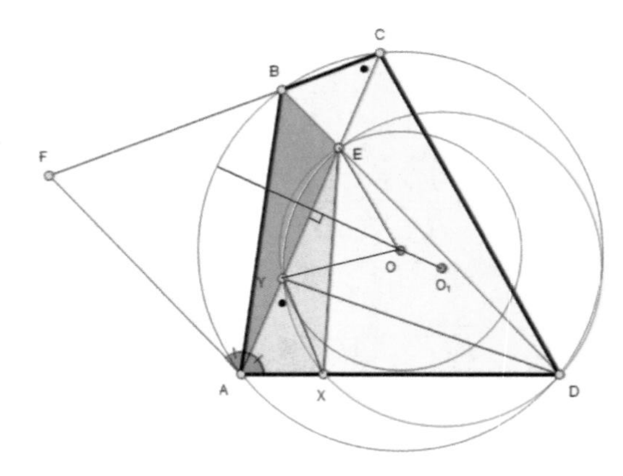

$\overline{CE} = \overline{AY}$,

$\angle YAX = \angle YAF = \angle AED = \angle BEC$,

$\angle BCE = \angle BDA = \angle EDX = \angle AYX$

$\Rightarrow \triangle AXY \equiv \triangle BCE$, $\overline{AX} = \overline{BE}$

$\xrightarrow{\angle FAE = \angle DAE} E$에서 $\overline{AF}$나 $\overline{AD}$까지 거리가 같으므로 넓이$\triangle ABE = \triangle AEX$이다.

[문제 160]

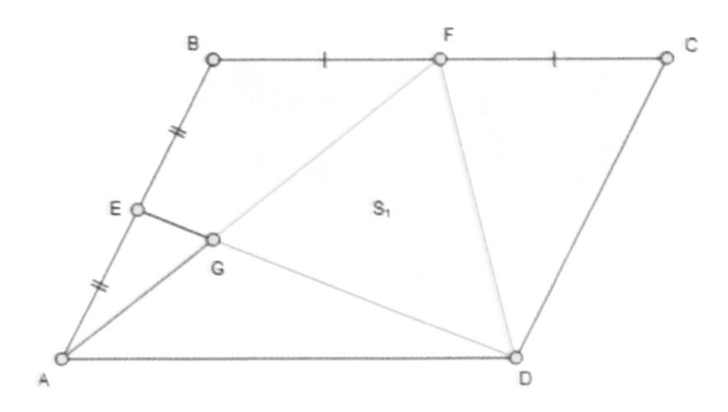

평형사변형 넓이S일 때, 넓이$S_1 = \frac{3}{10}S$이 성립함을 증명하시오.

증명

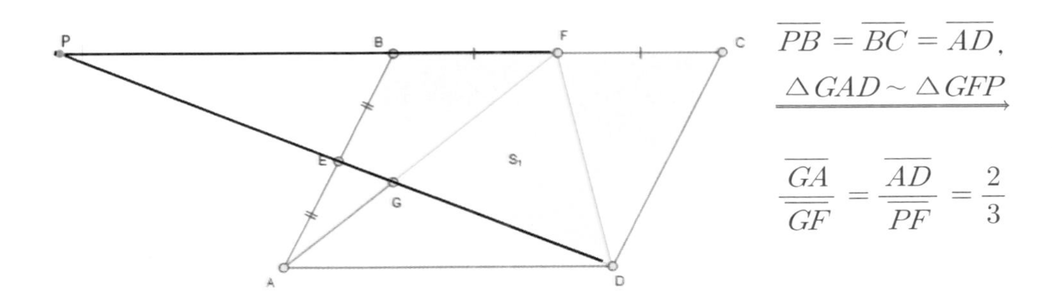

$\overline{PB} = \overline{BC} = \overline{AD}$, $\xrightarrow{\triangle GAD \sim \triangle GFP}$ $\frac{\overline{GA}}{\overline{GF}} = \frac{\overline{AD}}{\overline{PF}} = \frac{2}{3}$

$$\Rightarrow \frac{\overline{GA}}{\overline{AF}} = \frac{2}{5},\ \frac{\triangle DGF}{\triangle ADF} = \frac{3}{5},\ \therefore \triangle DGF = \frac{3}{5} \times \triangle ADF = \frac{3}{5}\left(\frac{\square ABCD}{2}\right) = \frac{3}{10}S$$

[문제 161]

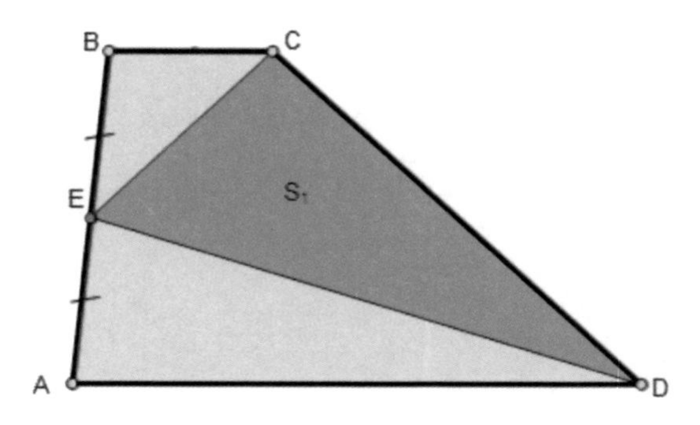

$\overline{BC}//\overline{AD}$, 사각형 $ABCD$의 넓이 S일 때, $2S_1 = S$이 성립함을 증명하시오.

증명

h : $\overline{BC}$, $\overline{AD}$ 사이의 길이라고 하자.

$$\triangle BCE + \triangle ADE = \frac{h}{4}(\overline{BC} + \overline{AD}) = \frac{S}{2} \Rightarrow \therefore 2S_1 = S$$

[문제 162]

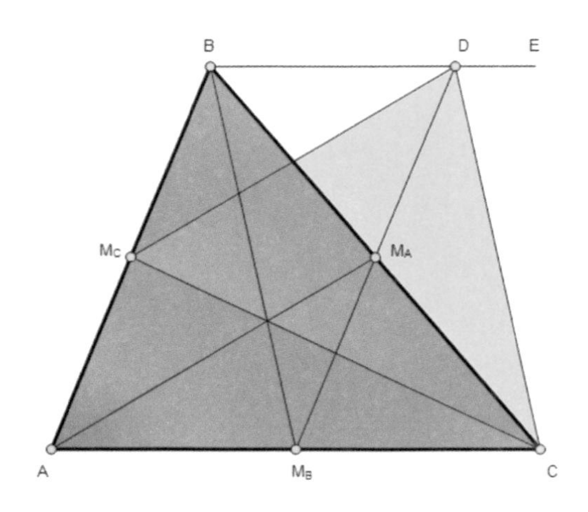

M_A, M_B, M_C : $\triangle ABC$ 선분의 중점이고

$\overline{BD} // \overline{AC}$ 일 때, $\triangle CDM_C = \dfrac{3\triangle ABC}{4}$ 인

넓이관계가 성립함을 증명하시오.

증명

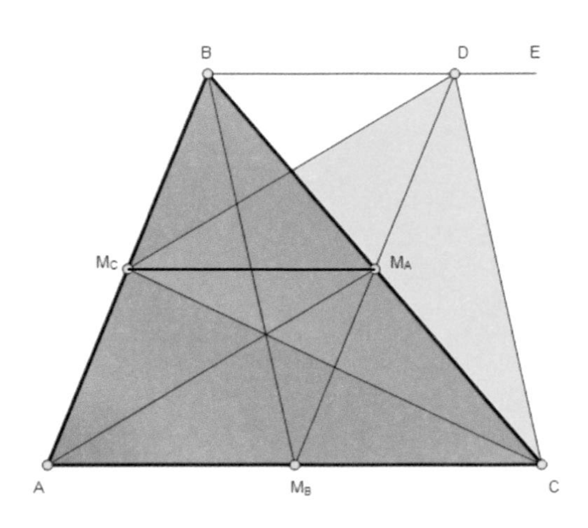

[문제 161]에서 다음 식이 성립한다.

넓이: $\triangle CDM_C = \dfrac{\square DBAC}{2}$,

$\triangle BDM_C = \triangle BM_CM_A = \dfrac{\square BDM_AM_C}{2}$

$= \dfrac{\triangle ABC}{4}$, $\triangle ACM_C = \dfrac{\triangle ABC}{2}$

$\therefore \triangle CDM_C = \dfrac{\triangle ABC}{2} + \dfrac{\triangle ABC}{4}$

$= \dfrac{3\triangle ABC}{4}$

[문제 163]

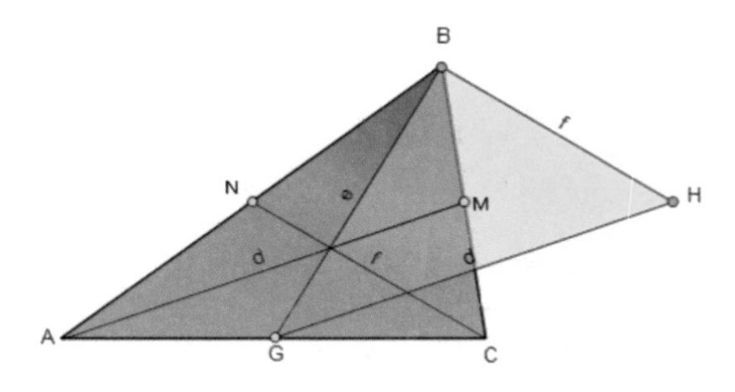

점N, M, G는 각 선분의 중점이고 $m=\dfrac{d+e+f}{2}$일 때, 넓이$\triangle ABC$을 구하시오.

증명

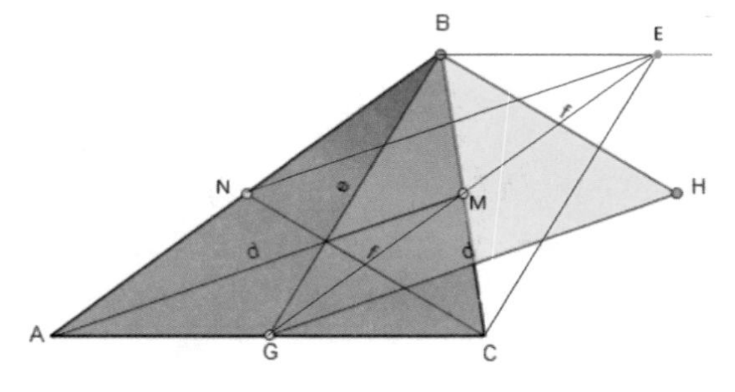

두 개의 평형사변형$GBEC, ANEM$ 하자.

$d=\overline{NE}, e=\overline{CE}$, [문제 162]에서

$\therefore \triangle ABC=\dfrac{4}{3}(\triangle NCE)\xleftrightarrow{[Heron]}$

$=\dfrac{4}{3}\sqrt{m(m-e)(m-f)(m-d)}$

[문제 164]

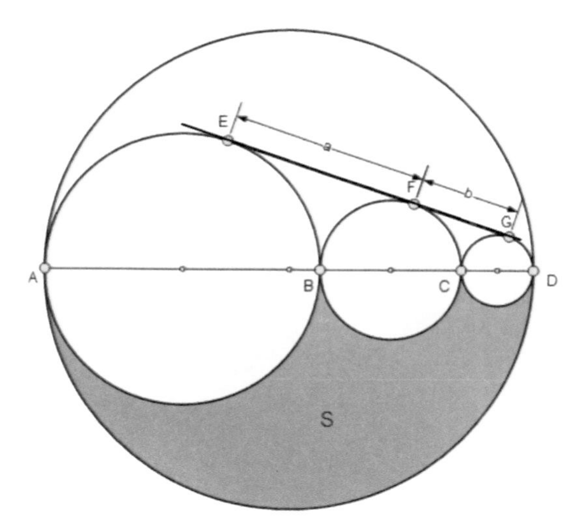

색칠한 부분 S의 넓이를 구하시오.

풀이

$\overline{AB} = 2r_1, \overline{BC} = 2r_2, \overline{CD} = 2r_3$라고 하자.

$\Rightarrow a^2 = 4r_1r_2,\ b^2 = 4r_2r_3 \Rightarrow ab = 4r_2\sqrt{r_1r_3} \cdots\cdots (1)$

$(a+b)^2 = (r_1 + 2r_2 + r_3)^2 - (r_1 - r_3)^2 = a^2 + b^2 + 4(r_2^2 + r_1r_3)$

$\Rightarrow ab = 2(r_2^2 + r_1r_3) \cdots\cdots (2) \xrightarrow{(1)} 0 = (r_2 - \sqrt{r_1r_3})^2 \Rightarrow r_2^2 = r_1r_3 \cdots\cdots (3)$

$\xrightarrow{(2)} ab = 4r_1r_3$. 한편, $2S + \pi(r_1^2 + r_2^2 + r_3^2) = \pi(r_1 + r_2 + r_3)^2$

$\Rightarrow \therefore S = \pi(r_1r_2 + r_2r_3 + r_3r_1) = \dfrac{\pi}{4}(a^2 + b^2 + ab)$

[문제 165]

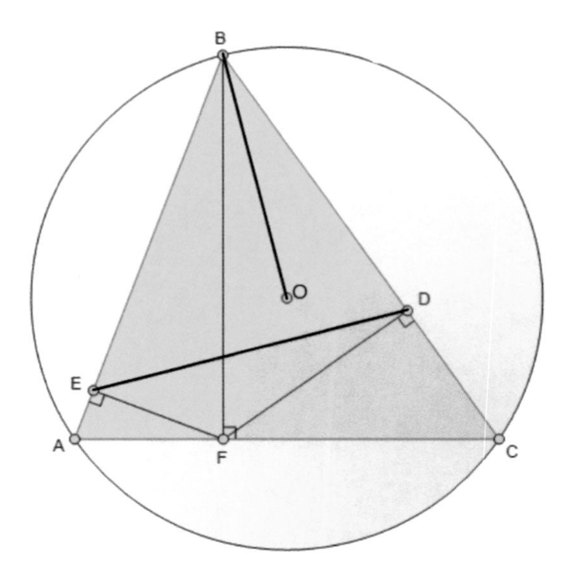

$\triangle ABC$의 넓이 S일 때, $S=\overline{BO}\times\overline{ED}$이 성립함을 증명하시오.

증명

a, b, c을 $\triangle ABC$의 세변의 길이, $\overline{ED}=d, \overline{BO}=r$라고 하자.

점B, D, F, E는 한 원 위의 점들이다. $\angle BED=\angle BFD=\angle BCF$,

$\angle BDE=\angle BFE=\angle BAF \Rightarrow \triangle BED \sim \triangle ABC,\ \dfrac{\overline{DE}}{\overline{AC}}=\dfrac{\overline{BD}}{\overline{AB}}$

$\Rightarrow \dfrac{d}{b}=\dfrac{c\sin A\cos(90^\circ - C)}{c}=\sin A\sin C,\ d=b\sin A\sin C=b\left(\dfrac{a}{2r}\right)\left(\dfrac{c}{2r}\right)$

$\therefore S=\dfrac{abc}{4r}=rd$, $\left(\because S=\dfrac{1}{2}bc\sin A=\dfrac{abc}{4r}\right)$

[문제 166]

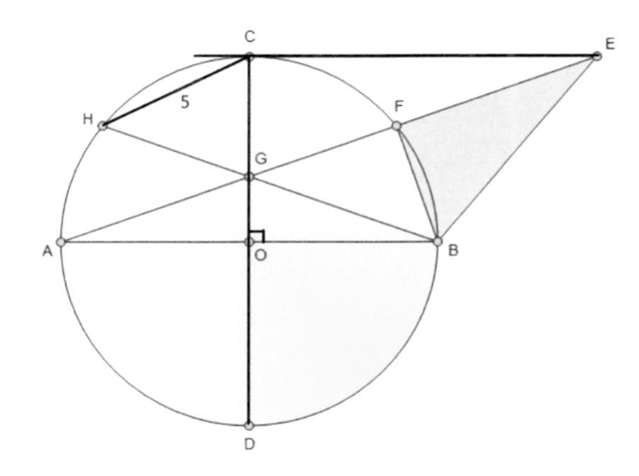

지름 $\overline{AB}, \overline{CD}$이고, $\overline{CH}=5$일 때, $\triangle BEF$의 넓이를 구하시오.

풀이

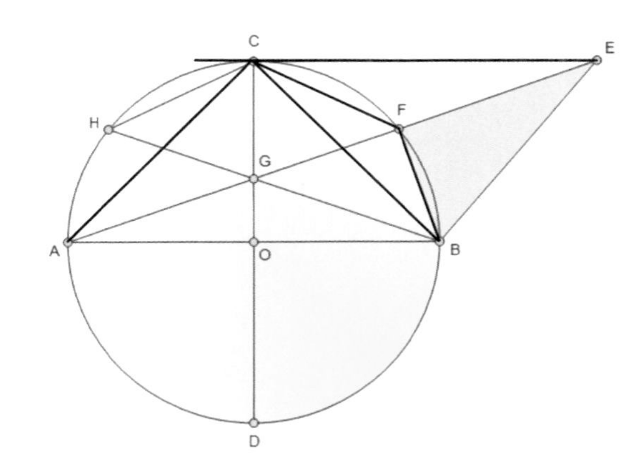

$\angle ECF = \angle CAF = \angle CBF, \overline{AB} // \overline{CE}$

$\Rightarrow \angle CEF = \angle FAB = \angle FCB$

$\Rightarrow \triangle BCF \sim \triangle CEF\ ,\ \dfrac{\overline{CF}}{\overline{FB}} = \dfrac{\overline{EF}}{\overline{CF}}$

$\Rightarrow 25 = \overline{CF}^2 = \overline{FB} \times \overline{EF}$

$\therefore \triangle BEF = \dfrac{\overline{FB} \times \overline{EF}}{2} = \dfrac{25}{2}$

[문제 167]

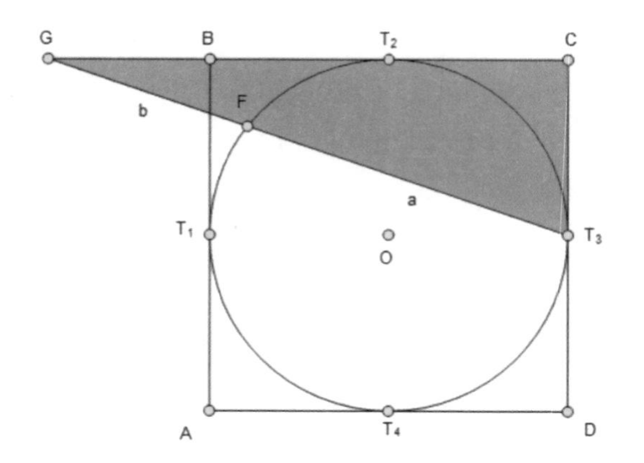

정사각형 $ABCD$, $\overline{GF}=b$, $\overline{FT_3}=a$일 때, $\triangle CGT_3$의 넓이를 구하시오.

풀이

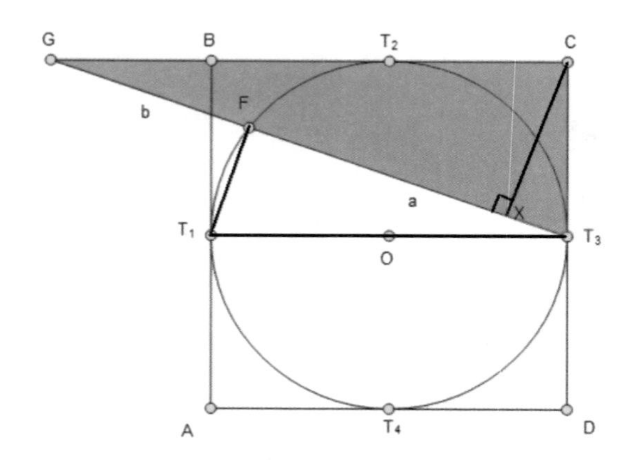

$\overline{CX}=h$라고 하자.

$\triangle CXT_3 \sim \triangle FT_1T_3$, $2\overline{CT_3}=\overline{T_1T_3}$

$\Rightarrow \dfrac{h}{a}=\dfrac{\overline{CT_3}}{\overline{T_1T_3}}=\dfrac{1}{2}, h=\dfrac{a}{2}$

$\therefore \triangle CGT_3=\dfrac{a(a+b)}{4}$

[문제 168]

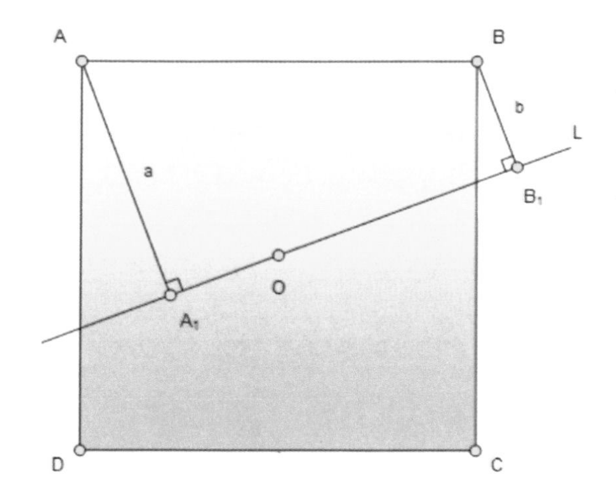

점 O는 정사각형의 중점, $\overline{AA_1}=a$, $\overline{BB_1}=b$일 때, 정사각형 $ABCD$의 넓이를 구하시오.

풀이

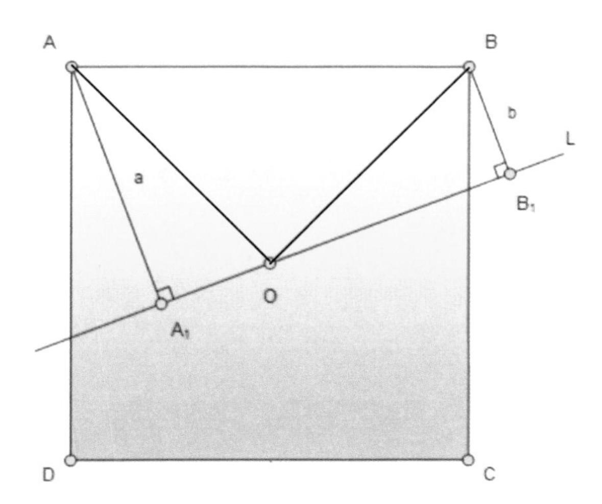

$\triangle AOA_1 \equiv \triangle BOB_1$

정사각형 넓이 S라고 하자.

$S=\overline{AB}^2=\overline{AO}^2+\overline{BO}^2$

$=a^2+\overline{OA_1}^2+b^2+\overline{OB_1}^2$

$=a^2+b^2+b^2+a^2=2(a^2+b^2)$

[문제 169]

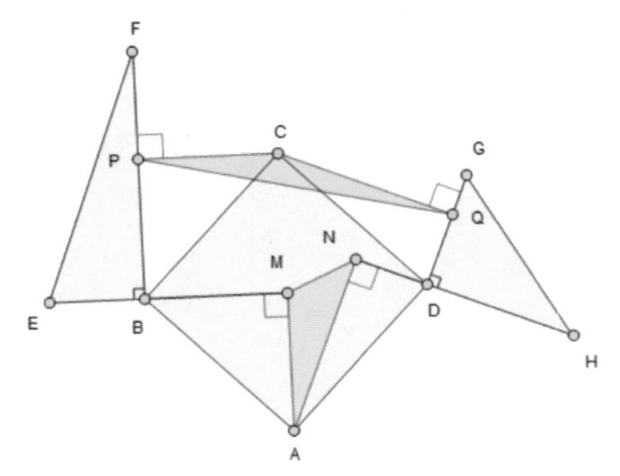

정사각형 $ABCD$ 에 대하여 $\triangle AMN$, $\triangle CPQ$ 의 넓이들이 같음을 증명하시오.

증명

$\overline{AM} \perp \overline{CP}$, $\overline{AN} \perp \overline{CQ} \Rightarrow \triangle ABM \equiv \triangle CBP$, $\triangle AND \equiv \triangle CDQ$

$\Rightarrow \overline{CP} = \overline{AM}$, $\overline{CQ} = \overline{AN}$, $\angle PCB = \angle BAM$, $\angle DCQ = \angle NAD$

한편, $\angle PCQ + \angle MAN = 180^\circ \Rightarrow \dfrac{\triangle PCQ}{\triangle MAN} = \dfrac{\overline{CP} \times \overline{CQ}}{\overline{AM} \times \overline{AN}} = 1$

$\therefore$ 두 삼각형 $\triangle AMN$, $\triangle CPQ$의 넓이는 같다.

[문제 170]

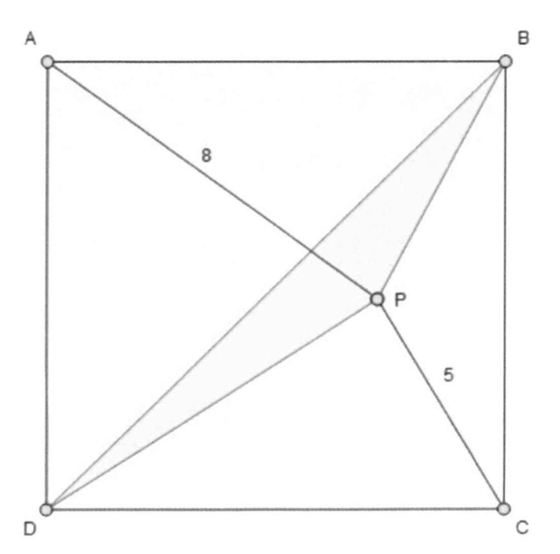

정사각형 $ABCD$, $\overline{AP}=8$, $\overline{PC}=5$일 때, $\triangle BPD$의 넓이를 구하시오.

풀이

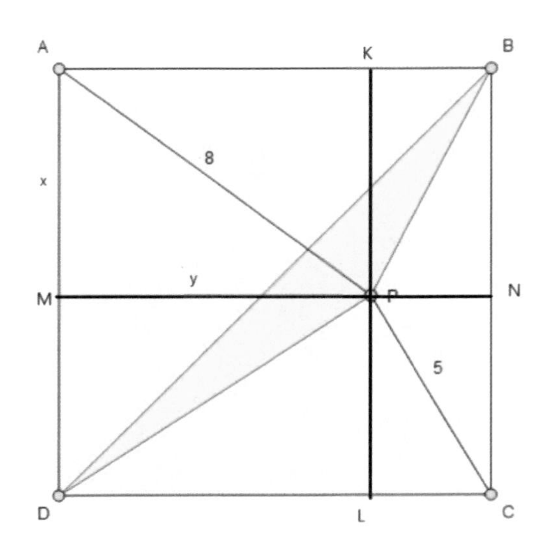

$\overline{AM}=x$, $\overline{MP}=y$, $\overline{AB}=a$라고 하자.

$\Rightarrow x^2+y^2=64$, $(a-x)^2+(a-y)^2=25$

$\Rightarrow 39=2(ax+ay-a^2)$

$\therefore \triangle DBP=\triangle BCD-\triangle CDP-\triangle BCP$

$=\dfrac{a^2}{2}-\dfrac{a(a-x)}{2}-\dfrac{a(a-y)}{2}$

$=\dfrac{ax+ay-a^2}{2}=\dfrac{39}{4}$

[문제 171]

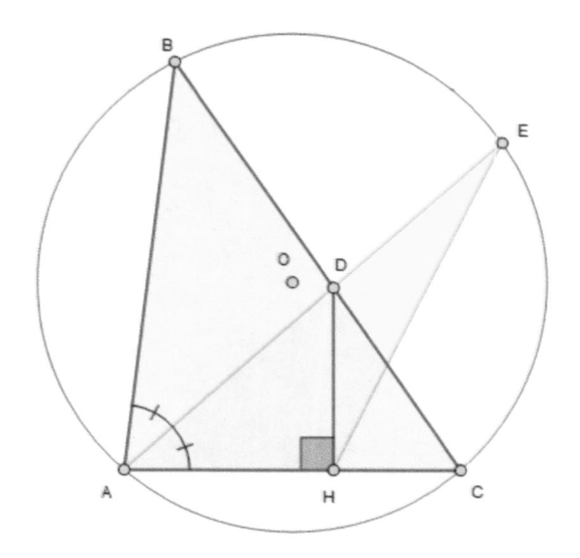

삼각형 넓이 $\triangle AEH = \frac{\triangle ABC}{2}$이 성립함을 증명하시오.

증명

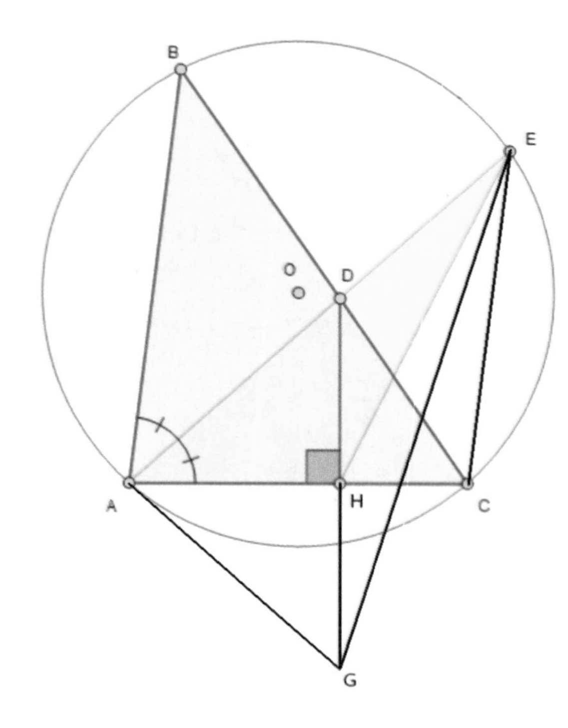

$\triangle ADH \equiv \triangle AHG$라고 하자.

$\angle A = \angle DAG$이다.

$\triangle ABD \sim \triangle AEC \cdots\cdots (1)$

넓이 $\triangle EDH = \triangle EGH$

$\Rightarrow \triangle AEH = \frac{\triangle AEG}{2}$

$= \frac{1}{4}\overline{AG} \times \overline{AE} \times \sin A$

$= \frac{1}{4}\overline{AD} \times \overline{AE} \times \sin A \overset{(1)}{\longleftrightarrow}$

$= \frac{1}{4}\overline{AB} \times \overline{AC} \times \sin A$

$= \frac{\triangle ABC}{2}$

[문제 172]

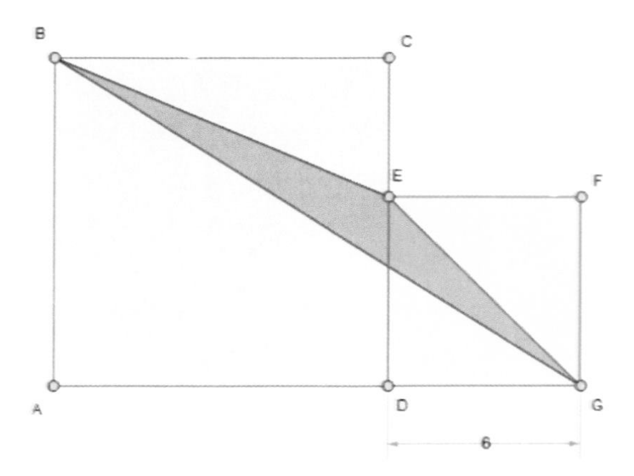

두 정사각형 $ABCD$, $DEFG$에 대하여 삼각형 $\triangle BEG$의 넓이를 구하시오.

$\overline{BD} \, // \, \overline{EG} \;\Rightarrow \therefore \triangle BEG$의 넓이 $= \triangle EDG$의 넓이 $= 18$

[문제 173]

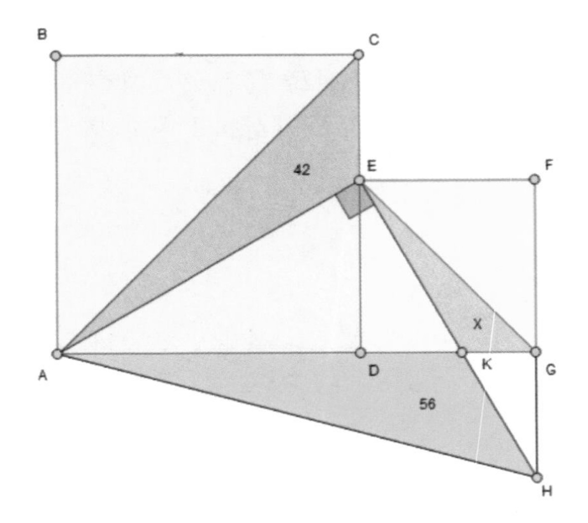

두 정사각형 $ABCD$, $DEFG$에 대하여 넓이 $\triangle ACE = 42$, $\triangle AKH = 56$일 때, 삼각형 $\triangle EGK$의 넓이를 구하시오.

풀이

$\angle EAD = \angle KED \Rightarrow \angle AEC = \angle EKG = \angle AKH$, $\triangle AEK \sim \triangle KHG$

$\Rightarrow A, E, G, H$: 한 원 위의 점들이다.

$\Rightarrow \triangle ACE \sim \triangle EGK \sim \triangle AKH \xrightarrow[\overline{AE}^2 + \overline{EK}^2 = \overline{AK}^2]{\text{직각삼각형}\triangle AEK} \therefore x = 56 - 42 = 14$

[문제 174]

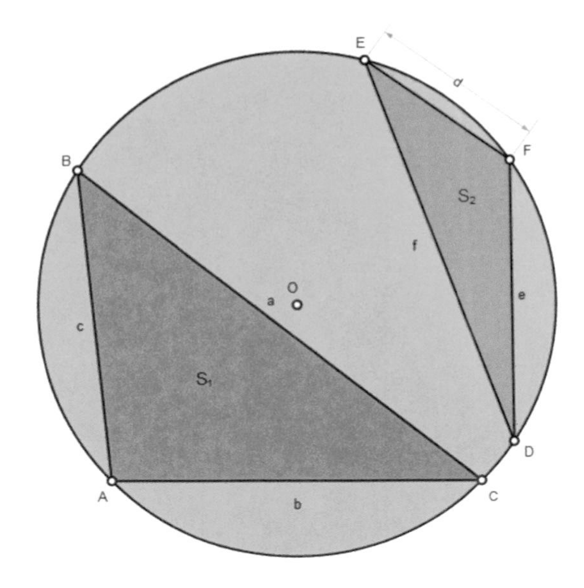

두 삼각형의 넓이 S_1, S_2라면,

$\frac{S_1}{S_2}=\frac{a \cdot b \cdot c}{f \cdot e \cdot d}$이 성립함을 증명하시오.

증명

원의 반지름 r이라 하자.

$$\frac{a}{\sin A}=2r \Rightarrow S_1=\frac{bc}{2}\sin A=\frac{abc}{4r},\quad \frac{f}{\sin F}=2r \Rightarrow S_2=\frac{de}{2}\sin F=\frac{def}{4r}$$

$$\Rightarrow \therefore \ \frac{S_1}{S_2}=\frac{a \cdot b \cdot c}{f \cdot e \cdot d}$$

[문제 175]

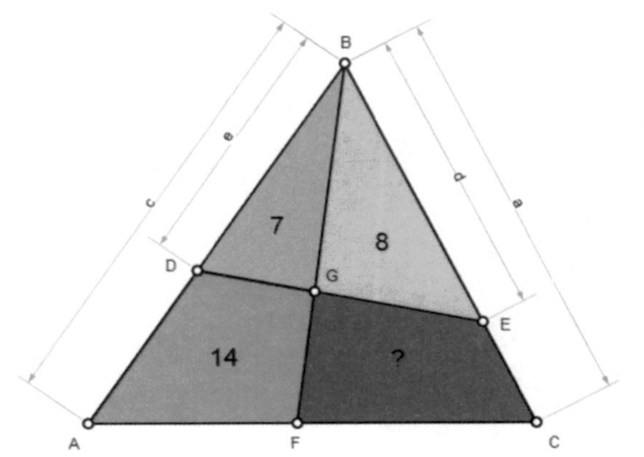

$4ae=3cd$일 때, 사각형 $CEGF$의 넓이를 구하시오.

증명

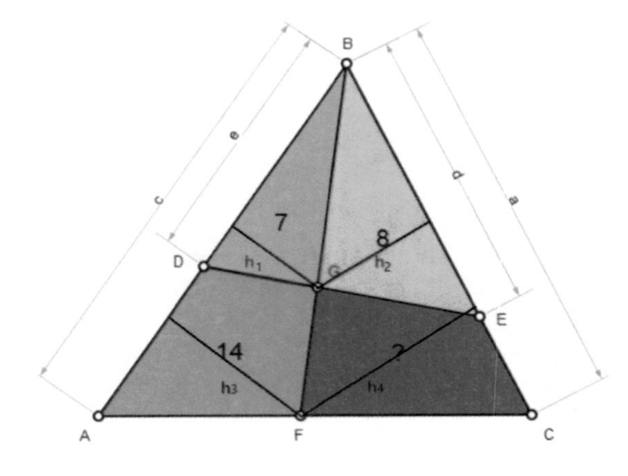

$CEGF$의 넓이: S, $eh_1=14$, $ch_3=42$, $dh_2=16, ah_4=16+2S$ 이다.

$$\Rightarrow \frac{h_1}{h_3}=\frac{\overline{BG}}{\overline{BF}}=\frac{h_2}{h_4},\quad \frac{\frac{14}{e}}{\frac{42}{c}}=\frac{\frac{16}{d}}{\frac{16+2S}{a}}$$

$$\Rightarrow \frac{c}{3e}=\frac{8a}{d(S+8)}\xrightarrow{\text{조건식}}\quad \therefore S=10$$

[문제 176]

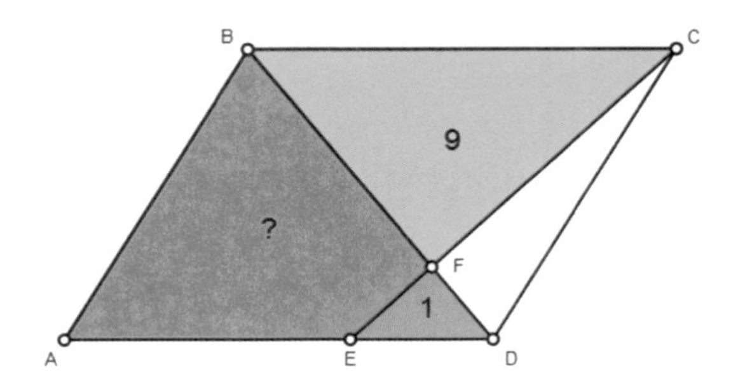

평행사변형 $ABCD$ 에 대하여
사각형 $ABFE$ 의 넓이를 구하시오.

풀이

$\triangle BCF \sim \triangle EDF \Rightarrow \overline{BF} : \overline{FD} = 3:1 \Rightarrow \triangle BEF$ 넓이 $= 3$

한편, $\overline{BC} : \overline{ED} = 3:1 \Rightarrow \overline{AE} : \overline{ED} = 2:1$,

$\triangle ABE$ 넓이 $= 2(3+1) = 8 \Rightarrow \therefore \square ABFE = 8+3 = 11$

[문제 177]

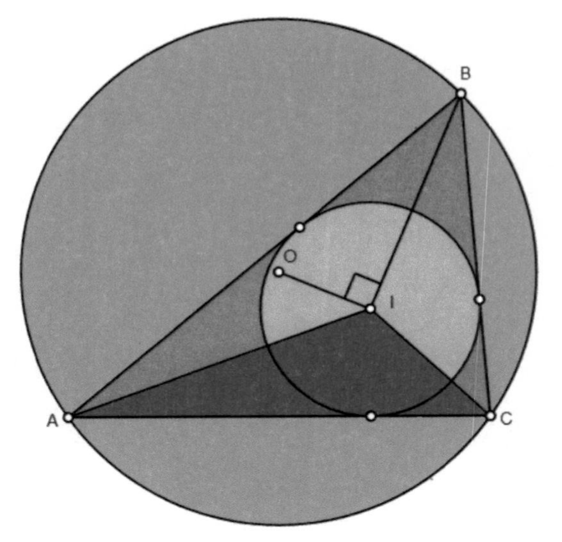

점 O, I는 삼각형 $\triangle ABC$의 외심, 내심일 때, $\triangle ABC$ 넓이는 $\triangle ACI$ 넓이의 3배임을 증명하시오.

증 명

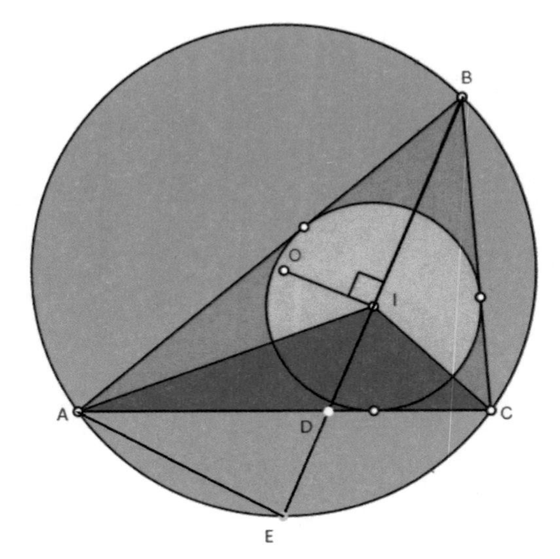

a,b,c : $\triangle ABC$의 세변의 길이, r :작은 원의 반지름, $s=\dfrac{a+b+c}{2}$, $S=\triangle ABC$의 넓이,

$\Rightarrow S=rs$, $\angle ABE=\angle EBC=\angle EAC$

$\Rightarrow \angle EIA=\angle BAI+\angle ABI$

$=\angle IAD+\angle EAC=\angle EAI=\dfrac{\angle A+\angle B}{2}$

$\xrightarrow{\overline{OI}\perp\overline{BE}} \overline{AE}=\overline{EI}=\overline{BI}$,

$\triangle ADE\sim\triangle ABE$, $\dfrac{\overline{AD}}{c}=\dfrac{\overline{AE}}{\overline{BE}}=\dfrac{1}{2}$

$\overline{AD}=\dfrac{c}{2}=\dfrac{bc}{a+c}\Rightarrow 2b=a+c\cdots\cdots(1)$

$\therefore \triangle ACI$의 넓이$=\dfrac{rb}{2}=\dfrac{b}{2}\left(\dfrac{S}{s}\right)=\dfrac{bS}{a+b+c}\overset{(1)}{\longleftrightarrow}=\dfrac{bS}{3b}=\dfrac{S}{3}$

[문제 178]

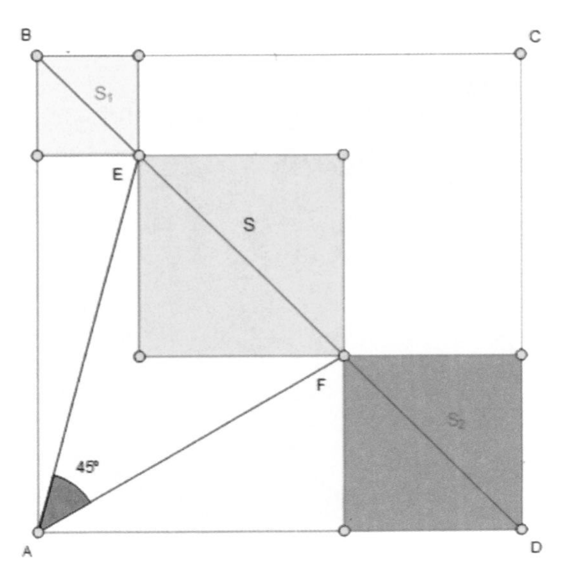

정사각형 $ABCD$, 세 개의 정사각형의 넓이를 S_1, S, S_2라고 할 때, $S = S_1 + S_2$이 성립함을 증명하시오.

증명

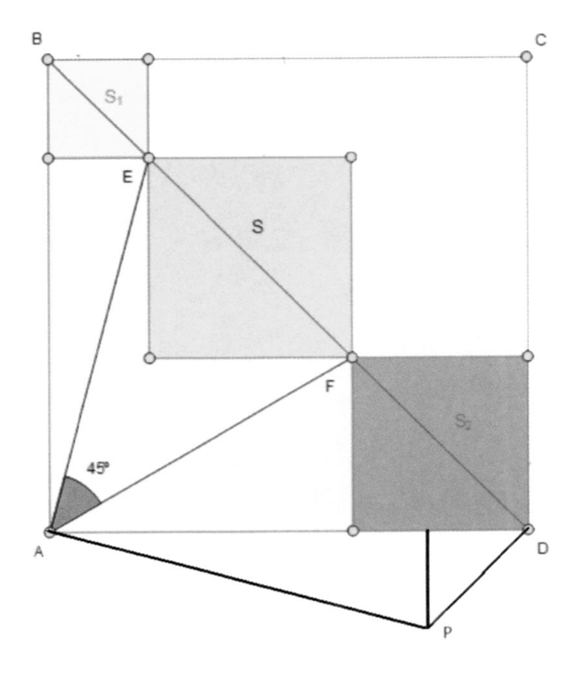

$\angle FAD = u,\ \angle BAE = v = \angle PAD,$

$\triangle ABE \equiv \triangle ADP$ 하자.

$\overline{AE} = \overline{AP}, \overline{BE} = \overline{DP}$

$u + v = 45^\circ,\ \overline{FD} \perp \overline{DP}$

$\Rightarrow \triangle AEF \equiv \triangle APF,\ \overline{EF} = \overline{FP}$

$\xrightarrow{\triangle FDP} \overline{FP}^2 = \overline{FD}^2 + \overline{DP}^2$

$\Rightarrow \therefore S = S_1 + S_2$

[문제 179]

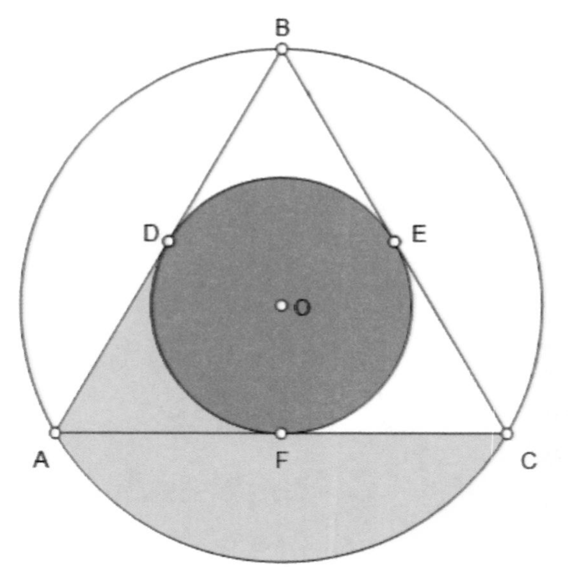

정삼각형 $\triangle ABC$ 에 대하여
노란색 부분의 넓이와 작은 원의 넓이가
같음을 증명하시오.

증명

노란색 부분의 넓이$= S$, 작은 원의 넓이$= T$ 라고 하자.

$\overline{OA} = r \Rightarrow \overline{OF} = \frac{r}{2}$, $3S = r^2\pi - \frac{r^2}{4}\pi = \frac{3r^2}{4}\pi = 3\left(\frac{r}{2}\right)^2\pi = 3T \Rightarrow \therefore S = T$

[문제 180]

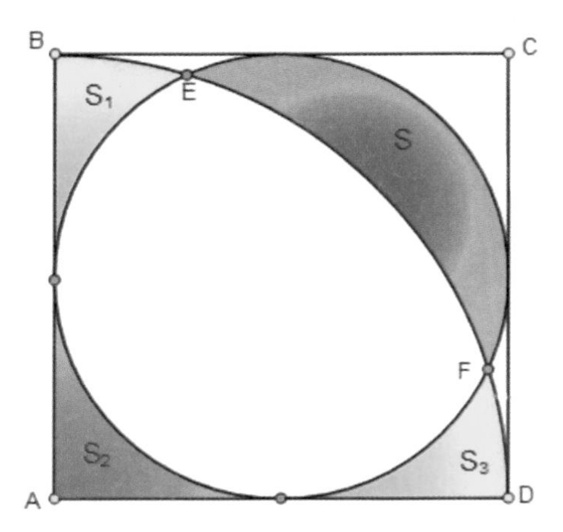

정사각형 $ABCD$ 에서 넓이 $S=S_1+S_2+S_3$ 이 성립함을 증명하시오.

증명

원 내부의 흰색부분의 넓이 S_4 , 정사각형의 한변의 길이 $2x$ 라고 하자.

$$S_1+S_2+S_3+S_4=\frac{1}{4}(4x^2\pi)=\pi x^2,\ \ S+S_4=\pi x^2$$

$$\therefore S=S_1+S_2+S_3$$

[문제 181]

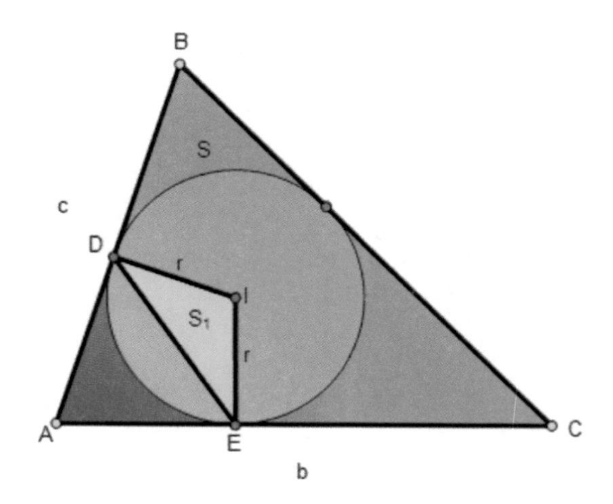

$S=\triangle ABC$의 넓이, $S_1=\triangle IDE$의 넓이,

$S_1=\dfrac{r^2}{bc}S$ 이 성립함을 증명하시오.

증명

$S=\dfrac{1}{2}bc\sin A$, $S_1=\dfrac{1}{2}r^2\sin(\angle DIE)=\dfrac{r^2}{2}\sin(180^\circ-\angle A)=\dfrac{r^2}{2}\sin A$,

($\because A, D, I, E$: 한 원위의 점들이다.)

$\Rightarrow \therefore S_1=\dfrac{r^2}{bc}S$

[문제 182]

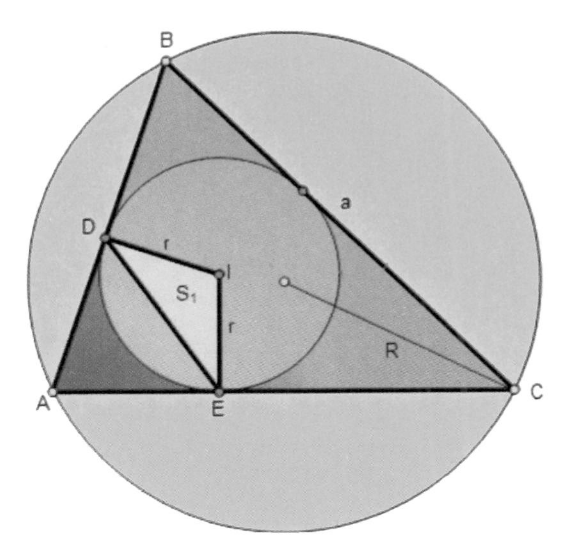

S_1는 삼각형 $\triangle DIE$의 넓이일 때,

$S_1 = \dfrac{ar^2}{4R}$이 성립함을 증명하시오.

증명

a, b, c는 $\triangle ABC$의 세 변의 길이라 하자.

$\triangle ABC$의 넓이 $= S = \dfrac{abc}{4R}$, $\left(\because S = \dfrac{1}{2}ab\sin C,\ \dfrac{c}{\sin C} = 2R\right)$

[문제 181]에 의하여 $S_1 = \dfrac{r^2}{bc}S = \dfrac{ar^2}{4R}$이다.

[문제 183]

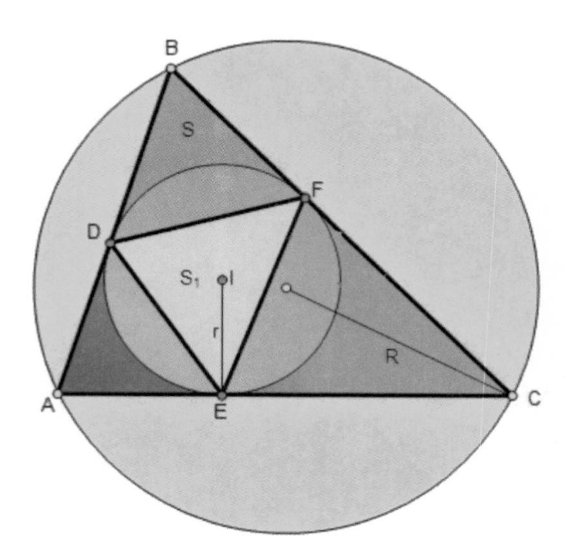

$S = \triangle ABC$의 넓이, $S_1 = \triangle DEF$의 넓이,

$S_1 = \dfrac{r}{2R}S$이 성립함을 증명하시오.

증명

[문제 182]에 의해서 $S_1 = \dfrac{r^2(a+b+c)}{4R} = \dfrac{r}{2R}\left(\dfrac{r(a+b+c)}{2}\right) = \dfrac{r}{2R}S$ 이다.

[문제 184]

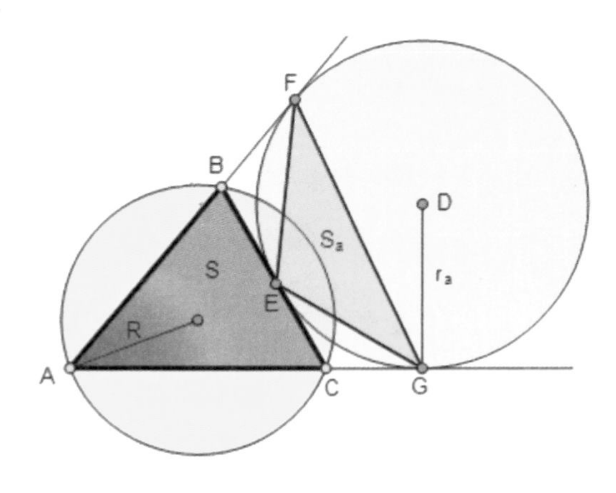

S는 $\triangle ABC$의 넓이, S_a는 $\triangle EGF$의 넓이라고 하면, $S_a = \frac{r_a}{2R} S$이 성립함을 증명하시오.

증 명

a, b, c을 $\triangle ABC$의 세 변의 길이, $s = \frac{a+b+c}{2}$이라 하자.

$\angle FDE = \angle B$, $\angle EDG = \angle C$, $\angle FDG = 180° - \angle A$

$$\therefore \ S_a = \triangle FDE + \triangle EDG - \triangle FDG = \frac{r_a^2}{2}\sin B + \frac{r_a^2}{2}\sin C - \frac{r_a^2}{2}\sin(180° - A)$$

$$= \frac{r_a^2}{2}(\sin B + \sin C - \sin A) = \frac{r_a^2}{2}\left(\frac{b}{2R} + \frac{c}{2R} - \frac{a}{2R}\right) = \frac{r_a^2}{2R}\left(\frac{b+c-a}{2}\right) = \frac{r_a^2}{2R}(s-a)$$

$$\xleftrightarrow{[\text{문제}127]} = \frac{r_a}{2R} S$$

[문제 185]

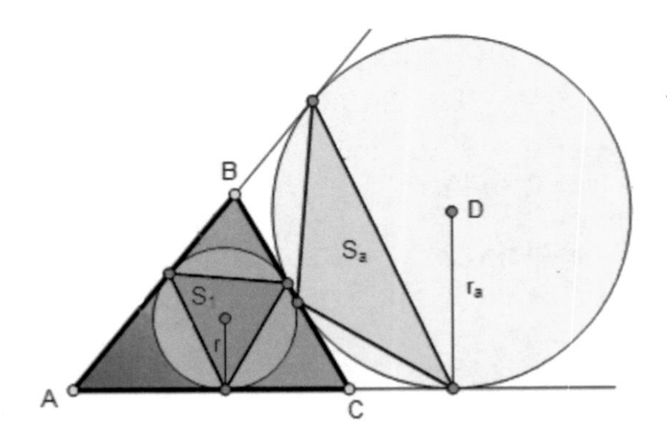

두 삼각형 넓이 S_1, S_a에 대하여

$S_a = \dfrac{r_a}{r} S_1$이 성립함을 증명하시오.

증명

[문제 183]에서 $S = \triangle ABC$의 넓이라고 하자. $S_1 = \dfrac{r}{2R} S \cdots\cdots (1)$

[문제 184]에서 $\therefore\ S_a = \dfrac{r_a}{2R} S \overset{(1)}{\Longleftrightarrow} = \dfrac{r_a}{2R} \times \dfrac{2R}{r} S_1 = \dfrac{r_a}{r} S_1$

[문제 186]

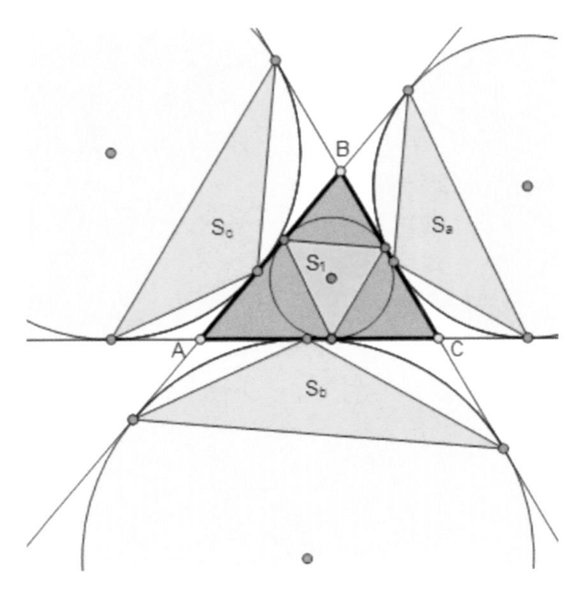

삼각형의 넓이 S_1, S_a, S_b, S_c에 대하여 $\frac{1}{S_1}=\frac{1}{S_a}+\frac{1}{S_b}+\frac{1}{S_c}$이 성립함을 증명하시오.

증명

$\triangle ABC$의 넓이 S, $\triangle ABC$의 세 변의 길이 a, b, c하고, $s=\frac{a+b+c}{2}$라고 하자.

r_a, r_b, r_c는 방접원의 반지름이라 하자.

[문제 127]에서 $S=sr=(s-a)r_a=(s-b)r_b=(s-c)r_c$ 이다.

$\Rightarrow \frac{1}{r_a}+\frac{1}{r_b}+\frac{1}{r_c}=\frac{3s-(a+b+c)}{sr}=\frac{1}{r}$, [문제 185]에서 다음 식이 성립한다.

$$S_1\left(\frac{1}{S_a}+\frac{1}{S_b}+\frac{1}{S_c}\right)=r\left(\frac{1}{r_a}+\frac{1}{r_b}+\frac{1}{r_c}\right)=1 \Rightarrow \therefore \frac{1}{S_1}=\frac{1}{S_a}+\frac{1}{S_b}+\frac{1}{S_c}$$

[문제 187]

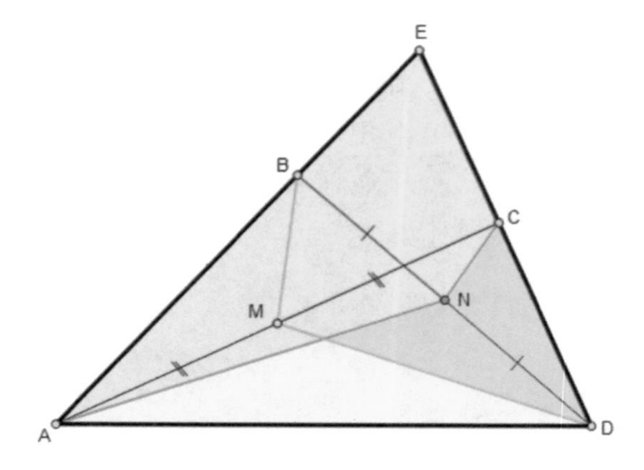

$\overline{AM} = \overline{CM}, \overline{BN} = \overline{DN}$ 일 때, 두 사각형 $AECN, EDMB$의 넓이가 같음을 증명하시오.

증명

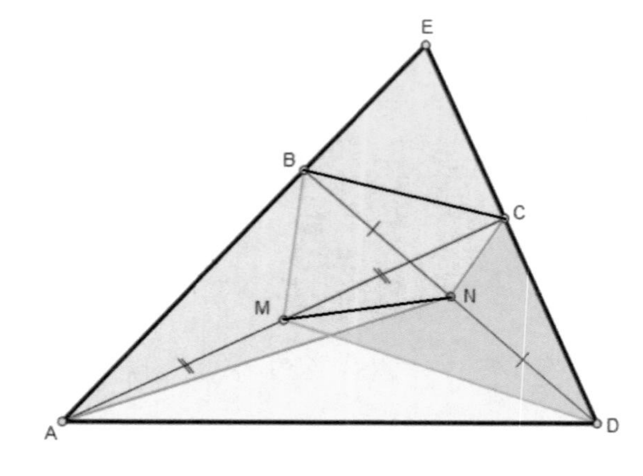

$\square ABCN = \triangle ABM + \triangle BMC + \triangle MNC$
$+ \triangle AMN$
$= 2(\triangle BMC + \triangle MNC) = 2(\square BCMN)$
$= \square BCMN + \triangle CND + \triangle NDM$
$= \square BCDM$
$\therefore \quad \square AECN = \square EDMB$

[문제 188]

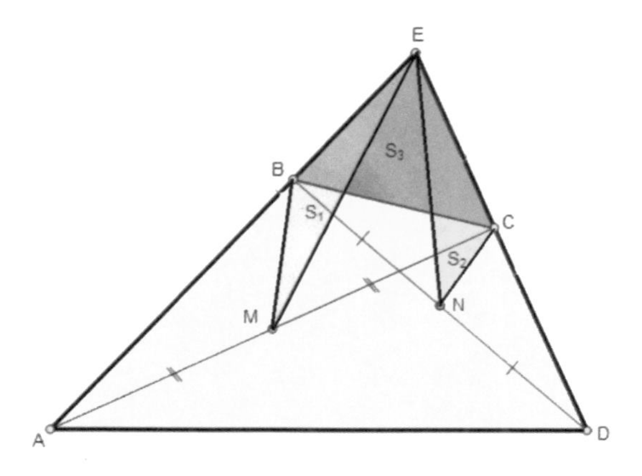

$\overline{AM} = \overline{CM}$, $\overline{BN} = \overline{DN}$일 때, 세 삼각형 넓이 $\triangle BEM = \triangle CEN = \dfrac{\triangle EBC}{2}$이 성립함을 증명하시오.

증명

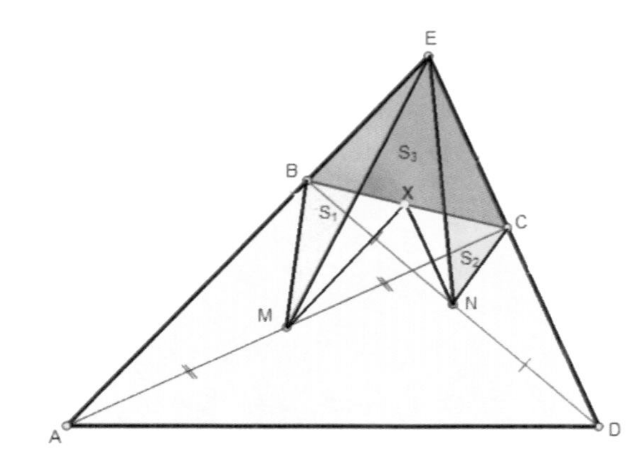

$\overline{BX} = \overline{CX}$라고 하자.

$\triangle ABC, \triangle BCD$에 의해서 $\overline{XM} // \overline{BA}$, $\overline{XN} // \overline{CD}$이다.

$\therefore S_1 = \triangle EBX = \dfrac{S_3}{2} = \triangle ECX = S_2$

[문제 189]

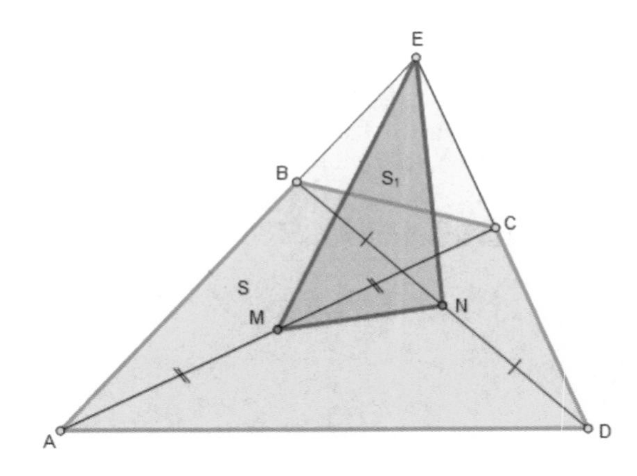

$\overline{AM}=\overline{CM}$, $\overline{BN}=\overline{DN}$일 때, 넓이 $4(\triangle EMN)=\square ABCD$이 성립함을 증명하시오.

증명

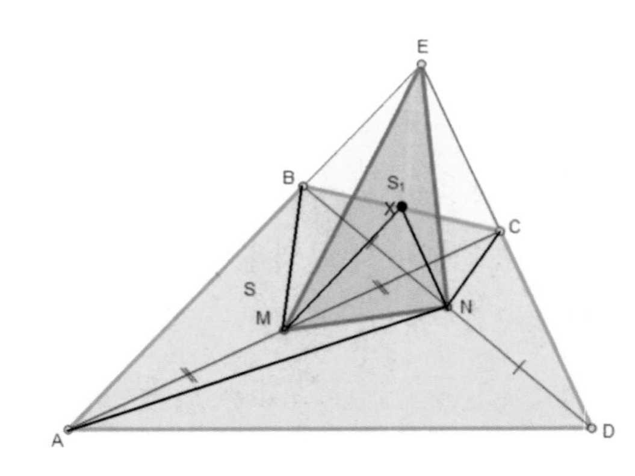

$\overline{BX}=\overline{CX}$하자.

$\triangle ABC$, $\triangle BCD$에 의해서 $\overline{XM}//\overline{BA}$, $\overline{XN}//\overline{CD}$이다.

[문제 188]에서 $\triangle EBC=\triangle EBM+\triangle ENC$

$\therefore S_1=\square BMNC=\dfrac{\square BANC}{2}=\dfrac{1}{2}\left(\dfrac{S}{2}\right)$

$=\dfrac{S}{4}$

[문제 190]

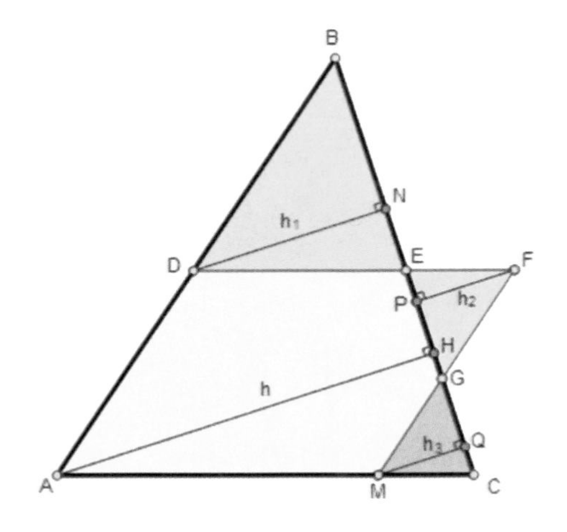

$\overline{DE} \mathbin{//} \overline{AC}$, $\overline{AB} \mathbin{//} \overline{FM}$일 때, 선분 $h = h_1 + h_2 + h_3$이 성립함을 증명하시오.

증명

$$\triangle ABC \sim \triangle BDE \sim \triangle GFE \sim \triangle GMC \Rightarrow \frac{h_1}{h} = \frac{\overline{BE}}{\overline{BC}},\ \frac{h_2}{h} = \frac{\overline{EG}}{\overline{BC}},\ \frac{h_3}{h} = \frac{\overline{GC}}{\overline{BC}}$$

$\xrightarrow{\text{더하면}}$

$$\frac{h_1 + h_2 + h_3}{h} = \frac{\overline{BE} + \overline{EG} + \overline{GC}}{\overline{BC}} = 1 \Rightarrow \therefore h = h_1 + h_2 + h_3$$

[문제 191]

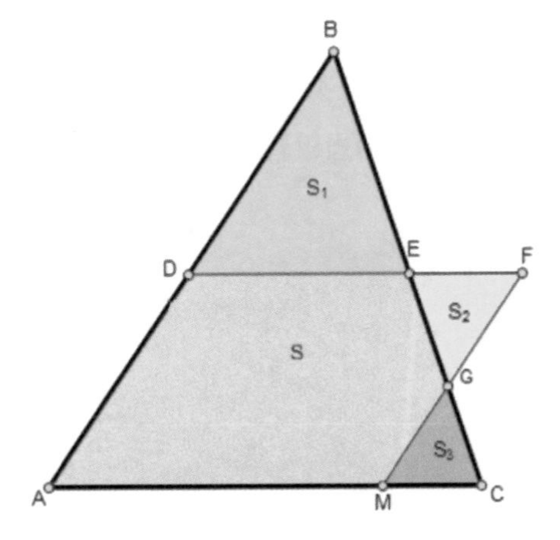

$\overline{DE} \,//\, \overline{AC}$, $\overline{AB} \,//\, \overline{FM}$이고, $\triangle ABC$의 넓이 S일 때, $\sqrt{S} = \sqrt{S_1} + \sqrt{S_2} + \sqrt{S_3}$이 성립함을 증명하시오.

증 명

[문제 190]에서 $h = h_1 + h_2 + h_3$이다. 모두 닮은 삼각형에서 다음 식이 성립한다.

$$\frac{\overline{BC}}{h} = \frac{\overline{BE}}{h_1} = \frac{\overline{EG}}{h_2} = \frac{\overline{GC}}{h_3} = k$$

$$\Rightarrow S = \frac{h}{2}\overline{BC} = \frac{kh^2}{2},\ S_1 = \frac{h_1}{2}\overline{BE} = \frac{kh_1^2}{2},\ S_2 = \frac{h_2}{2}\overline{EG} = \frac{kh_2^2}{2},\ S_3 = \frac{h_3}{2}\overline{GC} = \frac{kh_3^2}{2}$$

$$\therefore \sqrt{S} = h\sqrt{\frac{k}{2}} = (h_1 + h_2 + h_3)\sqrt{\frac{k}{2}} = \sqrt{S_1} + \sqrt{S_2} + \sqrt{S_3}$$

[문제 192]

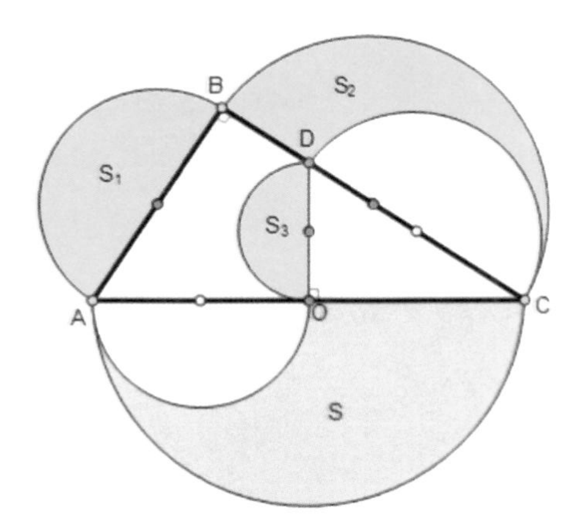

두 직각삼각형 $\triangle ABC$, $\triangle CDO$일 때,
넓이 $S = S_1 + S_2 + S_3$이 성립함을 증명하시오.

증 명

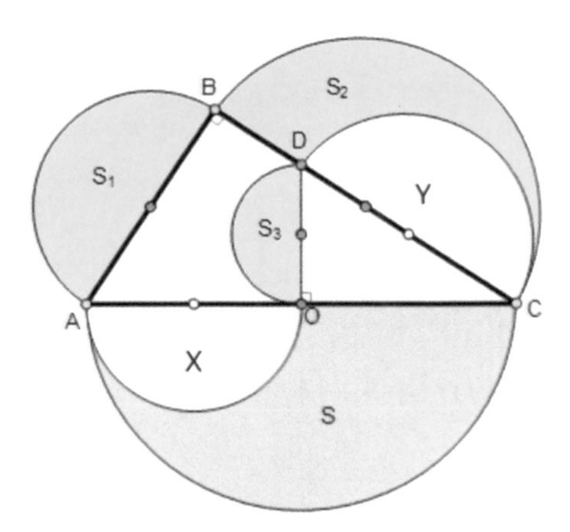

$\xrightarrow{\triangle ABC} S + X = S_1 + (S_2 + Y)$,

$\xrightarrow{\triangle CDO} Y = S_3 + X$

$\therefore S = S_1 + S_2 + S_3$

[문제 193]

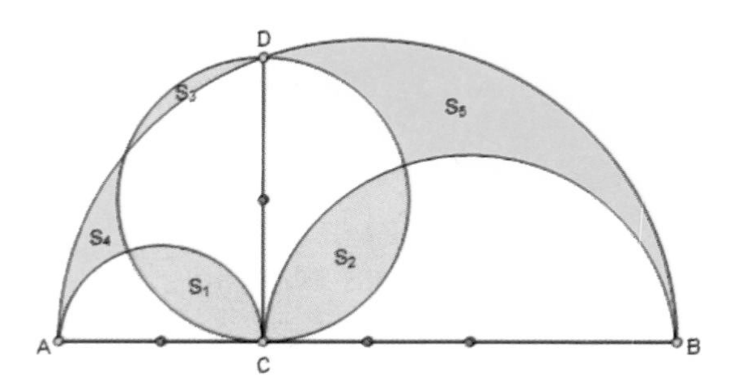

넓이 $S_1+S_2+S_3=S_4+S_5$이 성립함을 증명하시오.

증 명

$S(AB), S(AC), S(BC), S(CD)$: 지름 $\overline{AB}, \overline{AC}, \overline{BC}, \overline{CD}$에 반원의 넓이라고 하자.

$\Rightarrow S(AB)=2S(CD)-S_3+S_4+S_5+S(AC)-S_1+S(BC)-S_2$

$\Rightarrow S_1+S_2+S_3=S_4+S_5+S(AC)+S(BC)+2S(CD)-S(AB)$ ······ (1)

한편, $S(AC)+S(BC)+2S(CD)=\dfrac{\pi}{2}\left(\dfrac{\overline{AC}^2+\overline{BC}^2+2\overline{CD}^2}{4}\right)$

$=\dfrac{\pi}{2}\left(\dfrac{\overline{AC}^2+\overline{CD}^2+\overline{BC}^2+\overline{CD}^2}{4}\right)=\dfrac{\pi}{2}\left(\dfrac{\overline{AD}^2+\overline{BD}^2}{4}\right)=\dfrac{\pi}{2}\left(\dfrac{\overline{AB}}{2}\right)^2=S(AB)$

$\xrightarrow{(1)}\ \therefore\ S_1+S_2+S_3=S_4+S_5$

[문제 194]

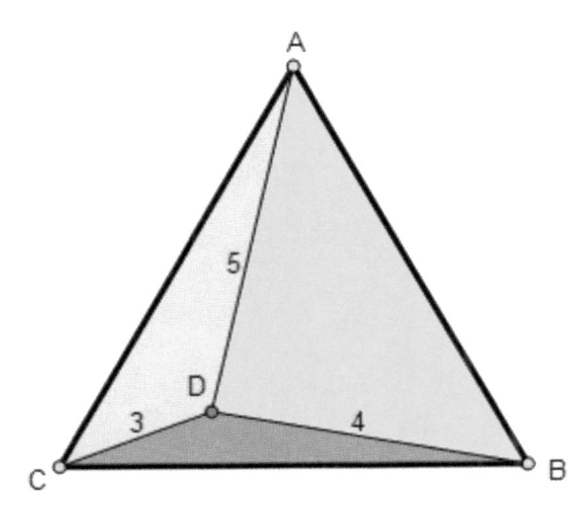

정삼각형 $\triangle ABC$의 넓이를 구하시오.

풀이

[문제 96]에서 $\overline{BC}^2 = 25+12\sqrt{3}$

$\therefore \triangle ABC = \dfrac{25+12\sqrt{3}}{2} \times \dfrac{\sqrt{3}}{2} = \dfrac{36+25\sqrt{3}}{4}$

[문제 195]

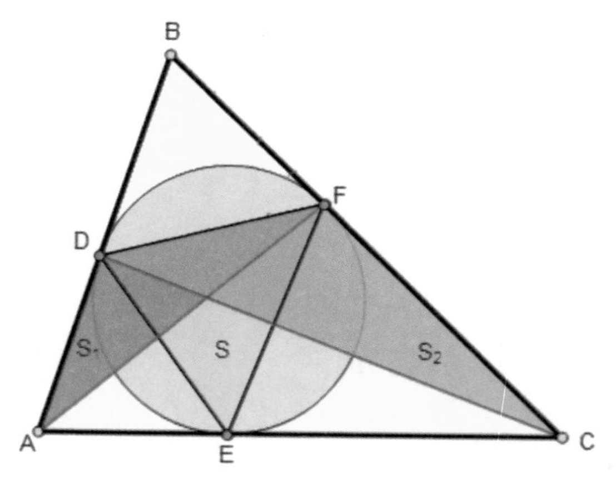

$\triangle DEF = S$, $\triangle ADF = S_1$, $\triangle CDF = S_2$ 라고 할 때, 다음 넓이들 $S = \dfrac{2S_1S_2}{S_1+S_2}$ 이 성립함을 증명하시오.

증명

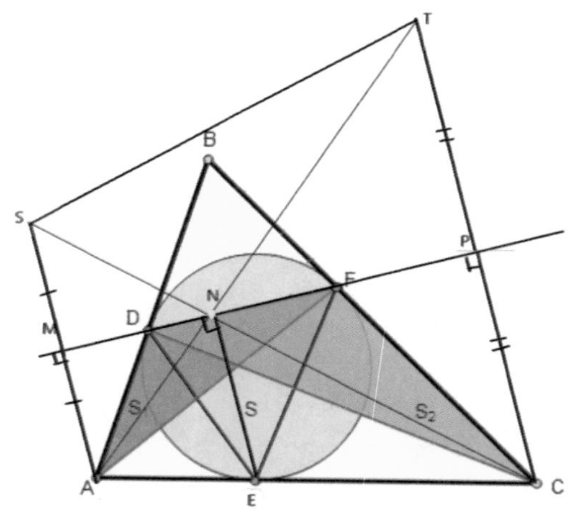

$$\angle MDA = \angle BDF = \angle BFD = \angle PFC$$

$$\Rightarrow \triangle ADM \sim \triangle CPF,\ \overline{AD} = \overline{AE}$$

$$\Rightarrow \frac{\overline{AM}}{\overline{CP}} = \frac{\overline{AD}}{\overline{CF}} = \frac{\overline{AE}}{\overline{CE}},$$

$$\Rightarrow \frac{\overline{EN}}{\overline{AS}} + \frac{\overline{EN}}{\overline{CT}} = 1,\quad \frac{\overline{EN}}{\overline{AM}} + \frac{\overline{EN}}{\overline{CP}} = 2$$

$$\therefore \overline{EN} = \frac{2\overline{AM} \times \overline{CP}}{\overline{AM} + \overline{CP}} \Rightarrow S = \frac{2S_1S_2}{S_1+S_2}$$

[문제 196]

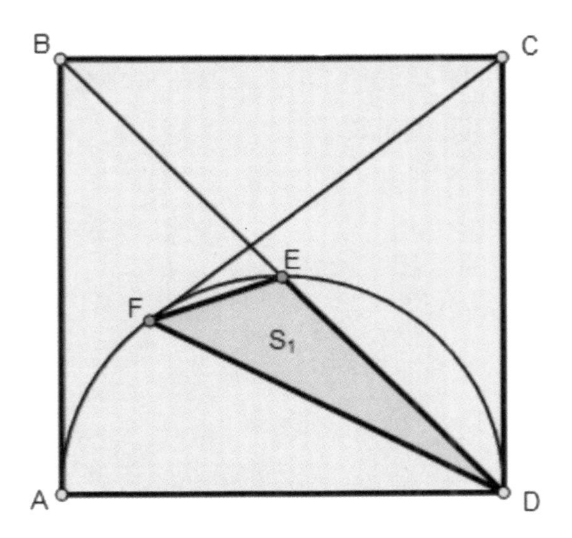

정사각형 $ABCD$의 넓이 S일 때, $\triangle DEF$의 넓이를 구하시오.

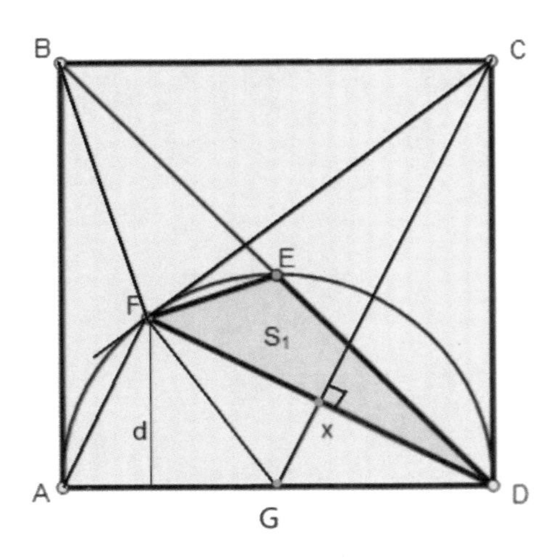

G: 반원의 중심이라 하자.

$\overline{AG} = \frac{\sqrt{S}}{2}$, $\overline{CG} = \frac{\sqrt{5S}}{2}$, $\overline{CF} = \sqrt{S}$

$\Rightarrow \triangle AFD \equiv \triangle FXC \equiv \triangle DXC \sim \triangle GDC$

$\overline{XD} = \sqrt{\frac{S}{5}} \Rightarrow \triangle AFD = \frac{S}{5}$, $d = \frac{2\sqrt{S}}{5}$

$\triangle FCD = \frac{2S}{5}$, $\triangle BFC = \frac{3S}{10}$

$\Rightarrow \triangle BFD = \triangle BFC + \triangle FCD - \triangle BCD$

$= \frac{3S}{10} + \frac{4S}{10} - \frac{5S}{10} = \frac{S}{5}$, $\therefore S_1 = \frac{\triangle BFD}{2} = \frac{S}{10}$

[문제 197]

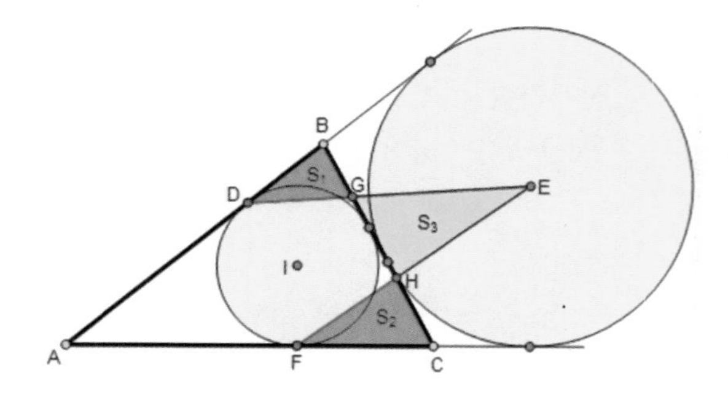

세 삼각형 넓이 $S_3 = S_1 + S_2$이 성립함을 증명하시오.

증 명

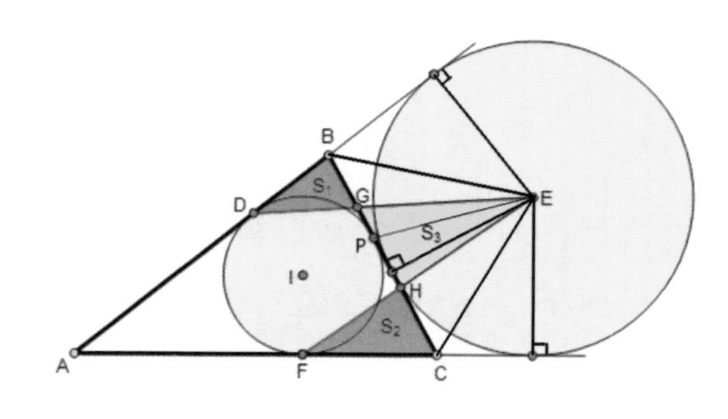

$\triangle BDE = \triangle BPE \Rightarrow S_1 = \triangle GPE,$

$\triangle FCE = \triangle CPE \Rightarrow S_2 = \triangle HPE,$

$\therefore S_1 + S_2 = S_3$

[문제 198]

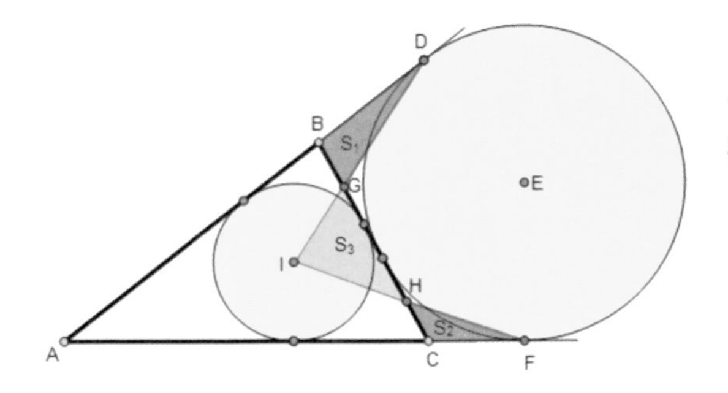

세 삼각형 넓이 $S_3 = S_1 + S_2$이 성립함을 증명하시오.

증명

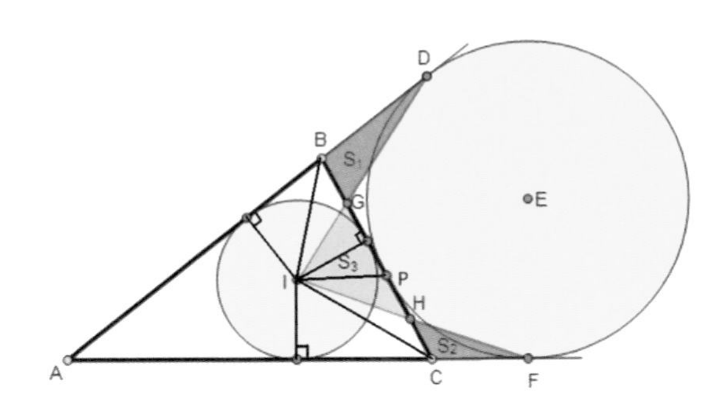

$\triangle BDI = \triangle BPI \Rightarrow S_1 = \triangle GPI$

$\triangle CFI = \triangle CPI \Rightarrow S_2 = \triangle HPI$

$\therefore S_1 + S_2 = S_3$

[문제 199]

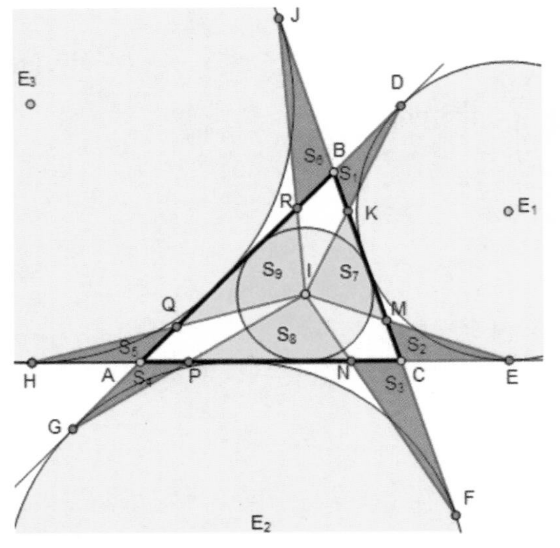

삼각형 넓이
$S_1+S_2+S_3+S_4+S_5+S_6=S_7+S_8+S_9$이
성립함을 증명하시오.

증명

[문제 198]에 의해서 $S_7=S_1+S_2,\ S_8=S_3+S_4,\ S_9=S_5+S_6 \xrightarrow{\text{더하면}}$

$\therefore\ S_1+S_2+S_3+S_4+S_5+S_6=S_7+S_8+S_9$

[문제 200]

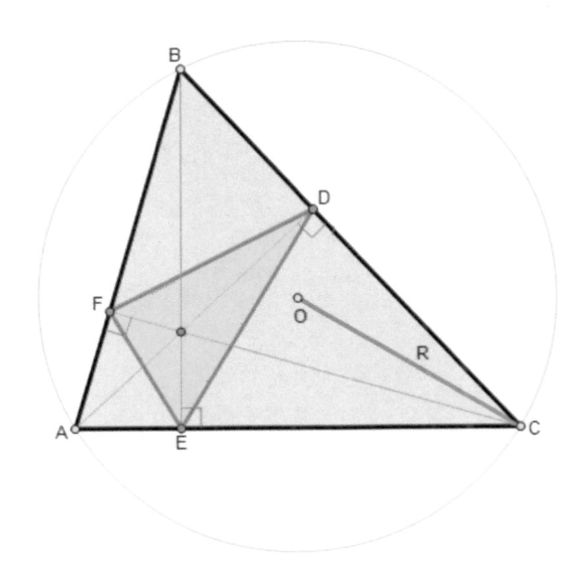

$\triangle DEF$의 세 변 d, e, f일 때, $\triangle ABC$의 넓이는 $R\left(\dfrac{d+e+f}{2}\right)$임을 증명하시오.

증명

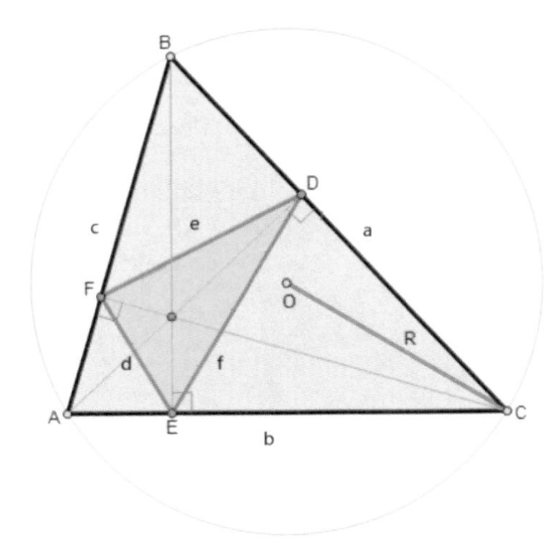

$\overline{AE} = c\cos A$, $\overline{AF} = b\cos A$

$d^2 = (b\cos A)^2 + (c\cos A)^2 - 2bc\cos^3 A$

$= \cos^2 A(b^2 + c^2 - 2bc\cos A) = a^2\cos^2 A$

$\Rightarrow d = a\cos A = 2R\sin A\cos A = R\sin 2A$

같은 방식으로 다음 식이 성립한다.

$e = R\sin 2B$, $f = R\sin 2C$

$\Rightarrow \dfrac{d+e+f}{2} = \dfrac{R(\sin 2A + \sin 2B + \sin 2C)}{2}$

한편, $\triangle OBC = \dfrac{R^2}{2}\sin 2A$,

$\triangle OAC = \dfrac{R^2}{2}\sin 2B$, $\triangle OAB = \dfrac{R^2}{2}\sin 2C$

$\therefore \triangle ABC = \dfrac{R^2}{2}(\sin 2A + \sin 2B + \sin 2C) = R\left(\dfrac{d+e+f}{2}\right)$

MEMO

05

공점선, 공원점, 공선점

[문제 201] ~ [문제 250]

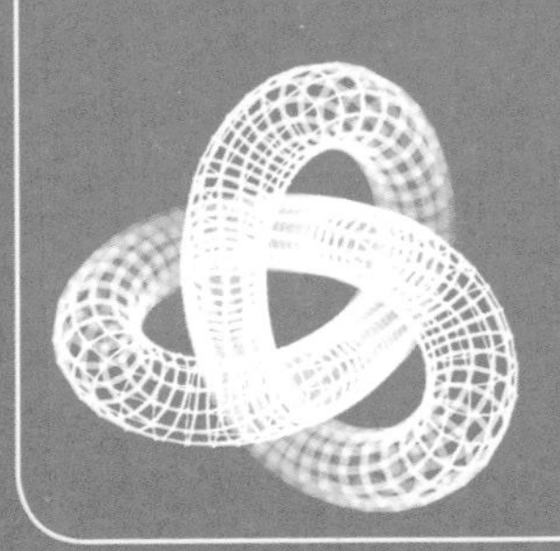

[문제 201]

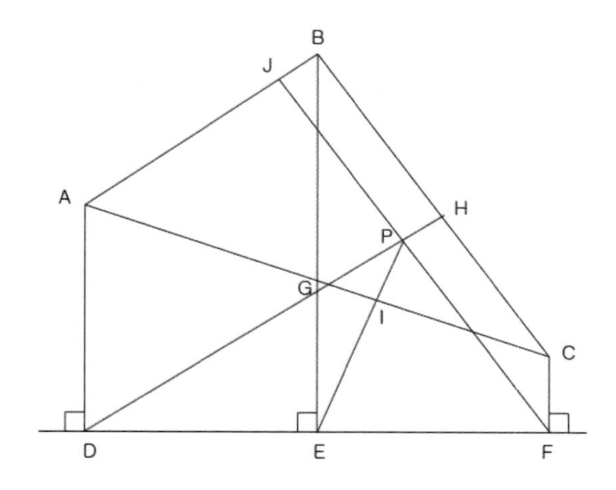

$\overline{AC}$, $\overline{BE}$의 교점 G,
$\overline{AB} \perp \overline{FJ}$, $\overline{BC} \perp \overline{DH}$, $\overline{AC} \perp \overline{EI}$ 일 때,
$\overline{DH}$, $\overline{FJ}$, $\overline{EI}$의 연장선은 한 점 P에서 만나게 됨을 증명하시오.

증명

$\overline{DH}, \overline{EI}$의 연장선이 만나는 점을 P라 하자.

$\angle DPI = \angle HCG,\ \angle HBE = \angle EDH \Rightarrow \triangle BGC \sim \triangle PDE$

$\Rightarrow \dfrac{\overline{PE}}{\overline{GC}} = \dfrac{\overline{DE}}{\overline{BG}} \Rightarrow \overline{PE} = \dfrac{\overline{GC} \times \overline{DE}}{\overline{BG}} \cdots\cdots (1)$

또한, $\overline{FJ}, \overline{EI}$의 연장선이 만나는 점을 Q라 하자.

$\angle ABE = \angle EFQ, \angle FQI = \angle JAG \Rightarrow \triangle ABG \sim \triangle QEF$

$\Rightarrow \dfrac{\overline{QE}}{\overline{AG}} = \dfrac{\overline{EF}}{\overline{GB}} \Rightarrow \overline{QE} = \dfrac{\overline{AG} \times \overline{EF}}{\overline{GB}} \cdots\cdots (2)$

한편, $\overline{AD} \,/\!/\, \overline{EG} \,/\!/\, \overline{CF} \Rightarrow \overline{AG} : \overline{DE} = \overline{GC} : \overline{EF}$

$\Rightarrow \overline{GC} \times \overline{DE} = \overline{AG} \times \overline{EF} \xrightarrow{(1),\,(2)} \overline{PE} = \overline{QE}$

$\therefore P = Q$

[문제 202]

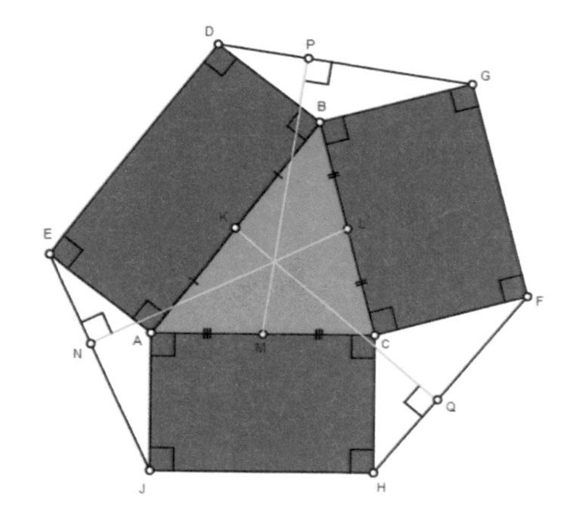

선분들 $\overline{PM}$, $\overline{NL}$, $\overline{KQ}$ 이 한 점에서 만남을 증명하시오.

증명

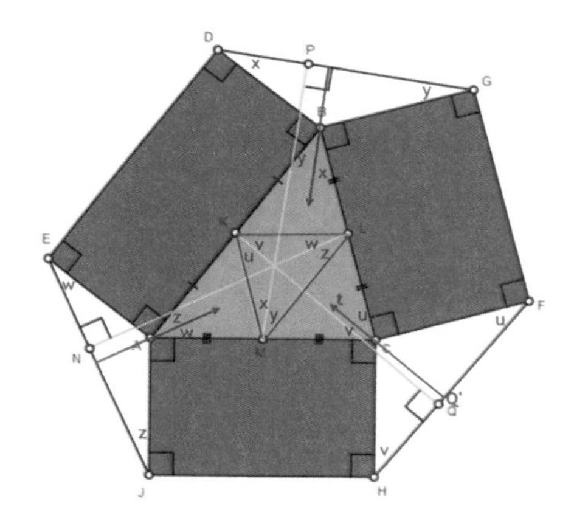

육각형 밑부분의 각 x, y, u, v, w, z 이라 하자.

$\triangle FCQ'$에 의해서 $\angle LCt = u$,

$\angle MCt = v$이다.

$\overline{KM} // \overline{BC} \Rightarrow \angle MKC = u$

$\overline{KL} // \overline{MC} \Rightarrow \angle LKC = v$

한편, $\dfrac{\overline{CH}}{\sin u} = \dfrac{\overline{CF}}{\sin v}$, $\dfrac{\overline{BG}}{\sin x} = \dfrac{\overline{DB}}{\sin y}$,

$\dfrac{\overline{AE}}{\sin z} = \dfrac{\overline{AZ}}{\sin w}$

$$\Rightarrow \frac{\sin v}{\sin u} \times \frac{\sin y}{\sin x} \times \frac{\sin w}{\sin z} = \frac{\overline{CF}}{\overline{CH}} \times \frac{\overline{CB}}{\overline{BG}} \times \frac{\overline{AZ}}{\overline{AE}} = 1$$

$\Rightarrow 1 = \dfrac{\sin v}{\sin u} \times \dfrac{\sin y}{\sin x} \times \dfrac{\sin w}{\sin z}$. 이는 $\triangle KML$에서 [문제 5]을 적용하면 다음이 성립한다.

$\therefore \overline{PM}$, $\overline{NL}$, $\overline{KQ}$는 한 점에서 만난다.

[문제 203]

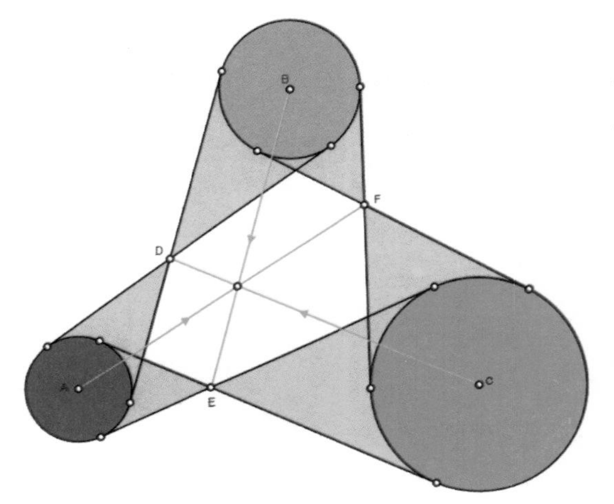

선분 $\overline{AF}$, $\overline{BE}$, $\overline{CD}$이 한 점에서 만남을 증명하시오.

증명

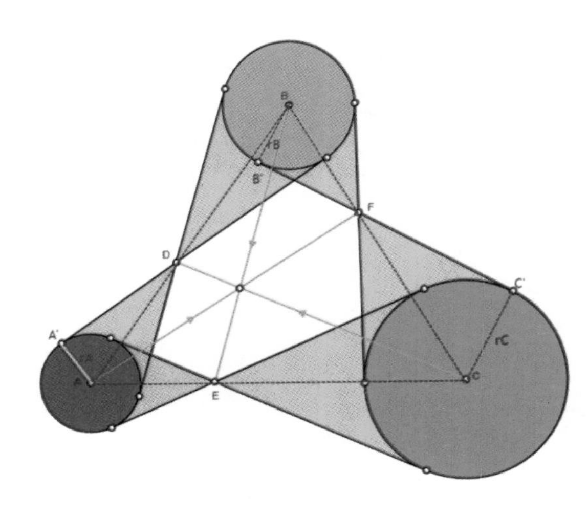

rA, rB, rC을 원 A, B, C의 반지름이라 하자.

$\triangle BB'F \sim \triangle CC'F$

$\Rightarrow \dfrac{\overline{BF}}{\overline{FC}} = \dfrac{\overline{BB'}}{\overline{CC'}} = \dfrac{rB}{rC}$

같은 방식으로

$\dfrac{\overline{CE}}{\overline{AE}} = \dfrac{rC}{rA}, \dfrac{\overline{AD}}{\overline{BD}} = \dfrac{rA}{rB} \xrightarrow{\text{곱하면}}$

$\dfrac{\overline{BF}}{\overline{FC}} \times \dfrac{\overline{CE}}{\overline{AE}} \times \dfrac{\overline{AD}}{\overline{BD}} = 1 \xrightarrow{[\text{문제}5]}$

$\therefore$ $\overline{AF}$, $\overline{BE}$, $\overline{CD}$는 한 점에서 만난다.

[문제 204]

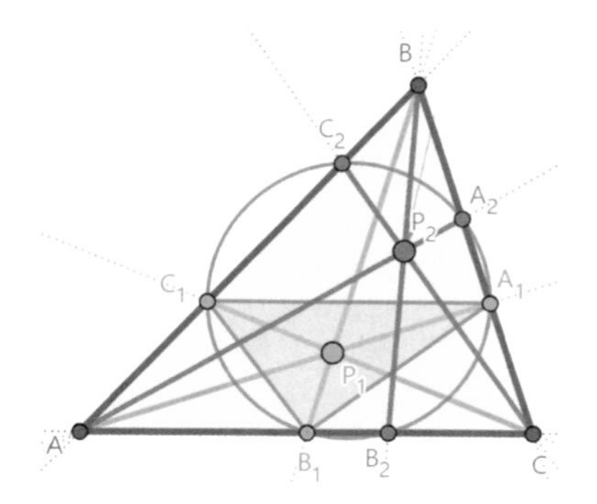

$\triangle ABC$의 점에서 세 변으로 연결한 직선의 교점 P_1, $\triangle A_1B_1C_1$의 외접원와 $\triangle ABC$의 교점 A_2, B_2, C_2에서 꼭지점으로 연결하면 점 P_2에서 만남을 증명하시오.

증명

$\triangle BA_2C_2 \sim \triangle BC_1A_1 \Rightarrow \dfrac{\overline{BC_1}}{\overline{BA_1}} = \dfrac{\overline{BA_2}}{\overline{BC_2}}$,

$\triangle AB_1C_1 \sim \triangle AC_2B_2 \Rightarrow \dfrac{\overline{AB_1}}{\overline{AC_1}} = \dfrac{\overline{AC_2}}{\overline{AB_2}}$,

$\triangle CA_1B_2 \sim \triangle CA_2B_1 \Rightarrow \dfrac{\overline{CA_1}}{\overline{CB_2}} = \dfrac{\overline{CB_1}}{\overline{CA_2}} \Rightarrow \dfrac{\overline{CA_1}}{\overline{CB_1}} = \dfrac{\overline{CB_2}}{\overline{CA_2}}$

[문제 5]에 의하여 $1 = \dfrac{\overline{BC_1}}{\overline{AC_1}} \times \dfrac{\overline{AB_1}}{\overline{CB_1}} \times \dfrac{\overline{CA_1}}{\overline{BA_1}} = \dfrac{\overline{BA_2}}{\overline{CA_2}} \times \dfrac{\overline{CB_2}}{\overline{AB_2}} \times \dfrac{\overline{AC_2}}{\overline{BC_2}}$

$\therefore$ 점 P_2에서 만난다.

[문제 205]

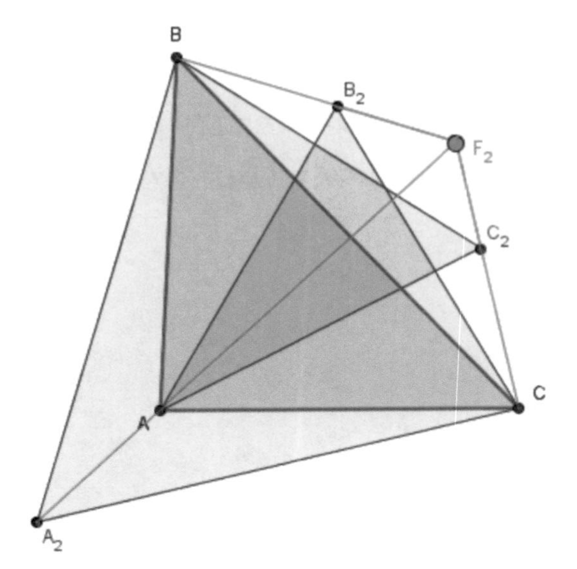

$\triangle BCA_2$, $\triangle ABC_2$, $\triangle ACB_2$이 모두 정삼각형일 때, $\overline{AA_2}$, $\overline{BB_2}$, $\overline{CC_2}$ 연장선이 한 점 F_2에서 만남을 증명하시오.

증명

두 선분 $\overline{AA_2}$, $\overline{CC_2}$이 점 F_2에서 만난다고 가정하자.

점 B을 고정하고 $\triangle BAA_2$을 시계 반대방향으로 60° 회전하면, $\triangle BCC_2$에 겹친다.

$\Rightarrow \triangle A_2F_2C = 60^\circ$, 점 B_2, F_2, A, C는 한 원 위의 점들이다.

$\Rightarrow \angle B_2F_2A = 60^\circ \cdots\cdots (1)$

한편, 점 C을 고정하고 $\triangle BCC_2$을 시계 반대방향으로 60° 회전하면,

$\triangle CAA_2$에 겹친다.

$\Rightarrow \overline{A_2F_2}$, $\overline{BB_2}$ 사이의 각은 60° 이다. $\xrightarrow{(1)}$ $\therefore B, B_2, F_2$는 일직선에 있다.

[문제 206]

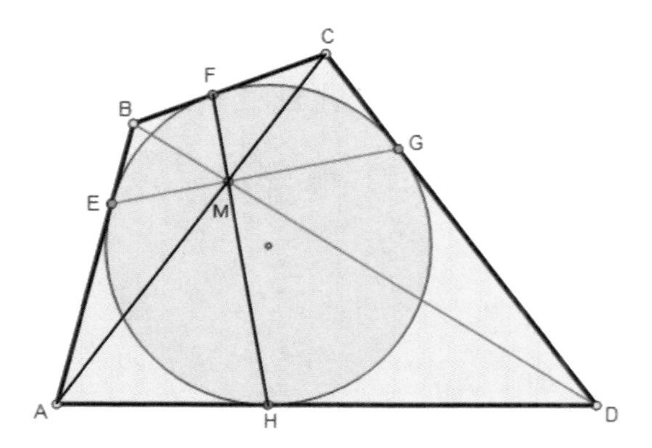

네 직선의 한 점 M에서 만남을 증명하시오.

증명

$\overline{EG}, \overline{BD}$가 M에서 만나고, $\overline{FH}, \overline{BD}$가 M'에서 만난다고 하자.

[문제 97]에서 $\dfrac{\overline{BF}}{\overline{HD}} = \dfrac{\overline{BE}}{\overline{GD}} = \dfrac{\overline{BM}}{\overline{DM}}$, $\dfrac{\overline{BF}}{\overline{HD}} = \dfrac{\overline{BM'}}{\overline{DM'}}$ $\Rightarrow \dfrac{\overline{BM}}{\overline{DM}} = \dfrac{\overline{BM'}}{\overline{DM'}}$

$\Rightarrow M = M'$

같은 방식으로 $\overline{EG}, \overline{AC}, \overline{FH}$도 한 점$M$에서 만난다.

[문제 207]

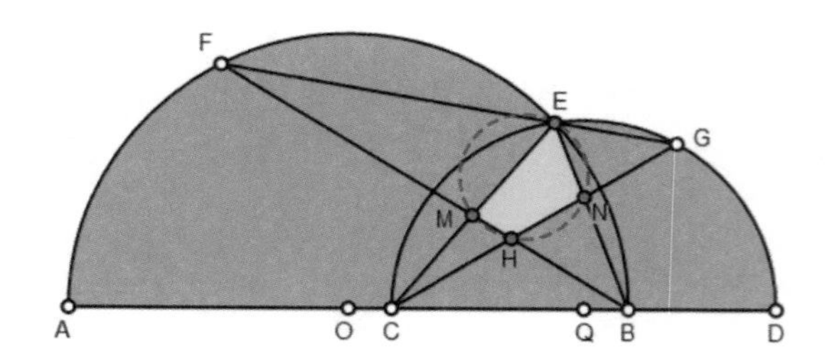

점 E, N, H, M 이 한 원주상에 있음을 증명하시오.

증명

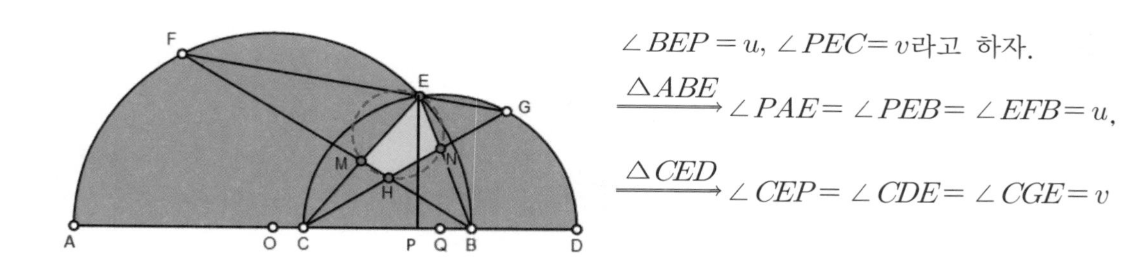

$\angle BEP = u$, $\angle PEC = v$라고 하자.

$\xrightarrow{\triangle ABE} \angle PAE = \angle PEB = \angle EFB = u$,

$\xrightarrow{\triangle CED} \angle CEP = \angle CDE = \angle CGE = v$

$\xrightarrow{\triangle FHG} \angle FHG = 180^\circ - (u+v)$, $\angle CEB = u+v$

$\therefore$ 점 E, N, H, M 이 한 원주상에 있다.

[문제 208]

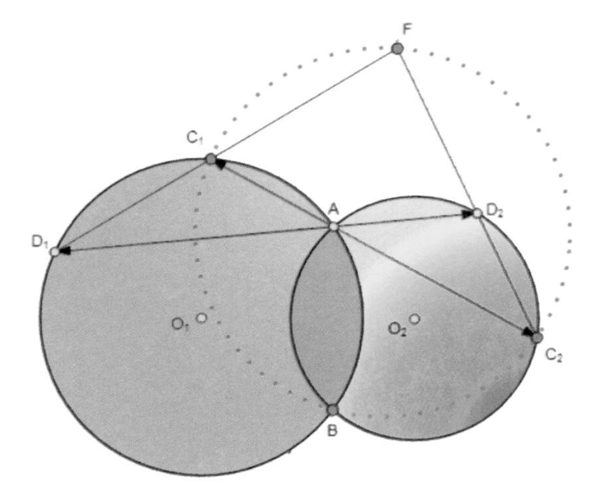

네 점 F, C_1, B, C_2 이 한 원 위에 있음을 증명하시오.

증명

$\angle D_1FD_2 = \pi - (\angle FD_1D_2 + \angle FD_2D_1)$

$= \pi - (\angle C_1BA + \angle D_2C_2A + \angle D_2AC_2)$

$= \pi - (\angle C_1BA + \angle D_2BC_2 + \angle ABD_2)$

$= \pi - (\angle C_1BA + \angle ABC_2) = \pi - (\angle C_1BC_2) \Rightarrow \therefore$ 네 점 F, C_1, B, C_2 이 한 원 위에 있다.

[문제 209]

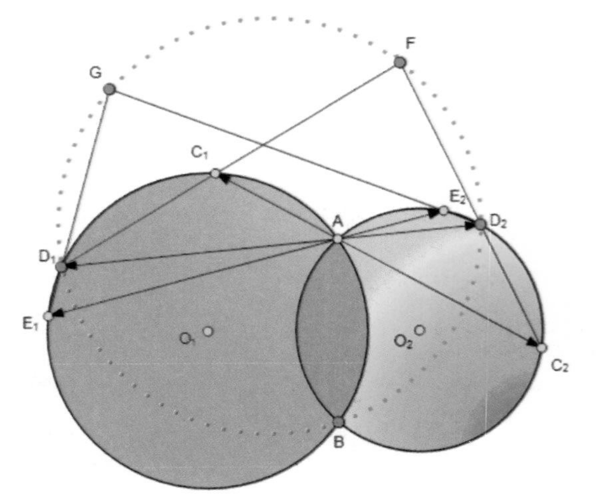

점 B, D_1, G, F, D_2 이 한 원 위에 있음을 증명하시오.

증명

[문제 208]에서 $\overline{D_1C_1}$, $\overline{D_2C_2}$ 연장선의 만나는 F에서 점 F, D_2, B, D_1은 한 원 위에 있다.

또한, $\overline{E_1D_1}$, $\overline{D_2E_2}$ 연장선의 만나는 G에서 점 G, D_1, B, D_2은 한 원 위에 있다.

$\therefore$ 점 B, D_1, G, F, D_2이 한 원 위에 있다.

[문제 210]

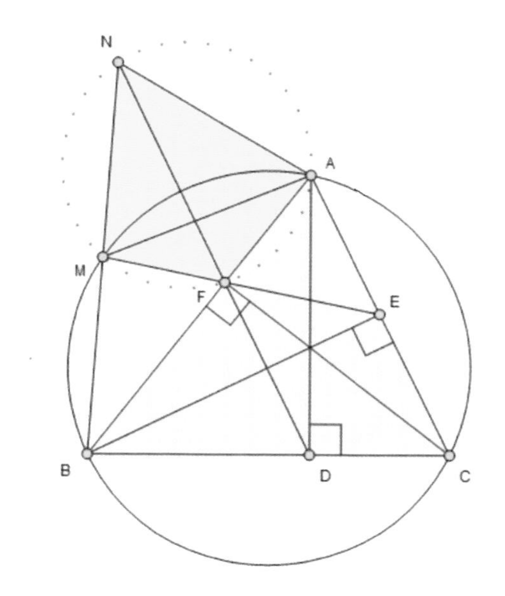

$\overline{AN}=\overline{AM}$와 점 N, M, F, A이 원 위에 있음을 증명하시오.

증명

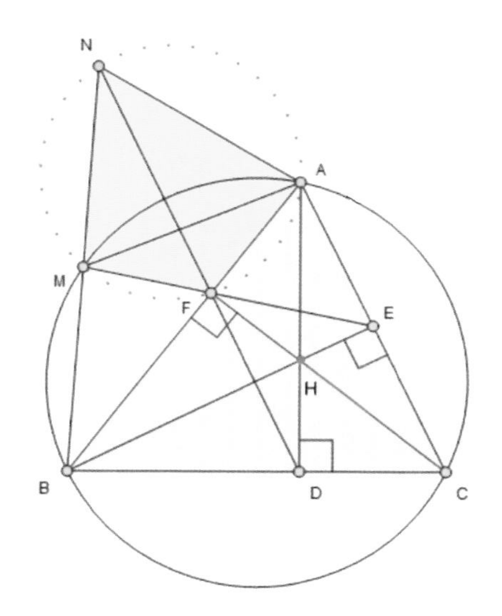

내접하는 사각형을 이용하면 다음 등식이 성립한다.

$\angle C \xleftrightarrow{A,\, F,\, D,\, C\,:\, \text{원 위의 점}} = \angle BFD = \angle AFN,$

$\angle C = \angle AMN \Rightarrow \therefore N, M, F, A$:한 원 위의 점들

한편, $\angle ANM = \angle BFM = \angle AFE = \angle C$

($\because B, C, F, E$: 한 원 위의 점들)

$\Rightarrow \triangle ANM$: 이등변 삼각형이다.

$\therefore \overline{AN}=\overline{AM}$

[문제 211]

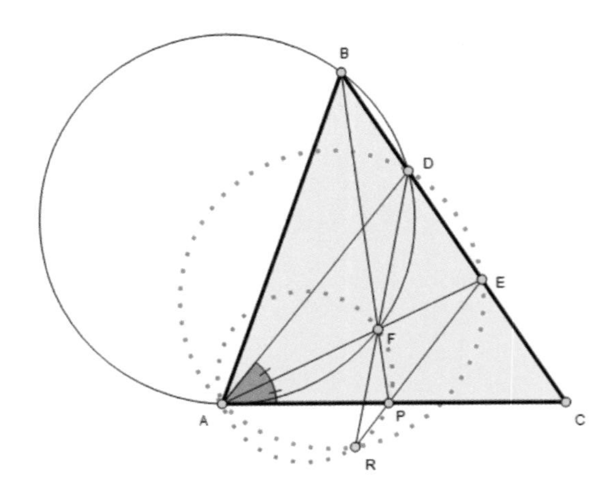

점 A, F, P, R은 한 원 위의 점들이고,
점 A, D, E, R도 다른 한 원 위의 점들임을 증명하시오.

증명

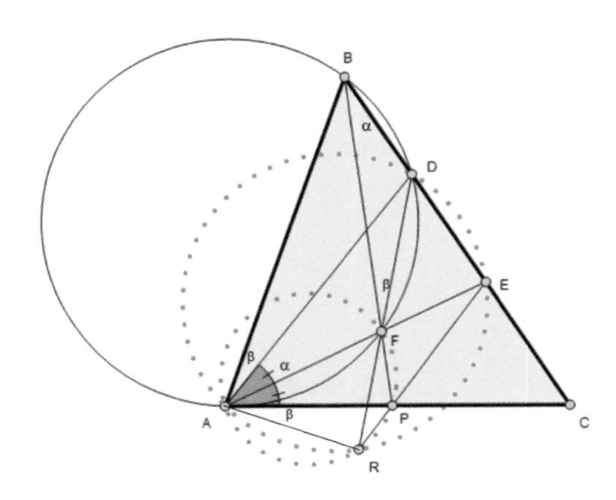

점 A, B, E, P: 한 원 위의 점들이다. ⋯⋯ (1)

$\Rightarrow \angle ABD = \angle DFE = \angle AFR$,

$\angle ABE = \angle EPC = \angle APR$

$\Rightarrow \angle AFR = \angle APR$

$\therefore A, F, P, R$: 한 원 위의 점들이다.

한편, $\angle RAP = \beta$ 하자.

$\angle RAD = 2\alpha + \beta = \angle PAB \overset{(1)}{\longleftrightarrow} = \angle PEC$

$\therefore A, D, E, R$: 한 원 위의 점들이다.

[문제 214]

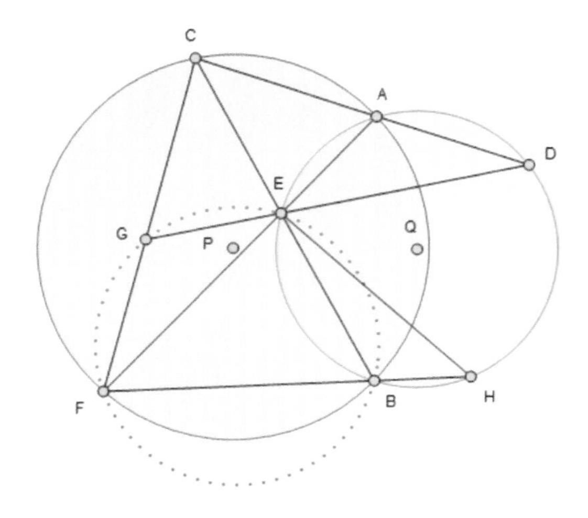

$\overline{ED} = \overline{EH}$, 점 E, G, F, B이 한 원 위에 있음을 증명하시오.

증 명

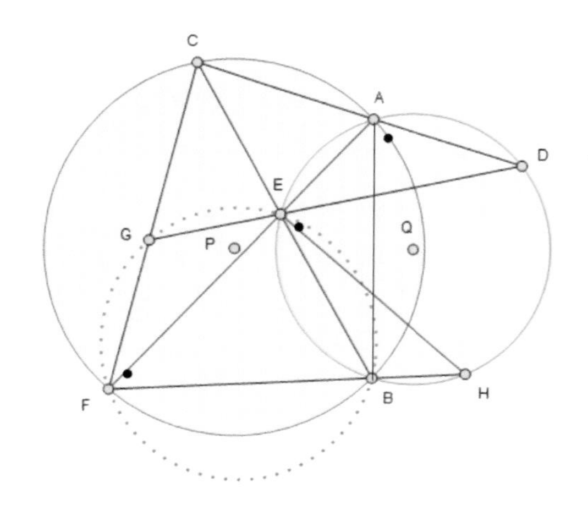

$\angle GFB = \angle DEB \Rightarrow \therefore G, E, B, F$: 한 원 위에 있다.

한편, $\angle EBH = \pi - \angle EBF = \pi - \angle EAC$
$= \angle EAD \Rightarrow \therefore \overline{ED} = \overline{EH}$

[문제 215]

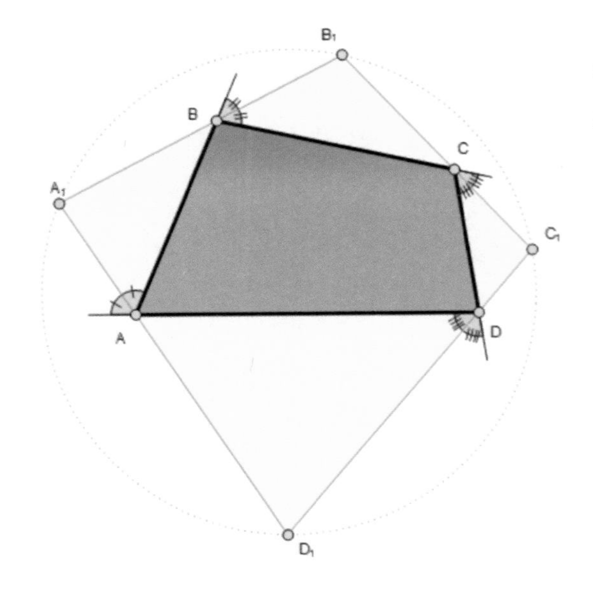

점 A_1, B_1, C_1, D_1이 한 원 위에 있음을 증명하시오.

증명

$$\angle A_1AB = \frac{\pi - \angle A}{2},\ \angle A_1BA = \frac{\pi - \angle B}{2} \Rightarrow \angle A_1 = \frac{\angle A + \angle B}{2} \cdots\cdots (1)$$

$$\angle C_1CD = \frac{\pi - \angle C}{2},\ \angle C_1DC = \frac{\pi - \angle D}{2} \Rightarrow \angle C_1 = \frac{\angle C + \angle D}{2} \cdots\cdots (2)$$

$$\xrightarrow{(1)+(2)} \angle A_1 + \angle C_1 = \frac{\angle A + \angle B + \angle C + \angle D}{2} = \pi$$

$\therefore$ 점 A_1, B_1, C_1, D_1이 한 원 위에 있다.

[문제 216]

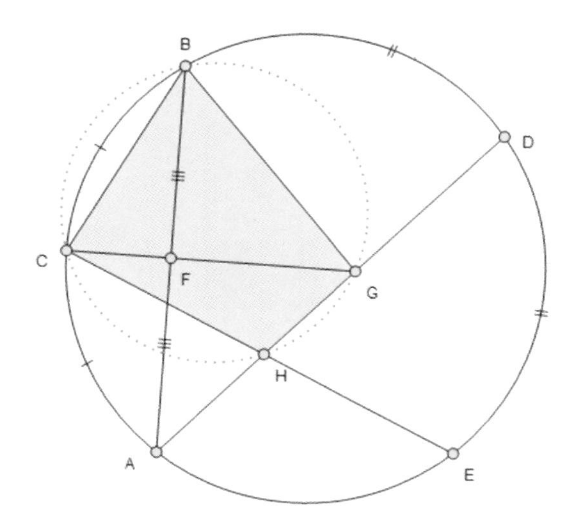

점 B, C, H, G 가 한 원 위에 있음을 증명하시오.

증명

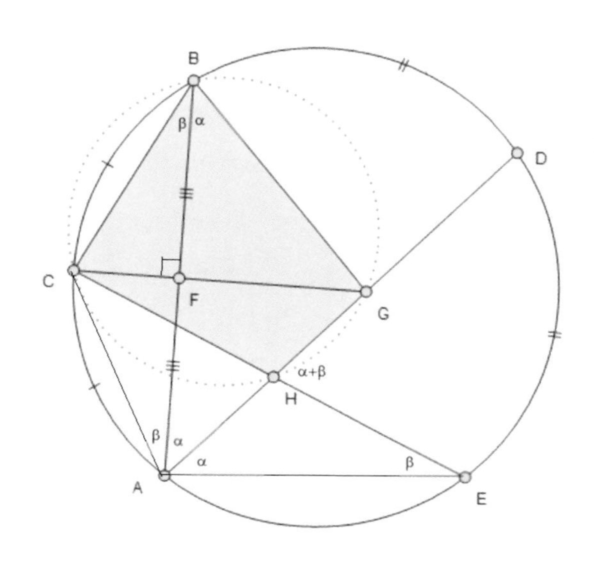

$\angle DAE=\alpha$, $\angle AEC=\beta$ 라고 하자.

$\widehat{AC}=\widehat{BC} \Rightarrow \angle BAC=\beta$, $\overline{CG} \perp \overline{AB}$

$\Rightarrow \angle ABG=\alpha$, $\angle GHE=\alpha+\beta$

$\therefore$ 점 B, C, H, G 가 한 원 위에 있다.

[문제 217]

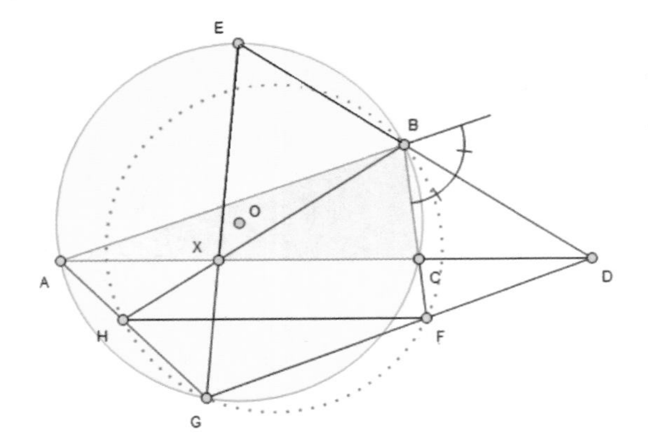

점 B, F, G, H 이 한 원 위에 있음을 증명하시오.

증명

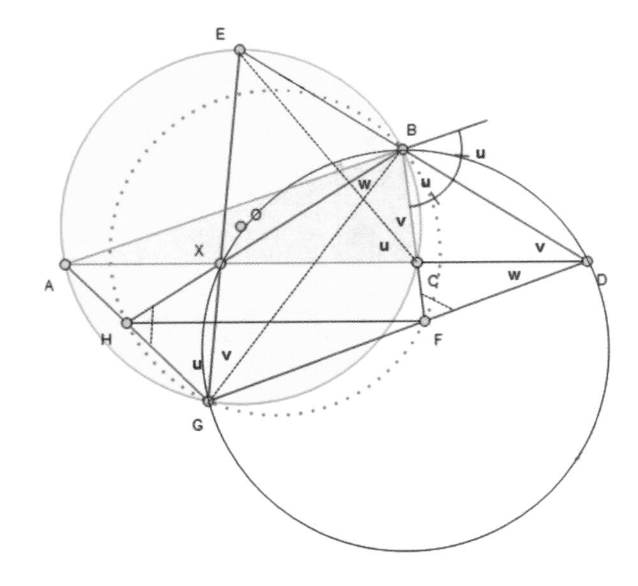

$u = \angle CBD$, $v = \angle ECB$,

$w = \angle XDG$ 하자.

$\xrightarrow{\triangle BCD} \angle BDC = v$

점 B, D, G, X : 한 원 위의 점들이다.

$\angle BFD = \pi - (u + v + w) = \angle BHG$

$\therefore$ 점 B, F, G, H이 한 원 위에 있다.

[문제 218]

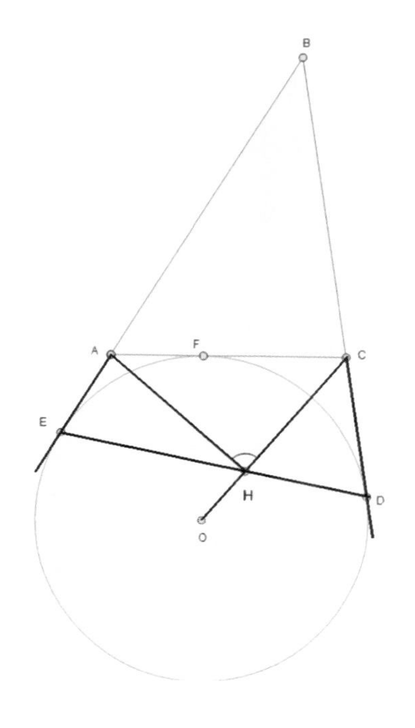

점 O는 $\triangle ABC$의 방심일 때, 각 $\angle AHC$의 값을 구하시오.

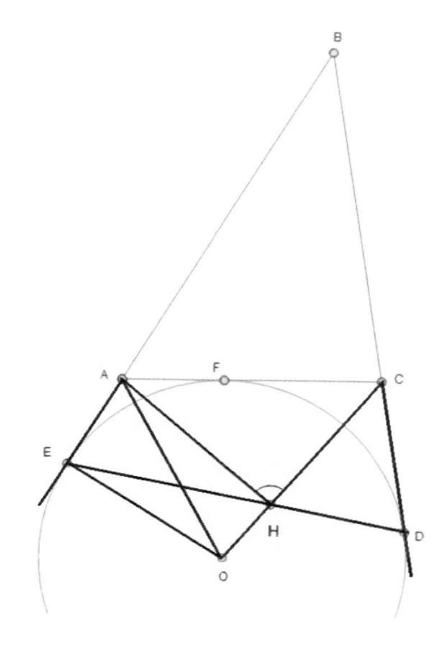

$\angle HCD = 90^\circ - \dfrac{\angle ACB}{2}$, $\angle HDC = 90^\circ - \dfrac{\angle B}{2}$

$\Rightarrow \angle EHO = \angle CHD = \dfrac{\angle B + \angle ACB}{2} = \angle EAO$

$\Rightarrow$점 E, O, H, A : 한 원 위의 점들이다.

$\therefore \angle AHC = \angle OEA = 90^\circ$

[문제 219]

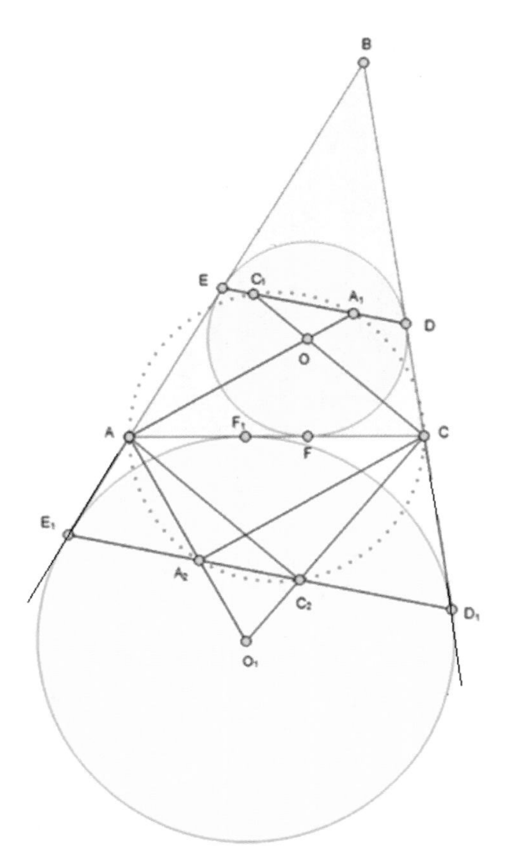

점 A, A_1, A_2, C, C_1, C_2이 한 원 위에 있음을 증명하시오.

증 명

[문제 41]에서 $\angle AA_1C = \angle AC_1C = 90°$ 이다.

[문제 218]에서 $\angle AA_2C = \angle AC_2C = 90°$ 이다.

$\therefore$ 점 A, A_1, A_2, C, C_1, C_2이 한 원 위에 있다.

[문제 220]

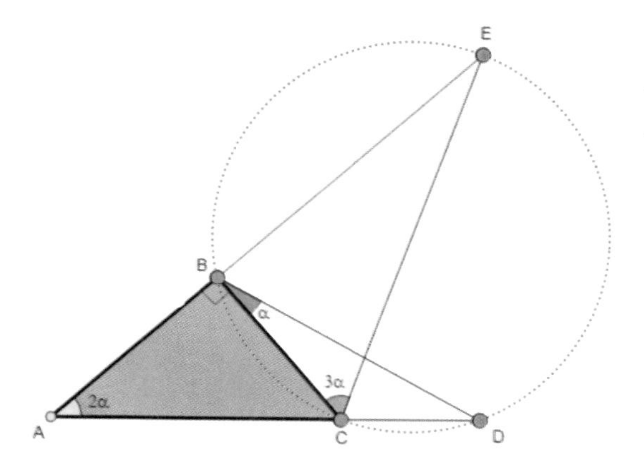

점 B, C, D, E 이 한 원 위에 있음을 증명하시오.

증명

$\angle BCA = 90^\circ - 2\alpha$, $\angle BDC = 90^\circ - 3\alpha$, $\angle BEC = 90^\circ - 3\alpha$

$\Rightarrow \therefore B, C, D, E$ 는 한 원 위에 있다.

[문제 221]

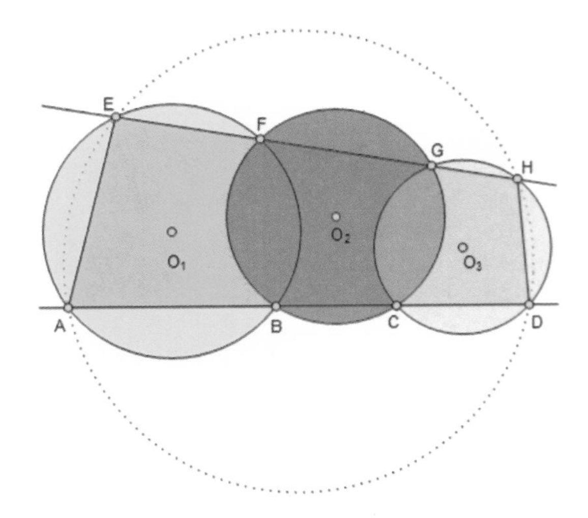

점 A, E, H, D이 한 원 위에 있음을 증명하시오.

증명

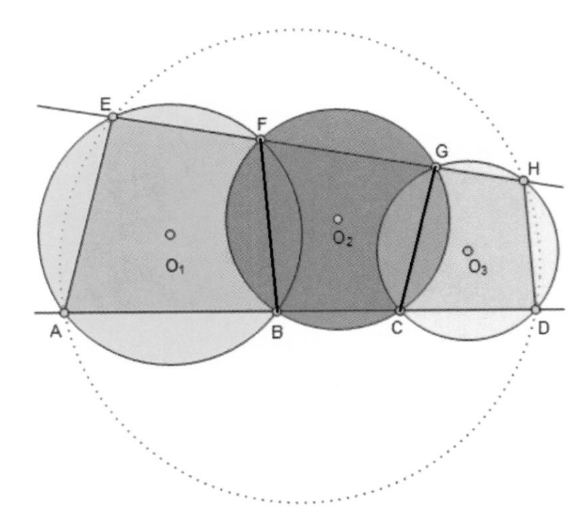

$\angle A = \angle GFB = \angle GCD$

$\Rightarrow \angle A + \angle H = \angle GCD + \angle H = 180^{\circ}$

$\therefore A, E, H, D$는 한 원 위에 있다.

[문제 222]

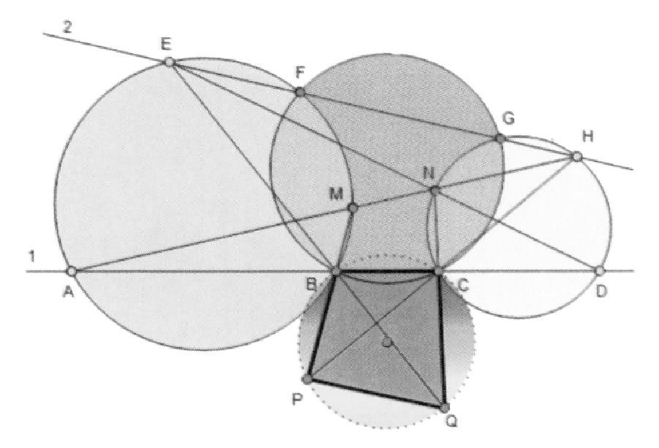

점 B, C, Q, P가 한 원 위의 점에 있음을 증명하시오.

증명

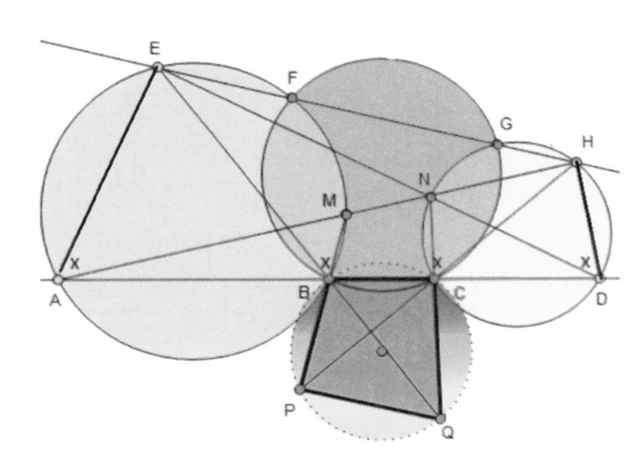

[문제 221]에서 점 A, E, H, D는 한 원 위에 있다.

$\angle EBM = \angle EAM = \angle EDH = \angle NCH$

$\Rightarrow \angle PBQ = \angle PCQ$

$\therefore P, B, C, Q$는 한 원 위의 점들이다.

[문제 223]

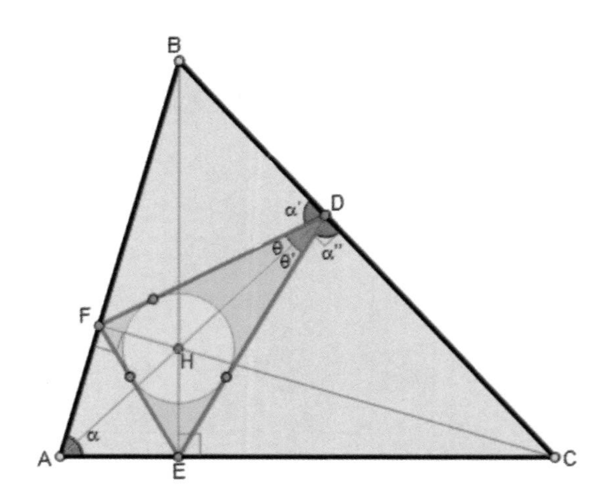

H : $\triangle ABC$의 수심일 때, $\alpha=\alpha'=\alpha''$, $\theta=\theta'$이고 점H가 $\triangle DEF$의 내심임을 증명하시오.

증명

(1) $\angle ABE=90^{\circ}-\alpha \Rightarrow \angle BHF=\angle CHE=\alpha$, 점B, D, H, F는 한 원 위의 점들이다.

$\Rightarrow \alpha'=\angle BHF=\alpha$. 또한, 점$C, E, H, D$는 다른 한 원 위의 점들이다.

$\Rightarrow \alpha''=\angle CHE=\alpha$

(2) $\theta+\alpha'=\theta+\alpha=90^{\circ}$, $\theta'+\alpha''=\theta'+\alpha=90^{\circ} \Rightarrow \therefore \theta=\theta'$

(3) 같은 방법으로 $\angle BEF=\angle BED \Rightarrow$ 점H가 $\triangle DEF$의 내심이다.

[문제 224]

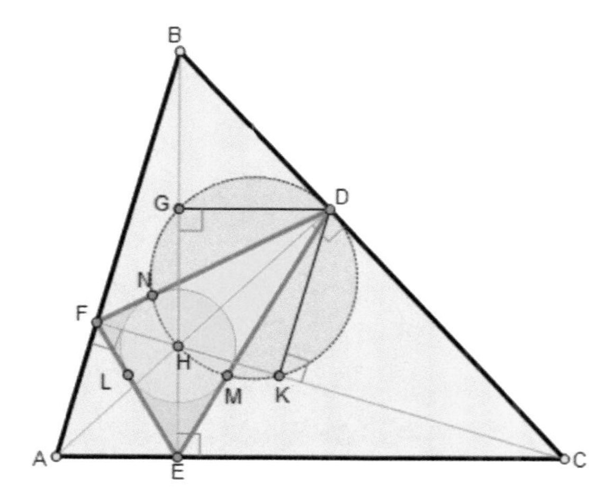

점 H 는 삼각형 $\triangle ABC$ 의 수심일 때,
점 G, N, H, M, K, D 이 한 원 위에 있음을 증명하시오.

증명

[문제 223]에서 작은 원은 $\triangle DFE$ 의 내접원이므로 $\angle DNH = \angle DMH = 90^{\circ}$ 이다.
$\therefore$ 점 G, N, H, M, K, D 이 한 원 위에 있다.

[문제 225]

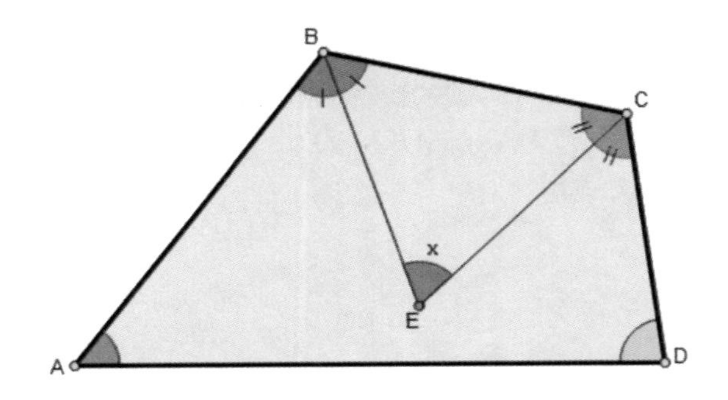

각 $x = \frac{\angle A + \angle D}{2}$이 성립함을 증명하시오

증명

$\angle A + \angle B + \angle C + \angle D = 360^\circ$, $\frac{\angle B + \angle C}{2} + x = 180^\circ$ 이다.

$\Rightarrow \angle B + \angle C = 360^\circ - 2x = 360^\circ - (\angle A + \angle D)$

$\therefore\ x = \frac{\angle A + \angle D}{2}$

[문제 226]

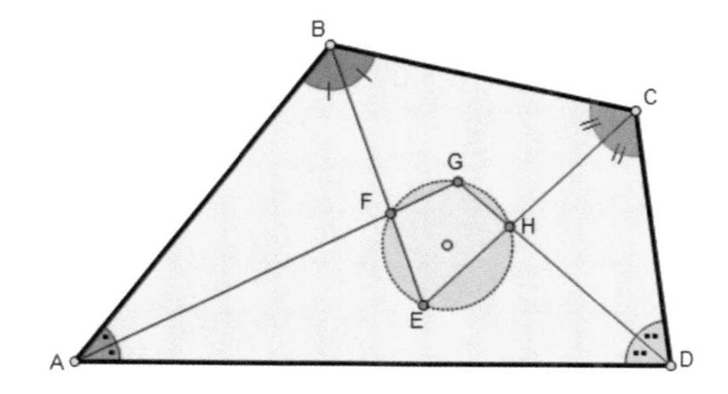

점 F, E, H, G 이 한 원 위에 있음을 증명하시오.

증 명

[문제 225]에서 $\angle E = \dfrac{\angle A + \angle D}{2}$ 이고, $\angle G = 180^\circ - \left(\dfrac{\angle A + \angle D}{2}\right) = 180^\circ - \angle E$

이므로

$\therefore$ 점 F, E, H, G 이 한 원 위에 있다.

[문제 227]

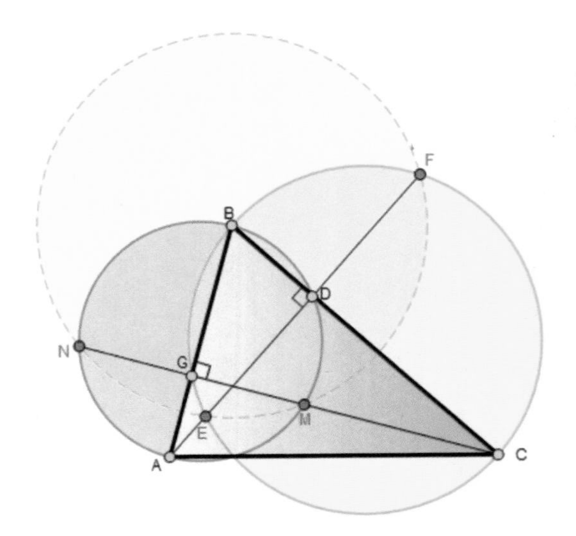

점 N, E, M, F 이 한 원 위에 있음을 증명하시오.

증명

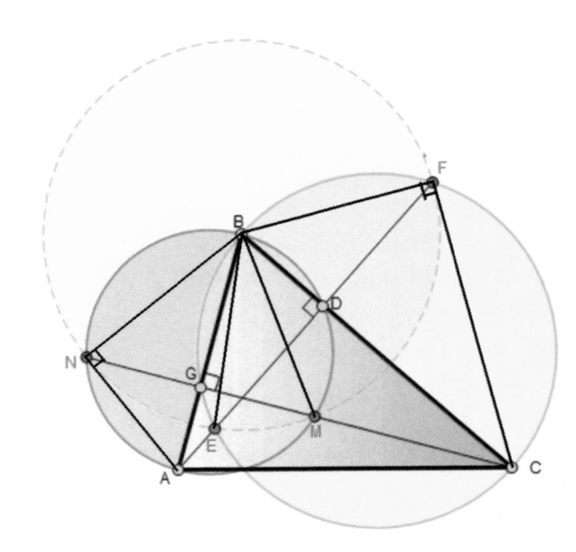

$\overline{BF} = \overline{BE}$, $\overline{BN} = \overline{BM}$ $\cdots\cdots$ (1)

A, C, G, D : 한 원 위의 점들이다.

$\Rightarrow \triangle BGD \sim \triangle ABC$

$\Rightarrow \overline{BD} \times \overline{BC} = \overline{BG} \times \overline{BA}$,

$\overline{BF}^2 = \overline{BD} \times \overline{BC}$, $\overline{BN}^2 = \overline{BG} \times \overline{BA}$

$\Rightarrow \overline{BF} = \overline{BN}$

$\xrightarrow{(1)}$ $\therefore N, E, M, F$: 한 원 위에 있다.

[문제 228]

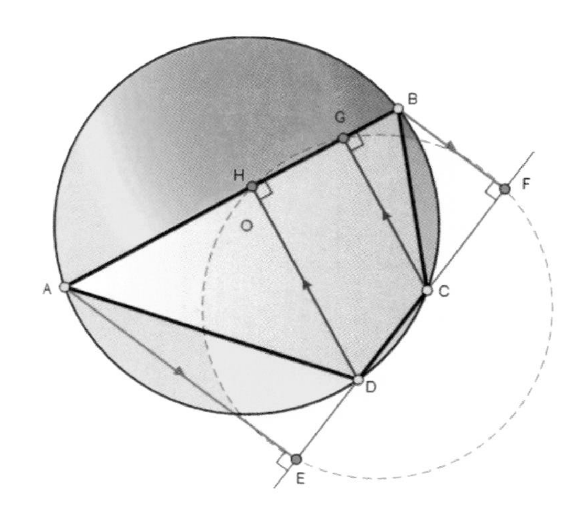

$\overline{AE}\times\overline{BF}=\overline{CG}\times\overline{DH}$ 과 점 E, H, G, F 이 한 원 위에 있음을 증명하시오.

증명

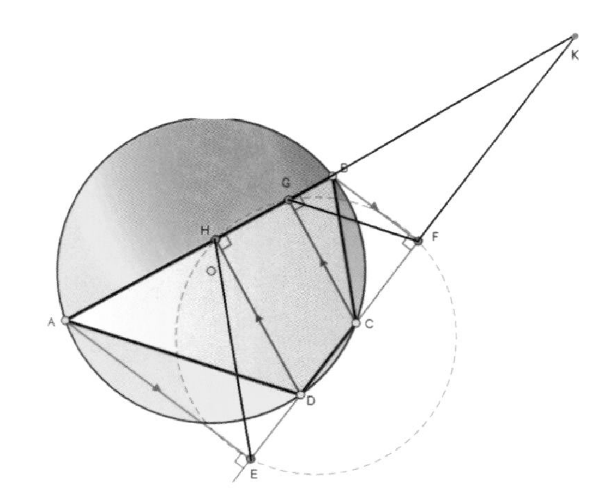

$$\frac{\overline{AE}}{\overline{DH}}=\frac{\overline{KA}}{\overline{KD}}=\frac{\overline{KC}}{\overline{KB}}=\frac{\overline{CG}}{\overline{BF}}$$

$\Rightarrow \therefore \overline{AE}\times\overline{BF}=\overline{CG}\times\overline{DH}$

한편, A, H, D, E : 한 원 위의 점들이다.

C, G, B, F : 다른 한 원 위의 점들이다.

$\Rightarrow \angle FGB=\angle FCB=\angle DAH=\angle DEH$

$\therefore$ 점 E, H, G, F 이 한 원 위에 있다.

[문제 229]

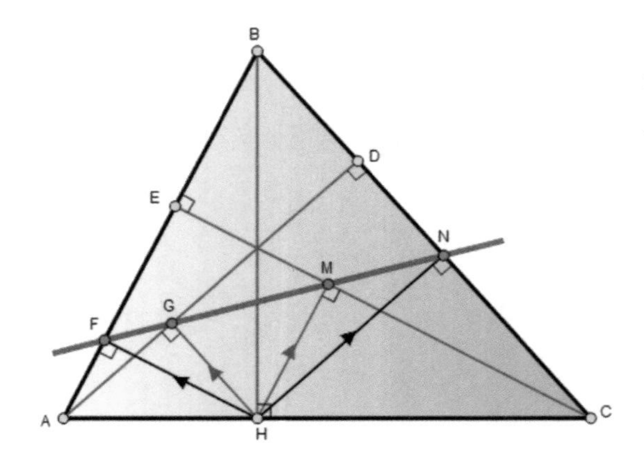

점 F, G, M, N 이 일직선상에 있음을 증명하시오.

증명

A, F, G, H : 한 원 위의 점 $\Rightarrow \angle HFG = \angle HAD \cdots\cdots (1)$

H, F, B, N : 한 원 위의 점, $\overline{BH}$:지름 $\Rightarrow \angle CHN = \angle HFN,\ \angle CHN = \angle HAD$

$\Rightarrow \angle HAD = \angle HFN \cdots\cdots (2)$

$\xrightarrow{(1),(2)} \angle HFG = \angle HFN,\ \therefore F, G, N$: 일직선상에 있다.

[문제 230]

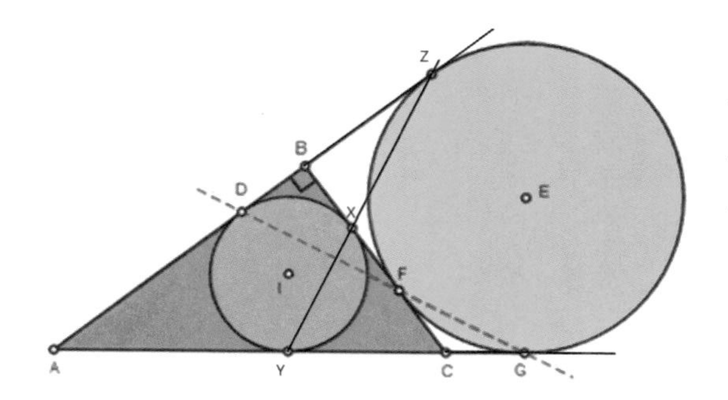

점 D, F, G가 직선상 위에 있고, 점 X, Y, Z도 직선상 위에 있음을 증명하시오.

증명

$\overline{DB}=p, \overline{FX}=q$라고 하자. $\square BDIX, \square BFEZ$는 정사각형이다.

$\Rightarrow \overline{DZ}=2p+q=\overline{YG}=q+2\times\overline{CF} \Rightarrow \overline{CF}=\overline{CG}=p$

$\Rightarrow \triangle DBF \equiv \triangle CGE, \ \angle BFD=\angle CEG=\angle CFG$

($\because C, G, E, F$는 동일 원 위에 있다.)

$\therefore$ 점 D, F, G가 직선상 위에 있다.

한편, $\overline{YC}=\overline{CX}=p+q=\overline{BZ} \Rightarrow \triangle IYC \equiv \triangle BXZ$,

$\angle BXZ=\angle YIC=\angle YXC$

($\because I, Y, X, C$는 동일 원 위에 있다.)

$\therefore$ 점 X, Y, Z도 직선상 위에 있다.

[문제 231]

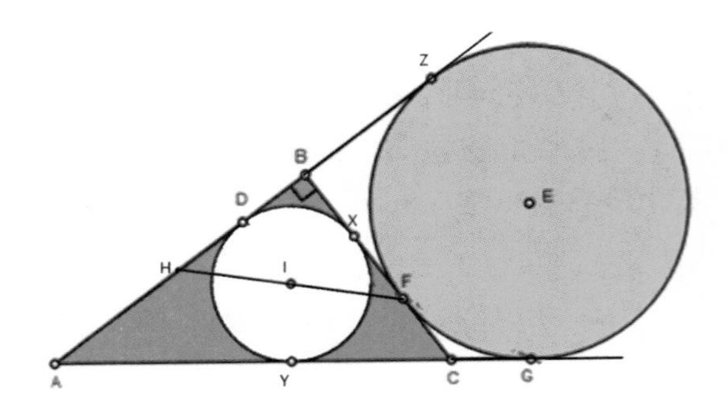

$\overline{AH}=\overline{HB}$일 때, 점 H, I, F는 동일 직선상 위에 있음을 증명하시오.

증명

작은 원의 반지름 p, 큰 원의 반지름 q, $\overline{BC}=a, \overline{AC}=b, \overline{AB}=c$ 라고 하자.

$\triangle ABC$ 의 넓이 S, $s=\dfrac{a+b+c}{2}$ 라고 하자. $S=\dfrac{ac}{2}=\dfrac{p(a+b+c)}{2}=ps$,

$$\Rightarrow \frac{\overline{XF}}{\overline{IX}}=\frac{q-p}{p}\xleftrightarrow[\overline{FC}=\overline{BX}]{[\text{문제}230,\text{증명}]}=\frac{a-2p}{p}=\frac{a-\frac{2S}{s}}{\frac{S}{s}}=\frac{as-2S}{S}$$

$$=\frac{as-ac}{\frac{ac}{2}}=\frac{s-c}{\frac{c}{2}}=\frac{\overline{XC}}{\overline{BH}}=\frac{\overline{BF}}{\overline{BH}}$$

$\therefore \triangle IXF \sim \triangle BHF$, 점 H, I, F는 동일 직선상 위에 있다.

[문제 236]

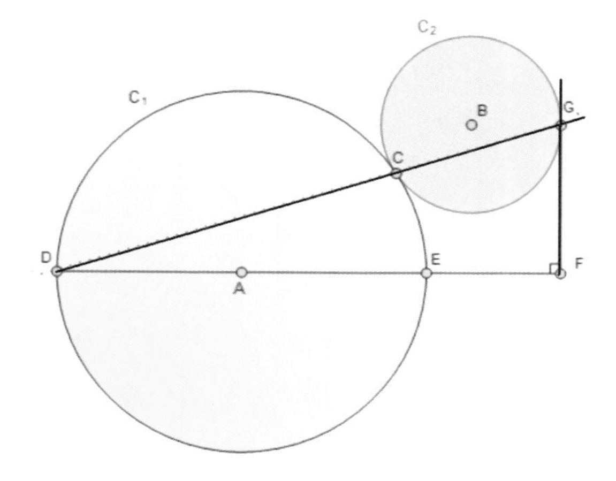

점 D, C, G가 일직선에 있음을 증명하시오.

증명

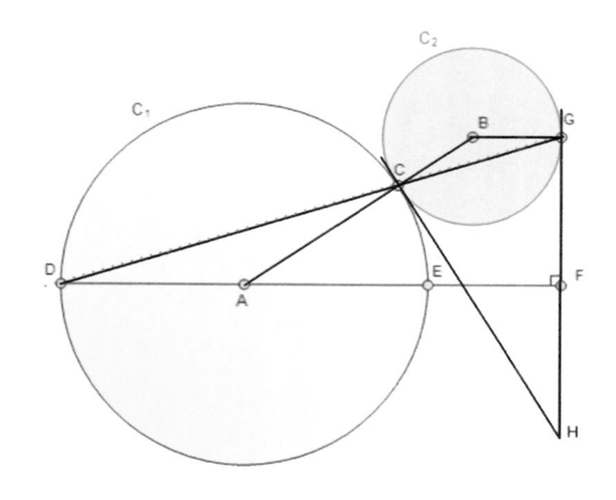

점 C, B, G, H는 한 원 위의 점들이다.

또한 점 A, C, F, H는 한 원 위의 점들이다.

$\angle DCA = \dfrac{\angle CAE}{2} = \dfrac{\angle CHF}{2}$

$= \angle BHG = \angle BGG$

$\therefore$ 점 D, C, G가 일직선에 있다.

[문제 237]

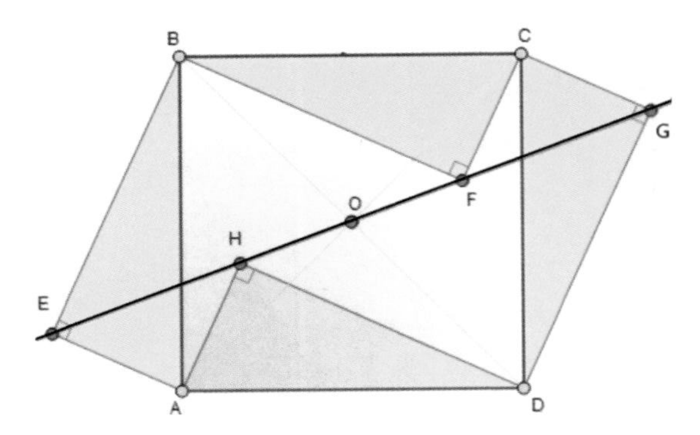

정사각형 $ABCD$, 네 개의 직각삼각형은 합동일 때, E, H, O, F, G가 일직선 위에 있음을 증명하시오.

증명

$\triangle AEH$는 이등변 삼각형, $\angle AHE = 45^\circ$, $\angle AHD = 90^\circ$

점 A, H, O, D는 같은 원 위의 점들이다.

$\Rightarrow \angle OHD = \angle OAD = 45^\circ$, $\angle EHO = 180^\circ$

점 E, H, O는 일직선에 있다. 또한, 사변형 $BHDF$는 평행사변형이다.

$\therefore$ E, H, O, F, G가 일직선 위에 있다.

[문제 238]

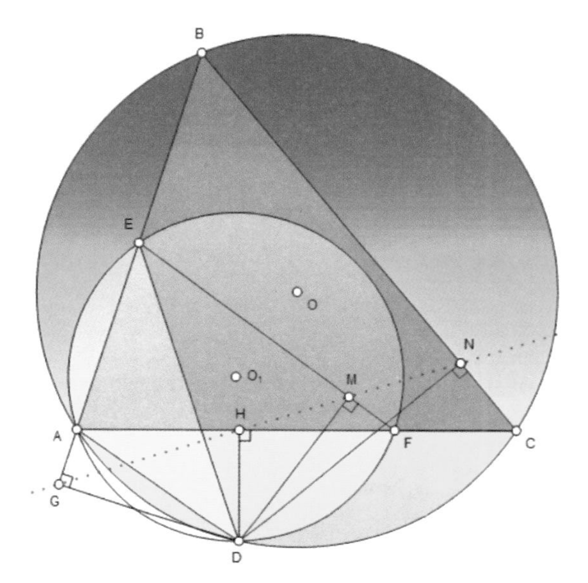

점 G, H, M, N이 일직선상에 있음을 증명하시오.

증명

[문제 7]에서 $\triangle ABC$의 외접원 위의 점 $D \Rightarrow G, H, N$: 일직선상에 있다.
$\triangle AEF$의 외접원 위의 점 $D \Rightarrow G, H, M$: 일직선상에 있다.
$\therefore$ 점 G, H, M, N이 일직선상에 있다.

[문제 239]

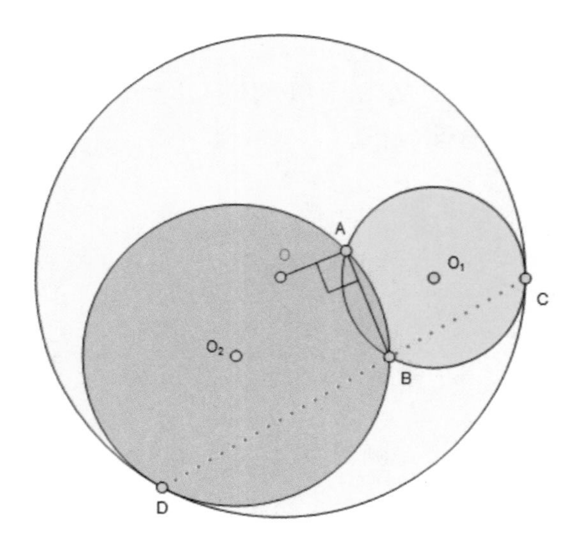

점 B, C, D 이 일직선상에 있음을 증명하시오.

증 명

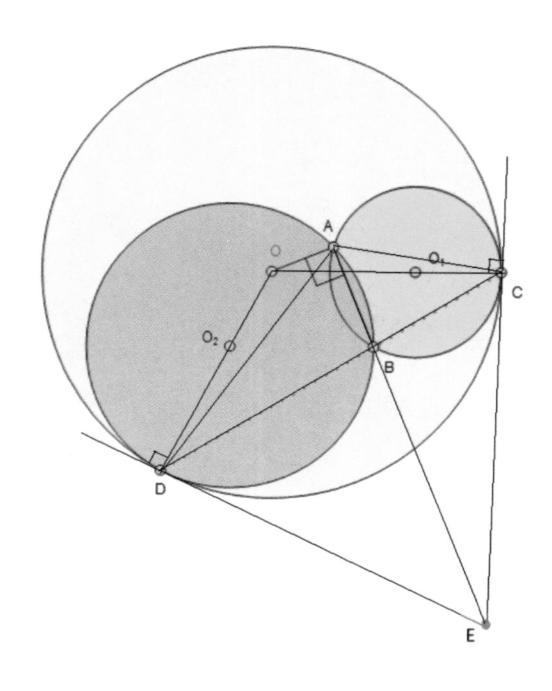

점 O, A, C, E, D : 한 원 위의 점들이다.

$\overline{CE}^2 = \overline{EB} \times \overline{EA} = \overline{ED}^2$,

$\triangle CBE \sim \triangle ACE$, $\triangle DBE \sim \triangle ADE$

$\Rightarrow \angle EBC = \angle ACE$, $\angle DBE = \angle ADE$

$\Rightarrow \angle EBC + \angle DBE = \angle ACE + \angle ADE$

$= 180^\circ$

$\therefore D, B, C$: 일직선상에 있다.

[문제 240]

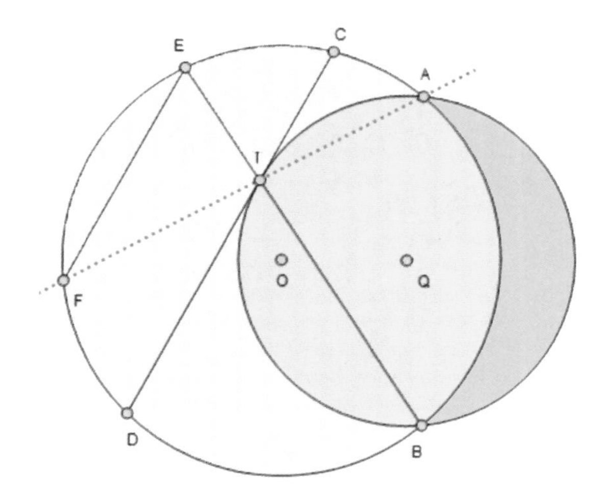

$\overline{CD} // \overline{EF}$ 에서 점 A, T, F 가 일직선상에 있음을 증명하시오.

증명

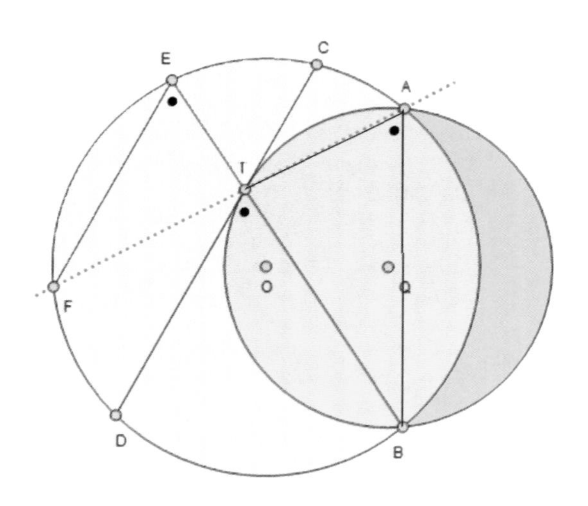

$\angle FEB = \angle DTB = \angle TAB$,

$\angle FAB = \angle FEB$

$\Rightarrow \therefore F, T, A$: 일직선상에 있다.

[문제 241]

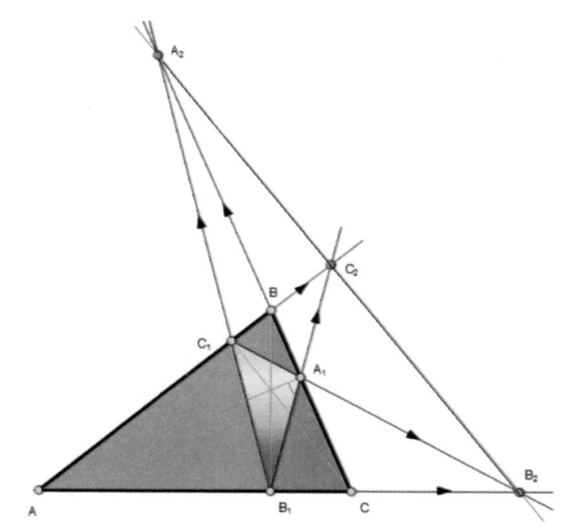

$\triangle A_1B_1C_1$ 는 $\triangle ABC$ 의 수심삼각형일 때, 점 A_2, B_2, C_2 이 일직선상에 있음을 증명하시오.

증명

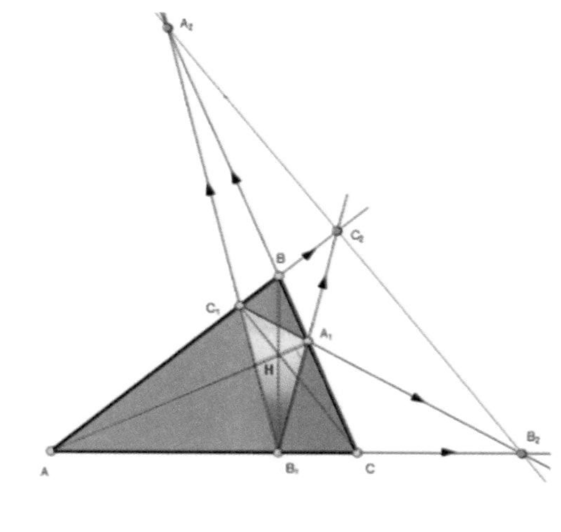

[Apollonius circle 정리] $\Rightarrow$

$$\frac{\overline{AB_2}}{\overline{CB_2}} = \frac{\overline{AB_1}}{\overline{CB_1}} \cdots\cdots (1),\quad \frac{\overline{CA_2}}{\overline{BA_2}} = \frac{\overline{CA_1}}{\overline{BA_1}} \cdots\cdots (2)$$

$$\frac{\overline{BC_2}}{\overline{AC_2}} = \frac{\overline{BC_1}}{\overline{AC_1}} \cdots\cdots (3),\quad \xrightarrow[\text{[문제5]}]{(1)\times(2)\times(3)}$$

$$\frac{\overline{AB_2}}{\overline{CB_2}} \times \frac{\overline{CA_2}}{\overline{BA_2}} \times \frac{\overline{BC_2}}{\overline{AC_2}}$$

$$= \frac{\overline{AB_1}}{\overline{CB_1}} \times \frac{\overline{CA_1}}{\overline{BA_1}} \times \frac{\overline{BC_1}}{\overline{AC_1}} = 1 \xrightarrow{\text{[문제4]}}$$

$\therefore A_2, B_2, C_2$: 일직선상에 있다.

[문제 242]

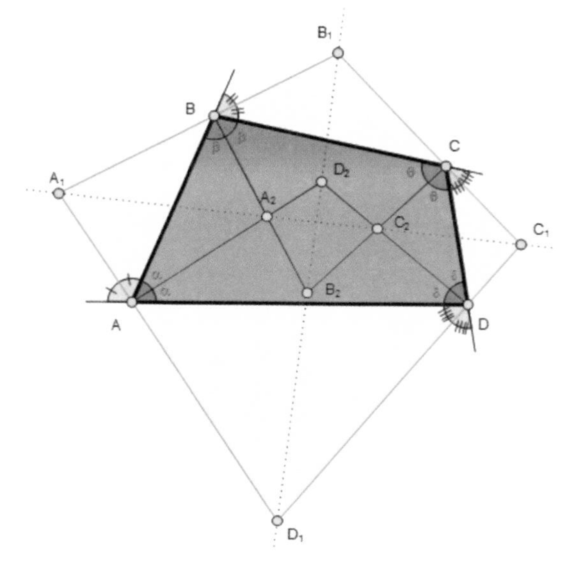

점 A_1, A_2, C_1, C_2와 점 B_1, B_2, D_1, D_2가 각각 일직선상에 있음을 증명하시오.

증명

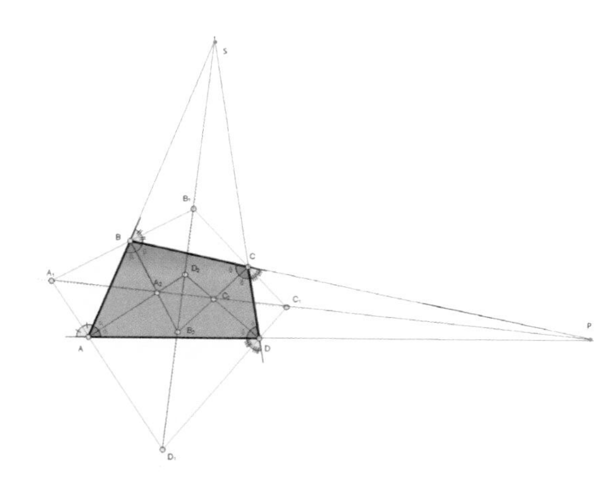

점 C_1, C_2 : $\triangle CDP$의 내심, 방심

점 A_1, A_2 : $\triangle ABP$의 방심, 내심

$\Rightarrow \therefore A_1, A_2, C_1, C_2$: 일직선상에 있다.

같은 방법으로 점 B_1, B_2, D_1, D_2도 일직선상에 있다.

[문제 243]

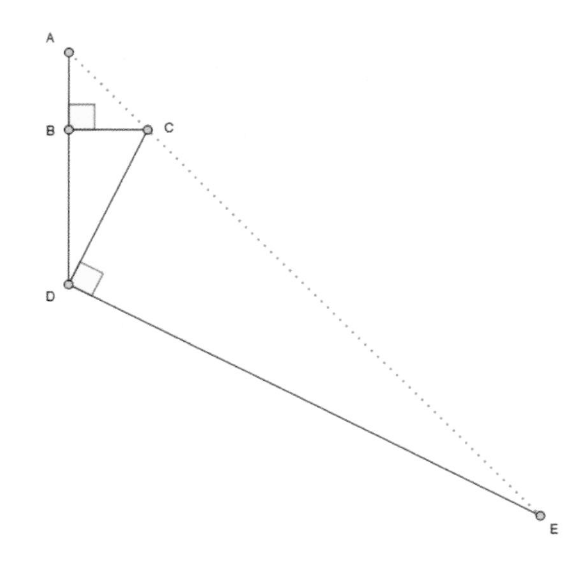

$\overline{AB} = \overline{BC} = \dfrac{\overline{BD}}{2}$, $\overline{DE} = 3\overline{CD}$ 일 때,

점 A, C, E 이 일직선상에 있음을 증명하시오.

증명

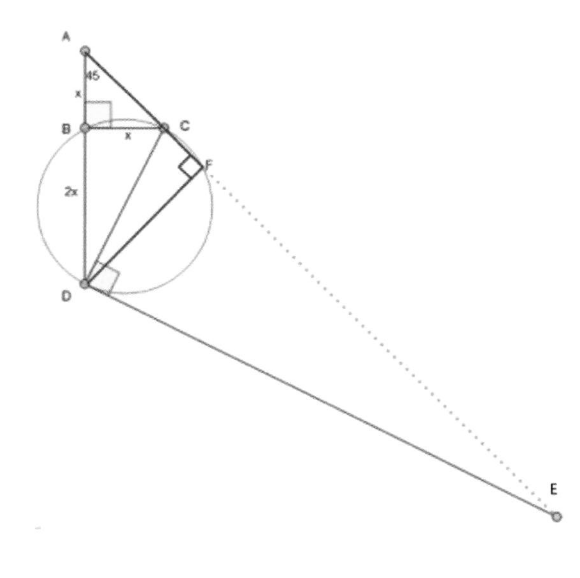

$\overline{DF} = \overline{AF} = \dfrac{3x}{\sqrt{2}}$,

$\overline{CF} = \dfrac{3x}{\sqrt{2}} - \sqrt{2}x = \dfrac{x}{\sqrt{2}}$,

$\dfrac{\overline{CD}}{\overline{DE}} = \dfrac{\overline{CF}}{\overline{DF}} = \dfrac{1}{3} \Rightarrow \triangle DFC \sim \triangle EDC$

$\Rightarrow \angle DCF = \angle DCE$

$\therefore$ 점 A, C, E 이 일직선상에 있다.

[문제 244]

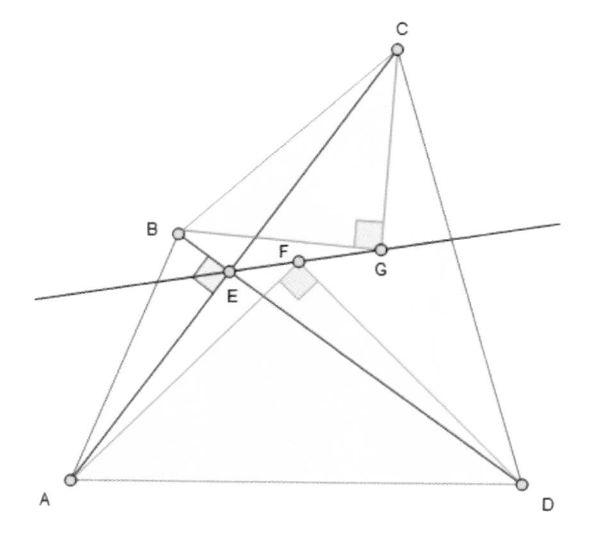

두 개의 직각 이등변삼각형 ADF, BCG 에 대하여 점 E, F, G 가 일직선상에 있음을 증명하시오.

증명

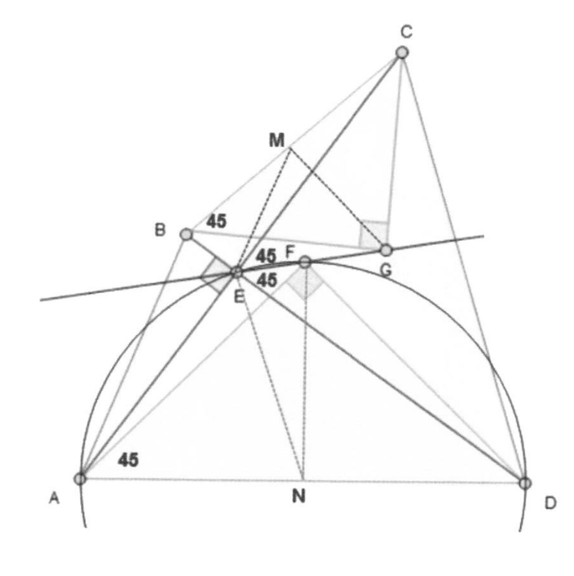

점 M, N: 선분의 중점 하자.

$\Rightarrow B, E, G, C$: 한 원 위의 점들,

$\overline{ME} = \overline{MG}$, $\overline{NE} = \overline{NF}$,

$\angle CEG = \angle CBG = 45°$,

$\angle FED = \angle FAD = 45°$

$\therefore$ 점 E, F, G 가 일직선상에 있다.

[문제 245]

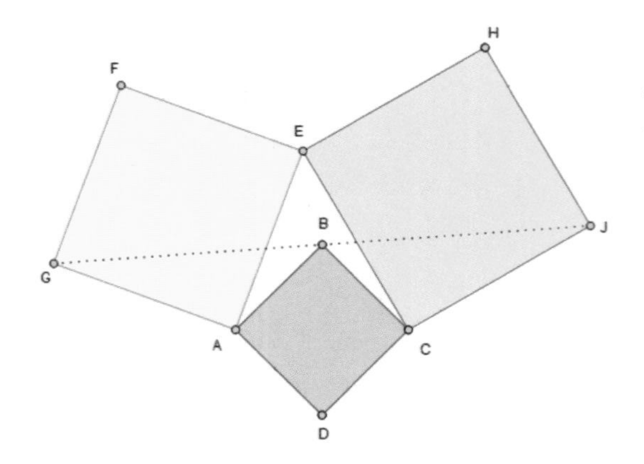

세 개의 정사각형에서 점 G, B, J 가 일직선상에 있음을 증명하시오.

증명

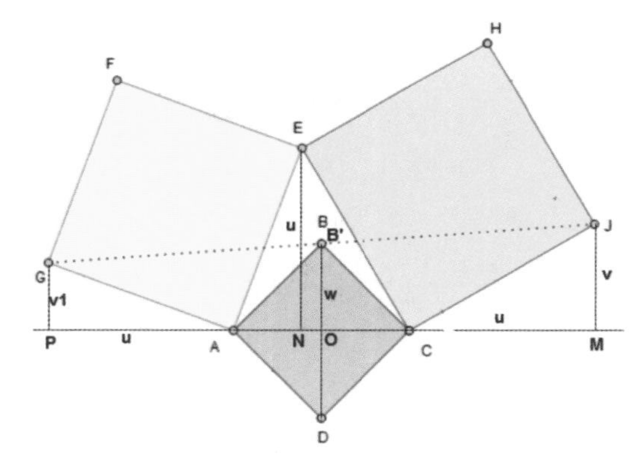

$\triangle CMJ \equiv \triangle ENC,\ \ \triangle ENA \equiv \triangle APG$

$\Rightarrow \overline{OP} = w + u = \overline{OM},\ \ \overline{AC} = v_1 + v = \overline{BD}$

$= 2w \Rightarrow w = \dfrac{v + v_1}{2},\ \ \overline{OB} = \dfrac{\overline{GP} + \overline{JM}}{2}$

$\therefore$ 점 G, B, J 가 일직선상에 있다.

[문제 246]

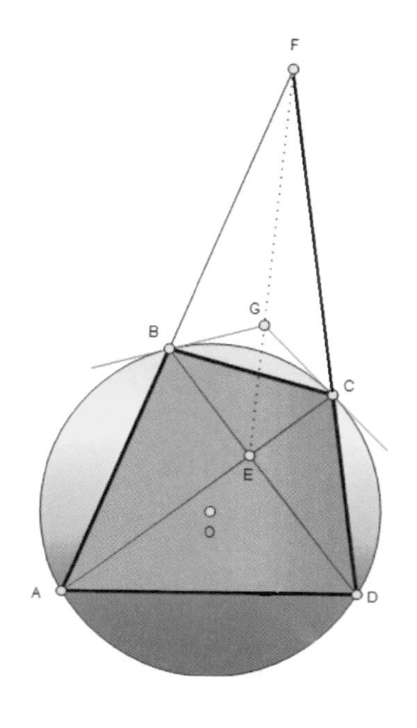

점 F, G, E가 일직선상에 있음을 증명하시오.

증명

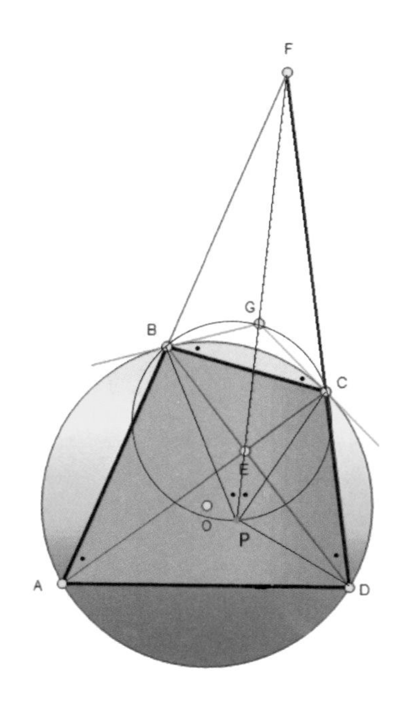

점 B, G, C으로 만든 원의 교점을 P라고 하자.

$\overline{BF} \cap \overline{EG} = F'$라고 하자. $\beta = \angle GBC$ 하자.

$\Rightarrow A, B, E, P$: 한 원 위의 점들이고,

C, D, P, E: 다른 원 위의 점들이다.

$\alpha = \angle F'BG = \angle BDA = \angle BCA$,

$\theta = \angle ECP = \angle EDP \Rightarrow \angle BGP = \angle BCP$

$= \theta + \alpha$

$\Rightarrow \angle BF'G = \theta$

$\Rightarrow F', B, P, D$: 한 원 위의 점들이다.

$\Rightarrow \angle BPF' = \angle BDF' = \beta = \angle BDF, \ F = F'$

$\therefore$ 점 F, G, E가 일직선상에 있다.

[문제 247]

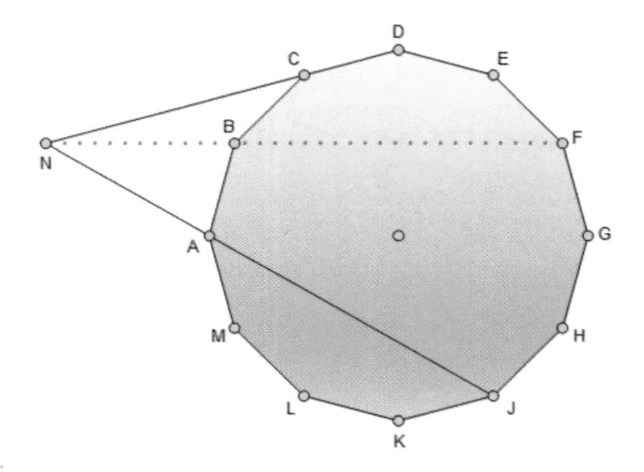

정십이각형에서 점 N, B, F 가 일직선상에 있음을 증명하시오.

증명

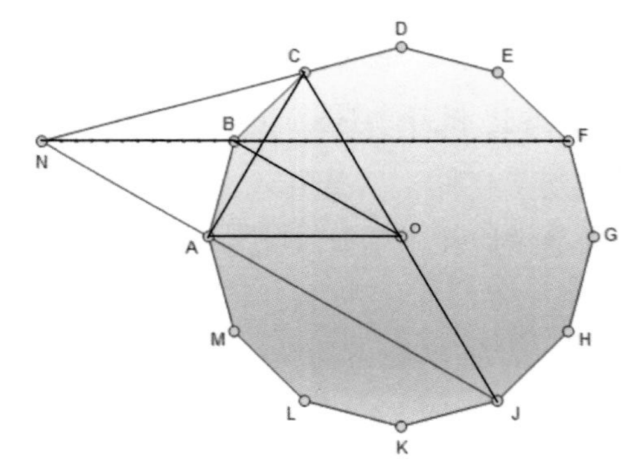

$\angle AOB = 30^\circ$, $\angle CAJ = 90^\circ$, $\angle ACO = 60^\circ$,

$\angle OCD = 75^\circ \Rightarrow \angle ACN = 45^\circ$,

$\triangle ACN$: 직각이등변 삼각형,

$\overline{NA} = \overline{AC} = r$ 라고 하자.

$NAOB$: 평형사변형, ($\because \triangle ACO$: 정삼각형)

$\angle BNA = 30^\circ$, $\angle CNB = 15^\circ$

$\Rightarrow \angle NBC = 180^\circ - (15^\circ + 30^\circ) = 135^\circ$

$\angle CBF = 45^\circ \Rightarrow \therefore N, B, F$: 일직선에 있다.

[문제 248]

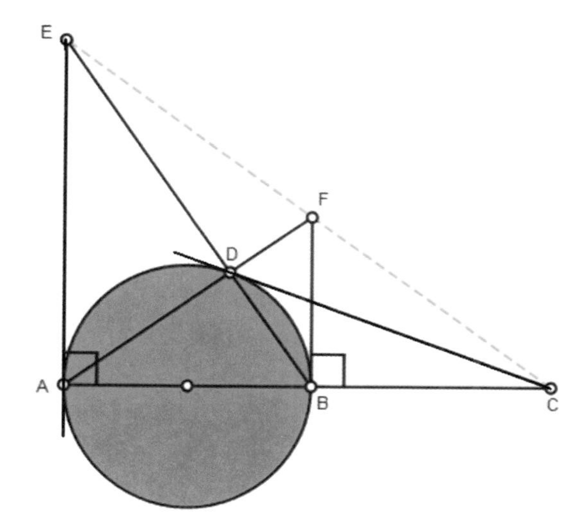

점 C, F, E 이 일직선 상에 있음을 증명하시오.

증명

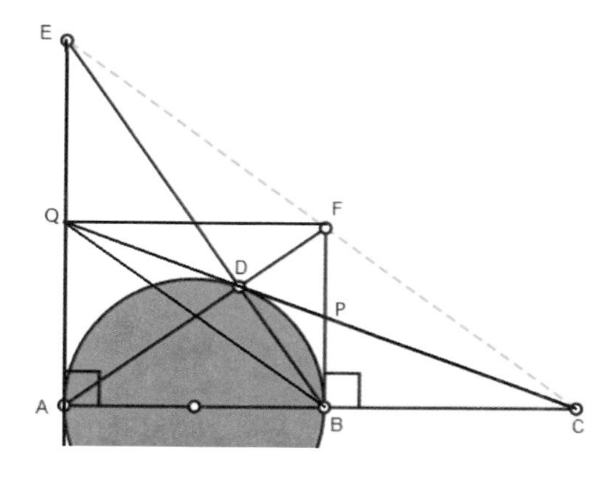

이등변 삼각형 $\triangle PBD$, $\angle PFD = \angle PDF$

$\Rightarrow \triangle PDF$: 이등변 삼각형 $\Rightarrow \overline{FP} = \overline{BP}$

한편, 이등변 삼각형 $\triangle QAD$,

$90^{\circ} = \angle EDA = \angle EDQ + \angle DAE$

$= \angle DAE + \angle DEQ \Rightarrow \angle EDQ = \angle DEQ$

$\Rightarrow \triangle EDQ$: 이등변 삼각형 $\Rightarrow \overline{EQ} = \overline{AQ}$

$$\frac{\overline{BC}}{\overline{AC}} = \frac{\overline{PB}}{\overline{QA}} = \frac{2\overline{PB}}{2\overline{QA}} = \frac{\overline{FB}}{\overline{EA}}$$

$\therefore E, F, C$: 일직선상에 있다.

[문제 249]

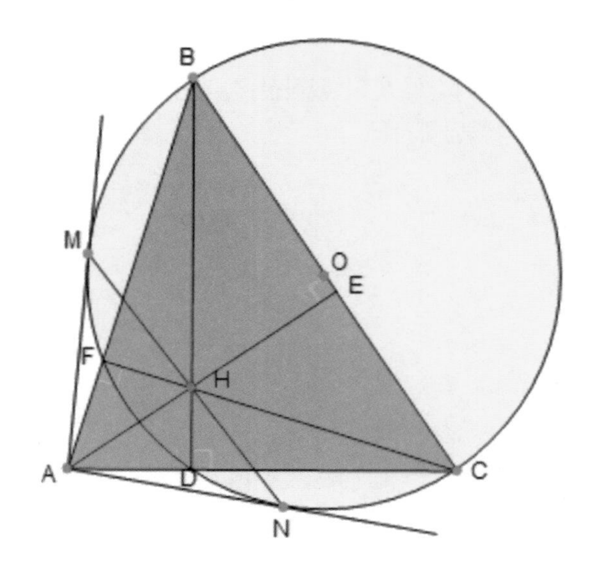

점 H는 $\triangle ABC$의 수심일 때,
점 M, H, N이 동일 직선상에 있음을
증명하시오.

증 명

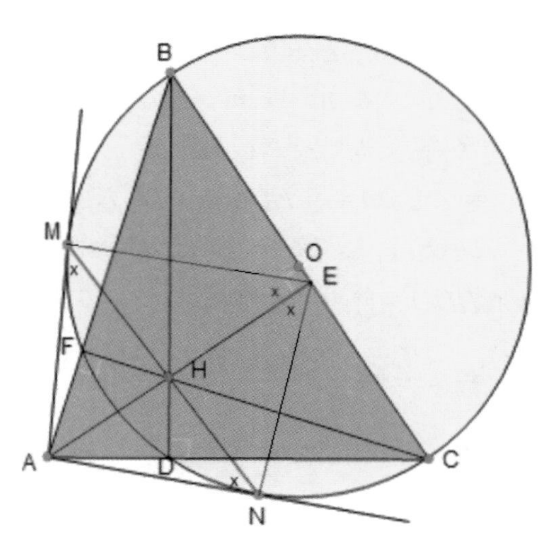

점 M, A, N, E, O는 한 원 위의 점들이고,
지름 $\overline{AO}$이다.

$\angle MAN + \angle MEN = 2\pi \cdots\cdots (1)$

점 B, F, H, E는 다른 원 위의 점들이다.

$\Rightarrow \triangle AHF \sim \triangle ABE$,

$\overline{AF} \times \overline{AB} = \overline{AH} \times \overline{AE}$

$\Rightarrow \triangle AFM \sim \triangle AMB$, $\overline{AM}^2 = \overline{AF} \times \overline{AB}$

$\Rightarrow \overline{AM}^2 = \overline{AH} \times \overline{AE}$

$\overline{AM}$은 원(H, E, M)의 접선이다.

$\Rightarrow \angle AMH = \angle MEA$

같은 방식으로 $\angle ANH = \angle AEN$

$\xrightarrow{(1)} \angle MAN + \angle AMH + \angle ANH = 2\pi \Rightarrow \therefore H$: $\overline{MN}$ 위에 있다.

[문제 250]

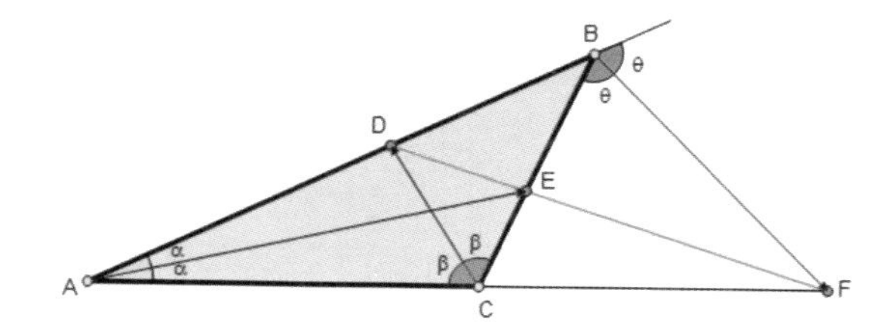

점 D, E, F가 일직선 상에 있음을 증명하시오.

증명

$$\frac{\overline{BE}}{\overline{EC}}=\frac{\overline{AB}}{\overline{AC}},\ \frac{\overline{AD}}{\overline{DB}}=\frac{\overline{AC}}{\overline{BC}},\ \frac{\overline{FA}}{\overline{FC}}=\frac{\overline{AB}}{\overline{BC}}\ \xrightarrow{\text{곱하면}}$$

$$\frac{\overline{DB}}{\overline{AD}}\times\frac{\overline{FA}}{\overline{FC}}\times\frac{\overline{EC}}{\overline{BE}}=\frac{\overline{BC}}{\overline{AC}}\times\frac{\overline{AB}}{\overline{BC}}\times\frac{\overline{AC}}{\overline{AB}}=1 \Rightarrow \therefore \text{점 } D, E, F\text{가 일직선상에 있다.}$$

($\because$ [문제4])

MEMO

06

도형의 증명

[문제 251] ~ [문제 300]

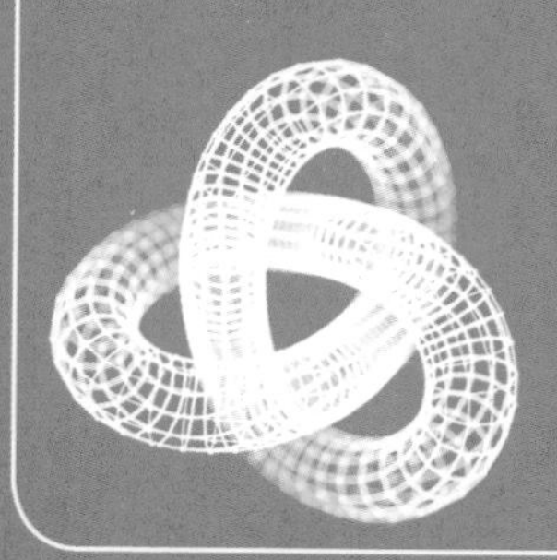

[문제 251]

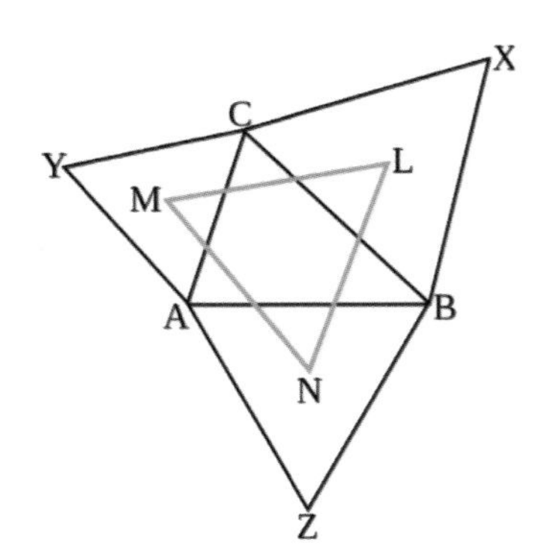

$\triangle ACY$, $\triangle BCX$, $\triangle ABZ$은 각각 정삼각형이고, M, L, N는 각각 정삼각형의 내심일 때, $\triangle MNL$이 정삼각형임을 증명하시오.

증명

$\angle LCB = \angle MCA = 30^\circ \xrightarrow{\angle ACB\text{을 더하면}}$

$\Rightarrow \angle LCA = \angle MCB \cdots\cdots (1)$

한편, 무게중심의 성질에 의해서 $\overline{LC} = \dfrac{\overline{XC}}{\sqrt{3}}$, $\overline{MC} = \dfrac{\overline{AC}}{\sqrt{3}}$

$\Rightarrow \triangle LMC \sim \triangle XAC \Rightarrow \overline{ML} = \dfrac{\overline{XA}}{\sqrt{3}}$, $\overline{XA}$을 시계방향으로 30° 회전하면 $\overline{ML}$와 평형이 된다.

같은 방법으로 $\triangle LNB \sim \triangle XAB \Rightarrow \overline{NL} = \dfrac{\overline{XA}}{\sqrt{3}}$, $\overline{XA}$을 반시계방향으로 30° 회전하면 $\overline{NL}$와 평형이 된다.

결국 $\angle MLN = 60^\circ$, $\overline{ML} = \overline{NL}$이므로 $\triangle MNL$이 정삼각형이 된다.

[문제 252]

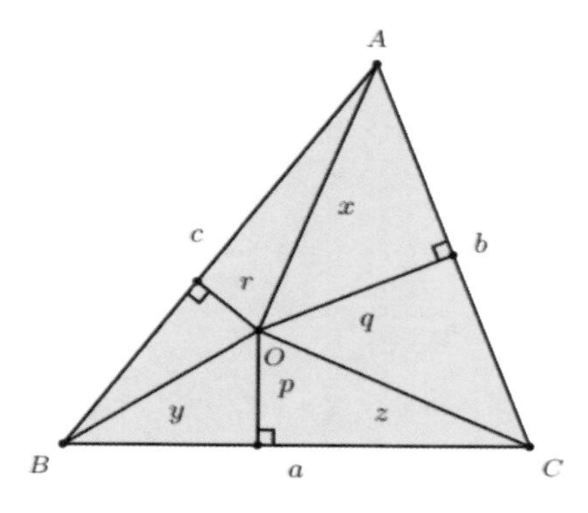

부등식 $x+y+z \geq 2(p+q+r)$이 성립함을 증명하시오.

증 명

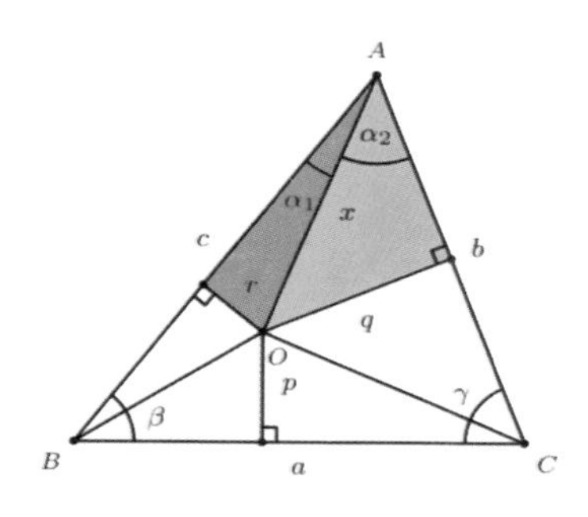

$\xrightarrow{x\text{배}}$

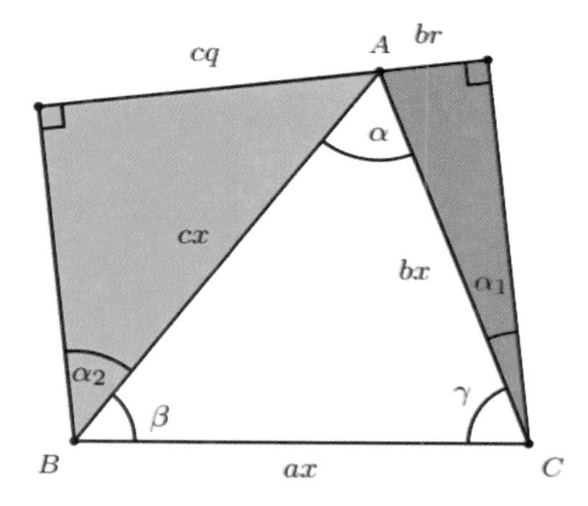

그림에서 $ax \geq cq+br \Rightarrow x \geq \left(\dfrac{c}{a}\right)q+\left(\dfrac{b}{a}\right)r$ 성립한다. 같은 방식으로

$by \geq cp+ar \Rightarrow y \geq \left(\dfrac{c}{b}\right)p+\left(\dfrac{a}{b}\right)r,\ cz \geq bp+aq \Rightarrow z \geq \left(\dfrac{b}{c}\right)p+\left(\dfrac{a}{c}\right)q \xrightarrow{\text{세 식을 더하면}}$

$\therefore x+y+z \geq \left(\dfrac{c}{b}+\dfrac{b}{c}\right)p+\left(\dfrac{c}{a}+\dfrac{a}{c}\right)q+\left(\dfrac{b}{a}+\dfrac{a}{b}\right)r \xleftrightarrow{\text{산술, 기하}}$

$\geq 2(p+q+r)$

[문제 253]

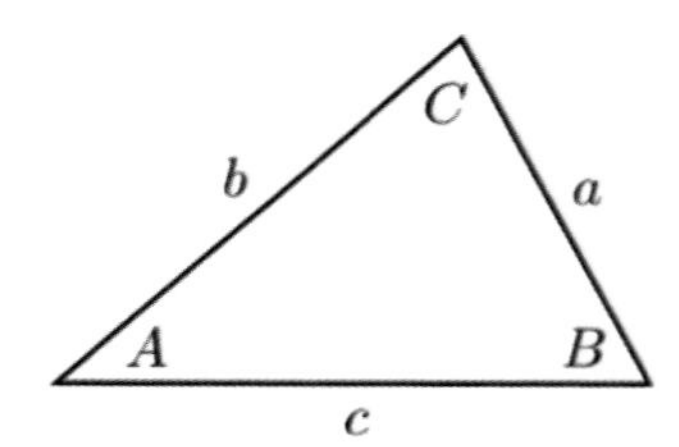

예각삼각형 $\triangle ABC$ 의 넓이 S 라면, 부등식
$a^2+b^2+c^2 \geq (a-b)^2+(b-c)^2+(c-a)^2+4\sqrt{3}\,S$
이 성립함을 증명하시오.

증명

$S=\frac{1}{2}bc\sin A$ …… (1)

$f(x)=\tan x, \left(0<x<\frac{\pi}{2}\right) \Rightarrow f''(x)=2\sec^2 x\tan x>0 \xrightarrow{[수학논술2, 정리1]}$

$\tan\frac{A}{2}+\tan\frac{B}{2}+\tan\frac{C}{2} \geq 3\tan\left(\frac{A+B+C}{6}\right)=\sqrt{3}$ …… (2)

한편, $a^2=b^2+c^2-2bc\cos A=(b-c)^2+2bc(1-\cos A) \xleftrightarrow{(1)}$

$=(b-c)^2+4S\left(\frac{1-\cos A}{\sin A}\right)=(b-c)^2+4S\tan\frac{A}{2}$. 같은 방법으로

$b^2=(c-a)^2+4S\tan\frac{B}{2}$, $c^2=(a-b)^2+4S\tan\frac{C}{2} \xrightarrow[(2)]{더하면}$

$\therefore a^2+b^2+c^2 \geq (a-b)^2+(b-c)^2+(c-a)^2+4\sqrt{3}\,S$

[문제 254]

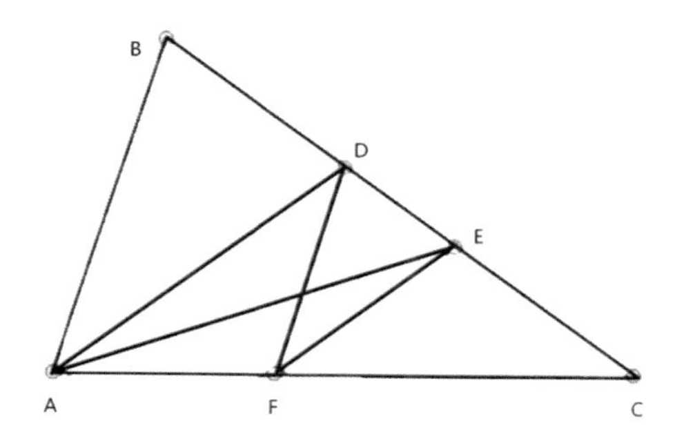

$\overline{BD} = \overline{AF} = \overline{FE} = \overline{EC}$,
$\angle BAD = 2\angle DAE = 2\angle EAF$ 일 때,
원 중심점 B 인 원주상의 점 A, F, E 가 있고,
$\overline{AB} // \overline{FD}$ 임을 증명하시오.

증명

$\angle DAE = a$ 라고 하자. $\xrightarrow{\overline{AF}=\overline{EF}} a = \angle EAF = \angle AEF,$

$\angle EFC = 2a \xrightarrow{\overline{EF}=\overline{EC}} \angle ECF = 2a \xrightarrow{\triangle EAC} \angle BEA = 3a,\ \angle BAE = 3a$

$\Rightarrow \overline{BA} = \overline{BE},\ \overline{DA} = \overline{DC} \xrightarrow{\triangle DAC} \angle BDA = 4a$

한편, $\triangle DAC$ 에서 $\overline{DA} = \overline{DC} = \overline{BE} = \overline{BA} \Rightarrow \angle DBA = 4a$
$\triangle ABC$ 에서 $4a + 4a + 2a = 180^\circ \Rightarrow a = 18^\circ$
$\triangle ABE,\ \triangle AFE$ 각각 이등변 삼각형이다. $\Rightarrow \overline{BF} \perp \overline{AE},\ \angle ABF = 90^\circ - 54^\circ = 36^\circ,$
$\angle BAF = 72^\circ,\ \angle BFA = 72^\circ \Rightarrow \overline{BA} = \overline{BF} = \overline{BE}$ 이므로 점 A, F, E 는 한 원주상의 점이고 원의 중심은 B 이다.
또한, $\overline{BF} = \overline{CF} \Rightarrow \triangle FBD \equiv \triangle FCE,\ \overline{DF} = \overline{FE}$
$\Rightarrow \angle FDE = \angle DEF = 4a = 72^\circ,\ \angle DFE = 36^\circ \Rightarrow \angle DFC = 72^\circ = \angle BAC$
$\therefore \overline{AB} // \overline{FD}$

[문제 255]

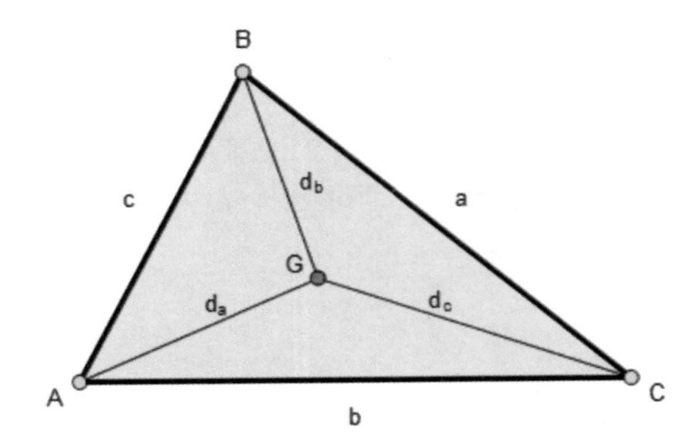

$\triangle ABC$ 의 무게중심 G일 때,
$a^2+b^2+c^2=3\left(d_a^2+d_b^2+d_c^2\right)$이 성립함을 증명하시오.

증명

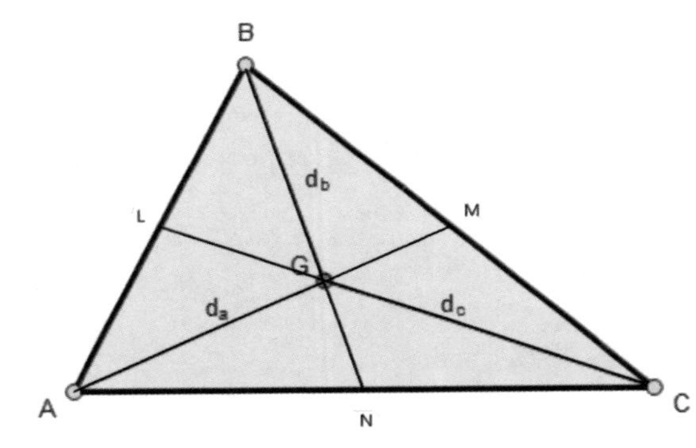

$\overline{AM}=m_a$, $\overline{BN}=m_b$, $\overline{CL}=m_c$라고 하자.

$\Rightarrow d_a=\dfrac{2}{3}m_a, d_b=\dfrac{2}{3}m_b, d_c=\dfrac{2}{3}m_c$

[문제 2]에 의해서 다음 식이 성립한다.

$\dfrac{a^2+c^2}{2}=\dfrac{b^2}{4}+\dfrac{9}{4}d_b^2,$

$\dfrac{a^2+b^2}{2}=\dfrac{c^2}{4}+\dfrac{9}{4}d_c^2, \ \dfrac{b^2+c^2}{2}=\dfrac{a^2}{4}+\dfrac{9}{4}d_a^2 \xrightarrow{\text{더하면}}$

$a^2+b^2+c^2=\dfrac{1}{4}\left(a^2+b^2+c^2\right)+\dfrac{9}{4}\left(d_a^2+d_b^2+d_c^2\right)$

$\Rightarrow \ \therefore a^2+b^2+c^2=3\left(d_a^2+d_b^2+d_c^2\right)$

[문제 256]

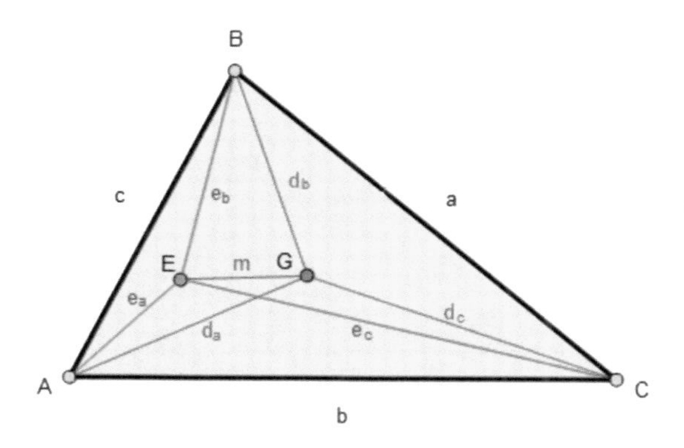

$\triangle ABC$의 무게중심 G일 때, $e_a^2+e_b^2+e_c^2=d_a^2+d_b^2+d_c^2+3m^2$이 성립함을 증명하시오.

증명

$\overrightarrow{GA}+\overrightarrow{GB}+\overrightarrow{GC}=0$이 성립한다.

$\overrightarrow{EA}=\overrightarrow{EG}+\overrightarrow{GA}$, $\overrightarrow{EB}=\overrightarrow{EG}+\overrightarrow{GB}$, $\overrightarrow{EC}=\overrightarrow{EG}+\overrightarrow{GC}$

$\Rightarrow e_a^2=m^2+d_a^2+2(\overrightarrow{EG}\cdot\overrightarrow{GA})$, $e_b^2=m^2+d_b^2+2(\overrightarrow{EG}\cdot\overrightarrow{GB})$,

$e_c^2=m^2+d_c^2+2(\overrightarrow{EG}\cdot\overrightarrow{GC})$

$\Rightarrow e_a^2+e_b^2+e_c^2=3m^2+d_a^2+d_b^2+d_c^2+2\overrightarrow{EG}\cdot(\overrightarrow{GA}+\overrightarrow{GB}+\overrightarrow{GC})$

$\Rightarrow \therefore\ e_a^2+e_b^2+e_c^2=d_a^2+d_b^2+d_c^2+3m^2$

[문제 257]

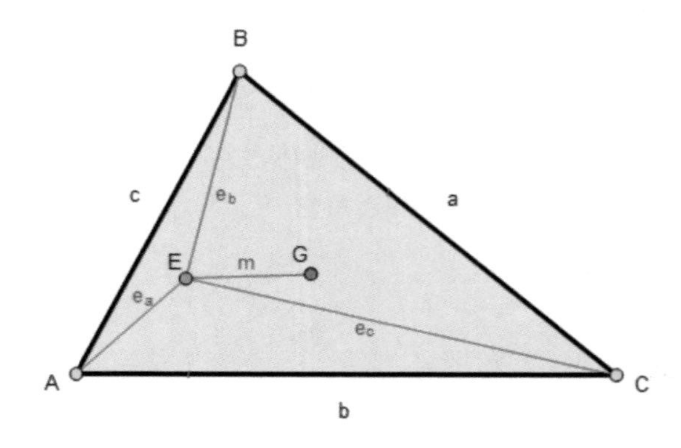

$\triangle ABC$ 의 무게중심 G일 때,
$a^2+b^2+c^2=3\left(e_a^2+e_b^2+e_c^2-3m^2\right)$이
성립함을 증명하시오.

증명

$A(0,0)$, $C(b,0)$, $B(p,q)$ 라고 하자. $\Rightarrow G\left(\dfrac{b+p}{3}, \dfrac{q}{3}\right)$, $E(x,y)$

$\Rightarrow m^2=\left(\dfrac{b+p}{3}-x\right)^2+\left(\dfrac{q}{3}-y\right)^2$

한편, $a^2+b^2+c^2=(p-b)^2+q^2+b^2+p^2+q^2=2\left(p^2+q^2+b^2-bp\right)$,

$3\left(e_a^2+e_b^2+e_c^2-3m^2\right)$

$=3\left(x^2+y^2+(p-x)^2+(q-y)^2+(b-x)^2+y^2\right)-(b+p-3x)^2-(q-3y)^2$

$=2\left(p^2+q^2+b^2-bp\right) \Rightarrow \therefore a^2+b^2+c^2=3\left(e_a^2+e_b^2+e_c^2-3m^2\right)$

[문제 258]

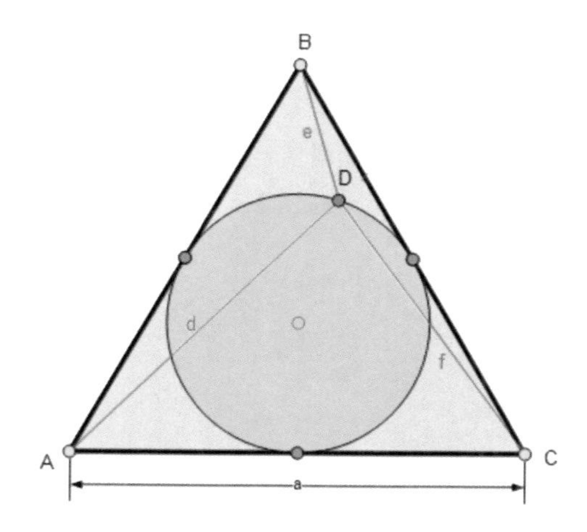

한변a인 정삼각형$\triangle ABC$일 때,

$d^2+e^2+f^2=\dfrac{5}{4}a^2$ 이 성립함을 증명하시오.

증명

$A\left(-\dfrac{a}{2},0\right)$, $C\left(\dfrac{a}{2},0\right)$, $B\left(0,\dfrac{\sqrt{3}}{2}a\right)$, $D(x,y)$라고 하자.

내심$O\left(0,\dfrac{\sqrt{3}}{6}a\right)$이다. $\Rightarrow \dfrac{a^2}{12}=\overline{OD}^2=x^2+\left(y-\dfrac{\sqrt{3}}{6}a\right)^2 \Rightarrow 0=x^2+y^2-\dfrac{\sqrt{3}}{3}ay$ $\cdots\cdots(1)$

한편, $d^2+e^2+f^2=\left(x+\dfrac{a}{2}\right)^2+y^2+x^2+\left(y-\dfrac{\sqrt{3}}{2}a\right)^2+\left(x-\dfrac{a}{2}\right)^2+y^2$

$=3(x^2+y^2)+\dfrac{5}{4}a^2-\sqrt{3}ay \overset{(1)}{\Longleftrightarrow}=\dfrac{5}{4}a^2$

[문제 259]

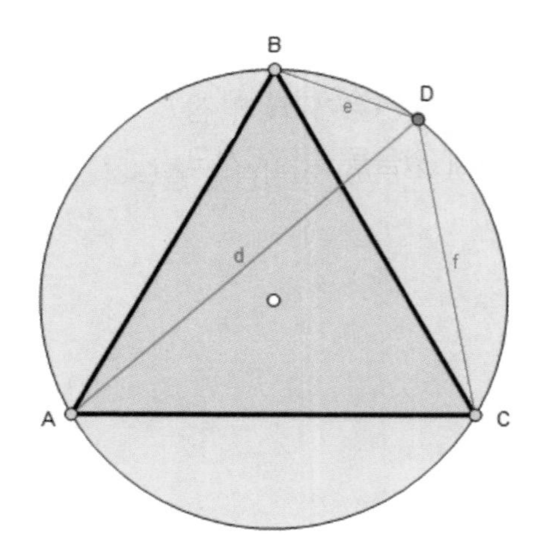

한변의 길이a인 정삼각형$\triangle ABC$ 에서
$d^2+e^2+f^2=2a^2$ 이 성립함을 증명하시오.

증명

[문제 62]에서 $d=e+f$ 이다. $\triangle DBC$ 에서 다음 식이 성립한다.

$a^2=e^2+f^2-2ef\cos(\angle BDC)=e^2+f^2+ef$

$\therefore d^2+e^2+f^2=(e+f)^2+e^2+f^2=2(e^2+f^2+ef)=2a^2$

[문제 260]

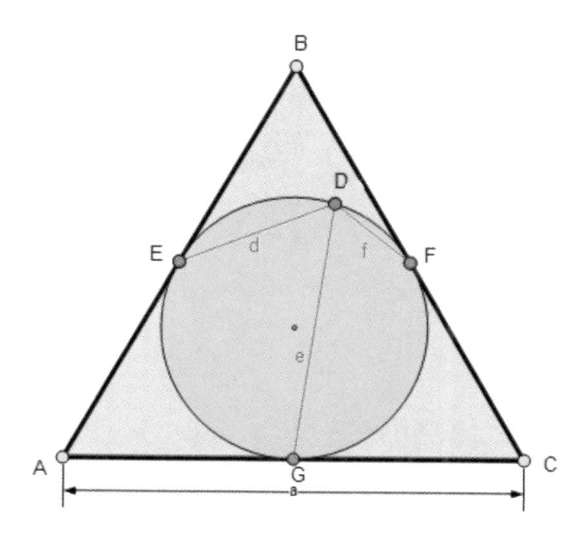

한변a인 정삼각형$\triangle ABC$일 때,

$d^2+e^2+f^2=\dfrac{a^2}{2}$이 성립함을 증명하시오.

증명

한변의 길이$\dfrac{a}{2}$인 정삼각형$\triangle EFG$의 [문제 259]에 의해서 다음 식이 성립한다.

$\Rightarrow \therefore \ d^2+e^2+f^2=\dfrac{a^2}{2}$

[문제 261]

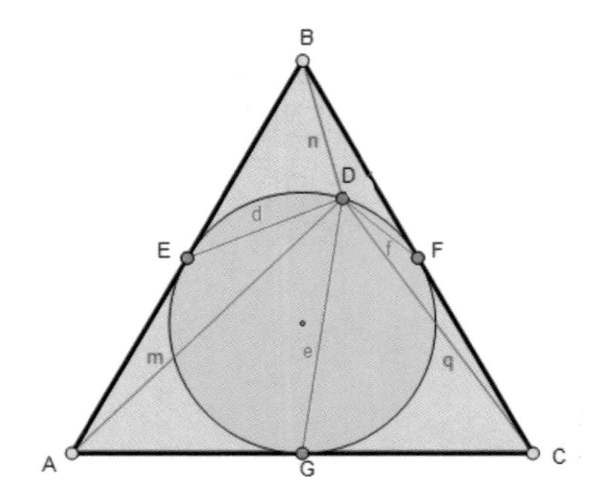

정삼각형 $\triangle ABC$에 대하여

$\dfrac{m^2+n^2+q^2}{d^2+e^2+f^2}=\dfrac{5}{2}$이 성립함을 증명하시오.

증명

한변의 길이a인 정삼각형$\triangle ABC$라고 하자.

[문제 258], [문제 260]에 의하여 다음 식이 성립한다.

$$m^2+n^2+q^2=\frac{5}{4}a^2,\ d^2+e^2+f^2=\frac{a^2}{2}\ \Rightarrow \therefore \frac{m^2+n^2+q^2}{d^2+e^2+f^2}=\frac{5}{2}$$

[문제 262]

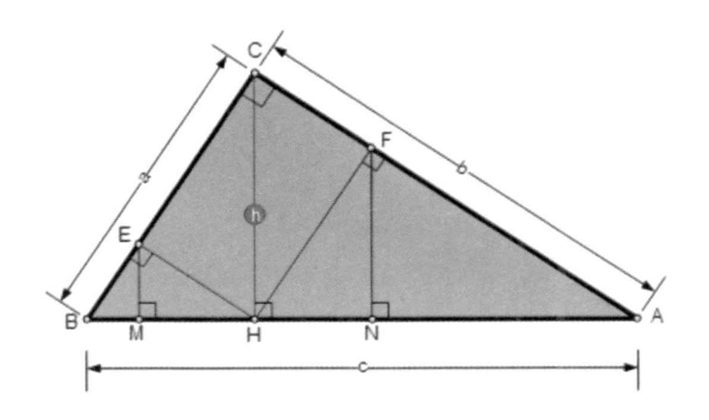

직각삼각형 $\triangle ABC$에서

$\overline{BE}=\dfrac{a^3}{c^2}$, $\overline{AF}=\dfrac{b^3}{c^2}$,

$h^3=c\overline{BE}\times\overline{AF}$ 이 성립함을 증명하시오.

증명

직각삼각형 $\triangle AFH\sim\triangle ABC$, $\triangle CHA\sim\triangle ABC$의 비례식으로 다음 식이 성립한다.

$$\Rightarrow\frac{\overline{AF}}{\overline{AH}}=\frac{b}{c},\ \frac{\overline{AH}}{b}=\frac{b}{c}\Rightarrow\overline{AF}=\frac{b^3}{c^2}$$

같은 방법으로 $\overline{BE}=\dfrac{a^3}{c^2}$이다. 한편, 넓이에서 $ab=ch$ 이다.

또한, $\triangle CBH\sim\triangle ACH\Rightarrow h^2=\overline{BH}\times\overline{AH}$

$$\triangle BEH\sim\triangle BHC\Rightarrow\overline{BH}^2=a\overline{BE},\ \overline{AH}^2=b\overline{AF}\ \xrightarrow{\text{곱하면}}$$

$$(\overline{AH}\times\overline{BH})^2=ab\overline{AF}\times\overline{BE}\ \Rightarrow\therefore\ \overline{AF}\times\overline{BE}=\frac{h^4}{ab}=\frac{h^4}{ch}=\frac{h^3}{c}$$

[문제 263]

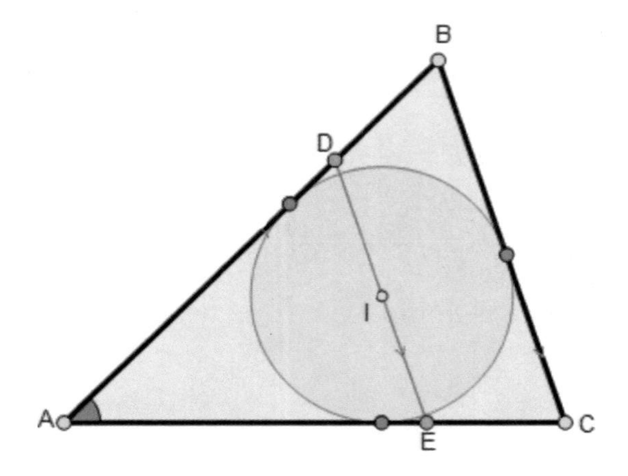

$\triangle ABC$ 의 내심 I, $\overline{DE} // \overline{BC}$ 일 때,
$\overline{DE} = \overline{DB} + \overline{EC}$ 이 성립함을 증명하시오.

증명

$\triangle BIE$ 의 넓이 $=$ $\triangle ICE$ 의 넓이 $\cdots\cdots (1)$
$\triangle BDE$ 의 넓이 $=$ $\triangle BDI$ 의 넓이 $+$ $\triangle BIE$ 의 넓이
$=$ $\triangle BDI$ 의 넓이 $+$ $\triangle ICE$ 의 넓이,
세 삼각형의 높이는 변에서 내심까지 거리이다.
$\therefore \overline{DE} = \overline{DB} + \overline{EC}$

[문제 264]

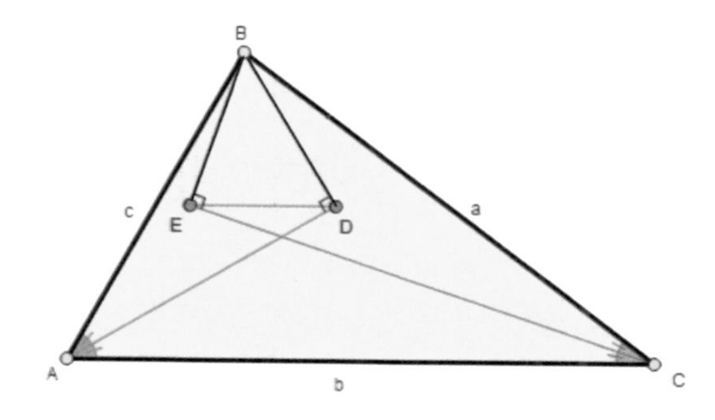

$s = \dfrac{a+b+c}{2}$, $\overline{BD} \perp \overline{AD}$, $\overline{BE} \perp \overline{CE}$ 일 때, $\overline{ED} // \overline{AC}$, $\overline{ED} = s-b$이 성립함을 증명하시오.

증명

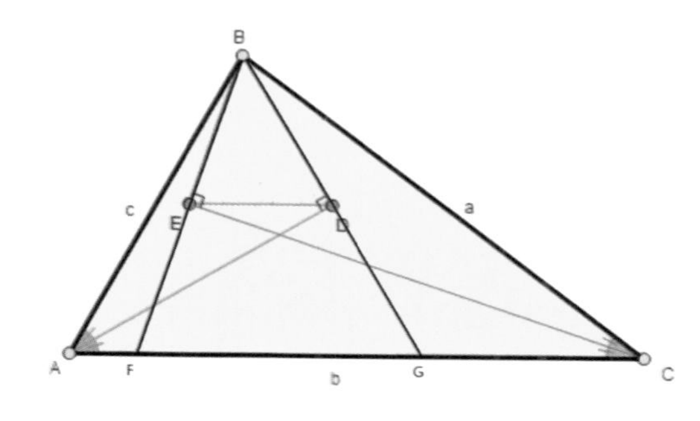

$\triangle BAG, \triangle BCF$는 각각 이등변 삼각형이다.

$\Rightarrow \overline{AG} = c, \overline{CF} = a$

$\Rightarrow \overline{AF} = b-a, \overline{CG} = b-c$, $\overline{ED} // \overline{AC}$

$\Rightarrow \therefore \overline{ED} = \dfrac{\overline{FG}}{2} = \dfrac{1}{2}(b-(b-a+b-c))$

$= \dfrac{a+b+c}{2} - b = s-b$

[문제 265]

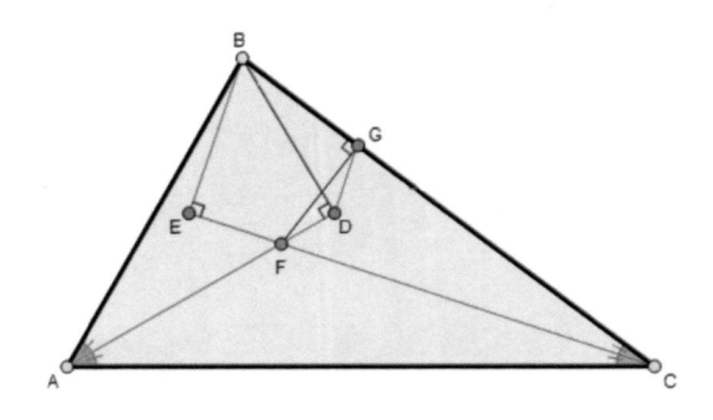

$\overline{BD} \perp \overline{AD}$, $\overline{BE} \perp \overline{CE}$, $\overline{BG} \perp \overline{FG}$ 일 때, $\overline{EB} // \overline{DG}$ 이 성립함을 증명하시오.

증명

B, G, D, F는 한 원 위의 점들이다. 또한, F는 내심이다.

$$\Rightarrow \angle ABD = 90^\circ - \frac{\angle A}{2},\quad \angle CBE = 90^\circ - \frac{\angle C}{2}$$

$$\Rightarrow \angle EBD = \left(90^\circ - \frac{\angle A}{2} + 90^\circ - \frac{\angle C}{2}\right) - \angle B = \frac{\angle A + \angle C}{2}$$

한편, $\angle BDG = \angle BFG = 90^\circ - \dfrac{\angle B}{2} = \dfrac{\angle A + \angle C}{2} = \angle EBD$

$\therefore\ \overline{EB} // \overline{DG}$

[문제 266]

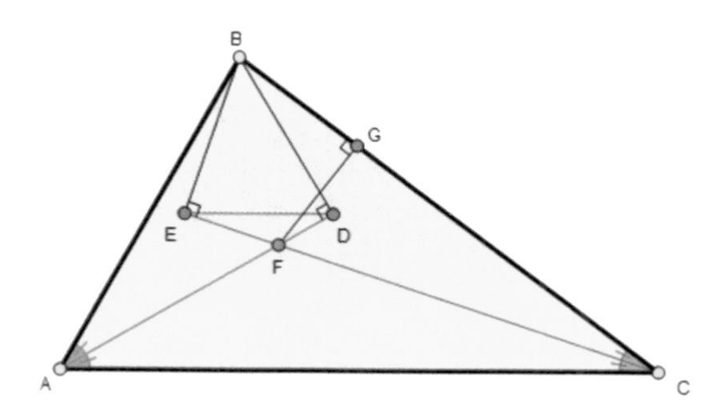

$\overline{BD} \perp \overline{AD}$, $\overline{BE} \perp \overline{CE}$, $\overline{BG} \perp \overline{FG}$일 때,
$\overline{ED} = \overline{BG}$이 성립함을 증명하시오.

증명

$\overline{BF}$을 지름으로 하는 원 위에 점 E, G, D이 있다.
[문제 265]에 의하여 $\overline{EB} // \overline{DG}$이다.
$\Rightarrow$ 사각형 $BECD$은 원에 내접하는 이등변 사다리꼴이다.
$\Rightarrow \therefore \overline{ED} = \overline{BG}$

[문제 267]

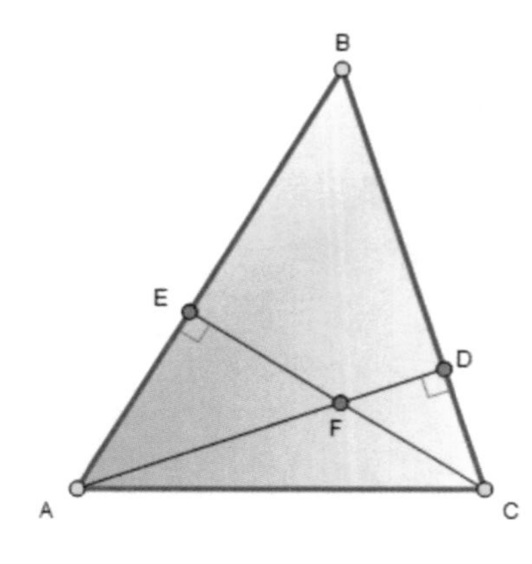

$\overline{AC}^2 = \overline{AD} \times \overline{AF} + \overline{CE} \times \overline{CF}$ 이 성립함을 증명하시오.

증명

$\overline{BF}$을 지름으로 하고, B, E, D, F는 한 원 위의 점들이다.

$\Rightarrow \triangle AEF \sim \triangle ABD,\ \ \triangle CDF \sim \triangle CBE$

$\Rightarrow \overline{AD} \times \overline{AF} = \overline{AB} \times \overline{AE}\ ,\ \overline{CE} \times \overline{CF} = \overline{CD} \times \overline{CB} \cdots\cdots (1)$

한편, $\overline{AB}^2 = \overline{AC}^2 + \overline{CD}^2 + \overline{BD}^2 = \overline{AC}^2 + \overline{BC}^2 - 2\overline{CD} \times \overline{BC}$,

같은 방식으로 $\overline{BC}^2 = \overline{AB}^2 + \overline{AC}^2 - 2\overline{AE} \times \overline{AB}$ 이다.

$\xrightarrow[(1)\text{ 대입}]{\text{더하고}} \therefore \overline{AC}^2 = \overline{AD} \times \overline{AF} + \overline{CE} \times \overline{CF}$

[문제 268]

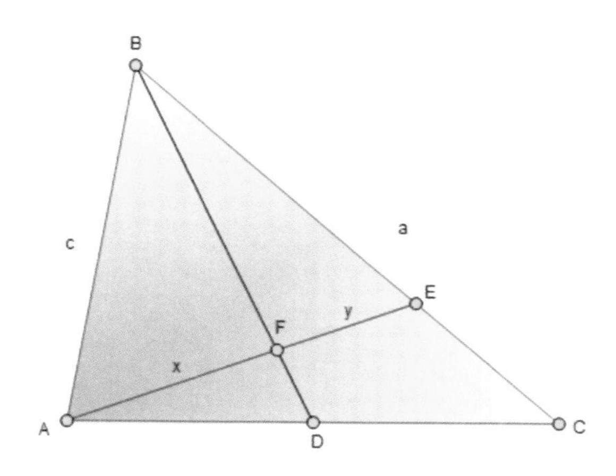

$\overline{AB} = c, \overline{BC} = a, \overline{AD} = \overline{DC}$,

$\overline{BE} = \overline{BA}$ 일 때,

$\frac{a}{c} = \frac{x}{y}$ 이 성립함을 증명하시오.

증명

[문제 4]에 의해서 $\frac{\overline{AF}}{\overline{FE}} \times \frac{\overline{BE}}{\overline{BC}} \times \frac{\overline{CD}}{\overline{AD}} = 1$이다.

$\Rightarrow \therefore \frac{x}{y} = \frac{\overline{BC}}{\overline{BE}} = \frac{a}{c}$

[문제 269]

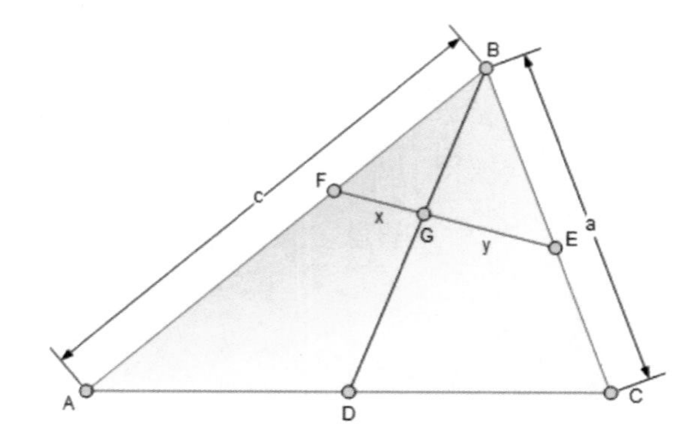

$\overline{AD}=\overline{DC}$, $\overline{BE}=\overline{BF}$일 때,

$\dfrac{a}{c}=\dfrac{x}{y}$이 성립함을 증명하시오.

증명

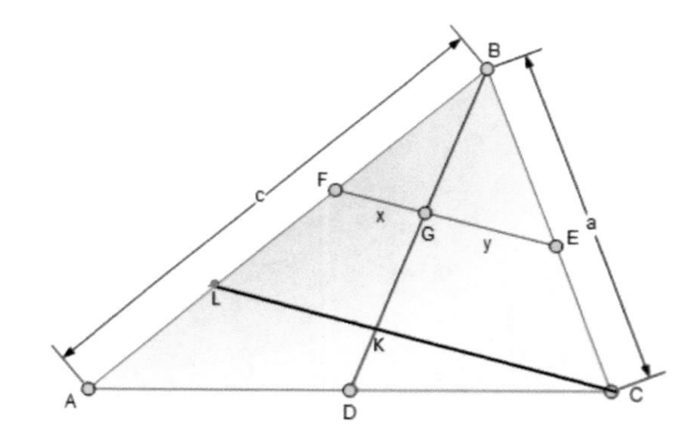

$\overline{EF} // \overline{CL}$라고 하자.

$\triangle BFG \sim \triangle BLK$, $\triangle BGE \sim \triangle BKC$

$\xrightarrow{[문제268]} \therefore \dfrac{a}{c}=\dfrac{\overline{KL}}{\overline{KC}}=\dfrac{x}{y}$

[문제 270]

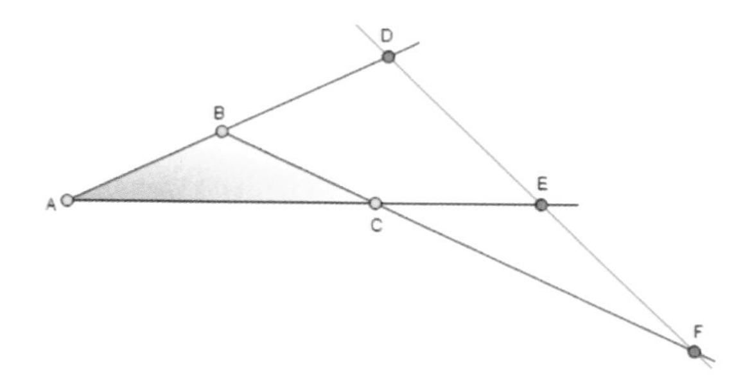

이등변 삼각형 $\triangle ABC$, $\overline{DE} = \overline{EF}$ 일 때, $\overline{AD} = \overline{CF}$ 이 성립함을 증명하시오.

증명

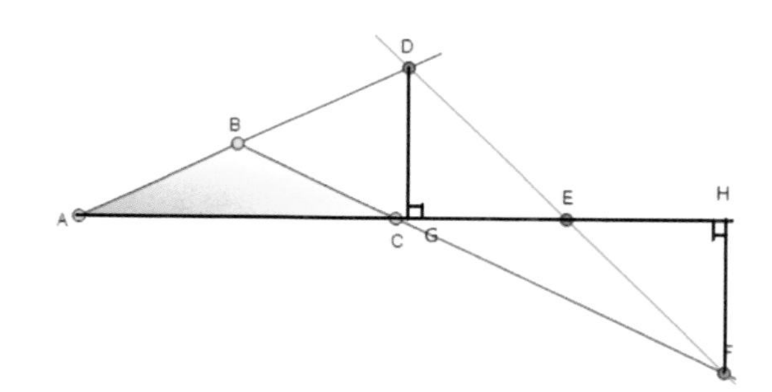

$\overline{DG} = \overline{FH} \Rightarrow \triangle ACD \equiv \triangle CFH$

$\therefore \ \overline{AD} = \overline{CF}$

[문제 271]

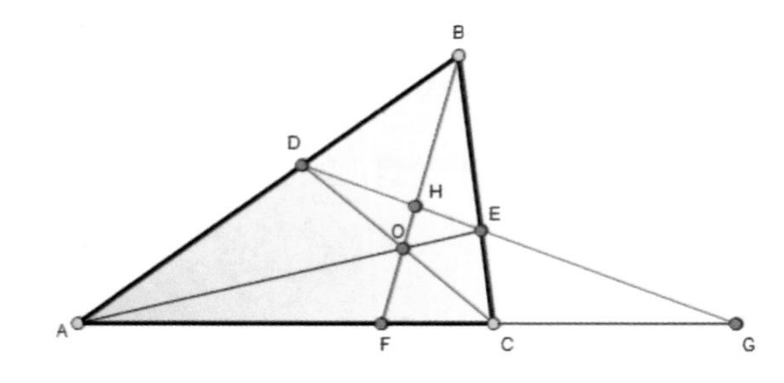

$\dfrac{\overline{AF}}{\overline{FC}} = \dfrac{\overline{AG}}{\overline{GC}}$이 성립함을 증명하시오.

증명

$\triangle ABG$, $\triangle ABC$의 [문제 4]와 [문제 5]에 의해서 다음 식이 성립한다.

$$\frac{\overline{BD}}{\overline{DA}} \times \frac{\overline{AG}}{\overline{GC}} = \frac{\overline{BE}}{\overline{EC}} \Rightarrow \frac{\overline{AG}}{\overline{GC}} = \frac{\overline{BE}}{\overline{EC}} \times \frac{\overline{DA}}{\overline{BD}},$$

$$\frac{\overline{BD}}{\overline{DA}} \times \frac{\overline{AF}}{\overline{FC}} \times \frac{\overline{EC}}{\overline{BE}} = 1 \xrightarrow{\text{두 식을 곱하면}} \therefore \frac{\overline{AF}}{\overline{FC}} = \frac{\overline{AG}}{\overline{GC}}$$

[문제 272]

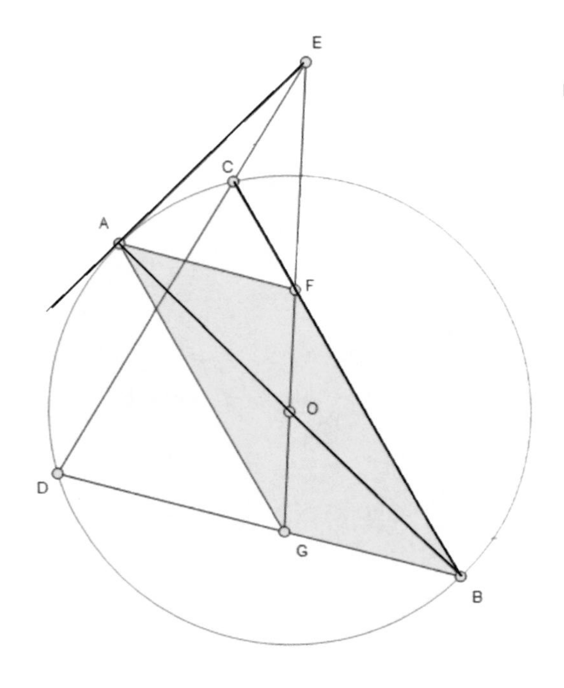

$\triangle AGBF$이 평형사변형임을 증명하시오.

증명

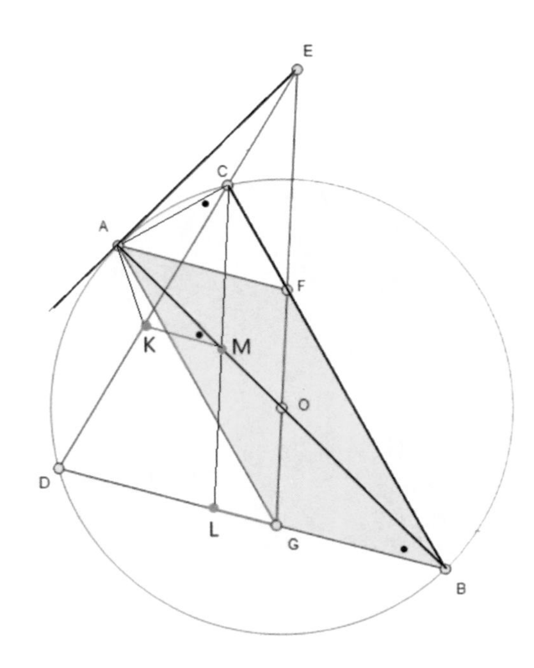

$\overline{CL} // \overline{EG}$, $\overline{KM} // \overline{DB}$라고 하자.

$\Rightarrow A, K, M, C$: 한 원 위의 점들이다.

$\angle KAM = \angle KCM = \angle KEO$

$\Rightarrow A, K, O, E$: 다른 원 위의 점들이다.

$\angle OAE = 90^\circ \Rightarrow \overline{OE}$: 원의 지름

$\angle OKE = 90^\circ \Rightarrow \overline{DK} = \overline{KC}$, $\overline{LM} = \overline{MC}$

$\xrightarrow{\triangle BCL} \overline{FO} = \overline{OG}$, $\overline{AB}$: 큰 원의 지름

$\overline{AO} = \overline{OB} \Rightarrow \therefore \triangle AFBG$: 평형사변형이다.

[문제 273]

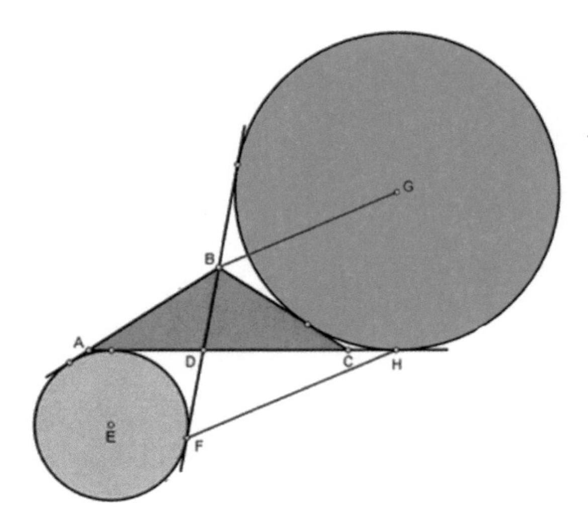

이등변 삼각형 $\triangle ABC$ 에 대하여
두 선분 $\overline{BG} // \overline{FH}$ 이 평행함을 증명하시오.

증명

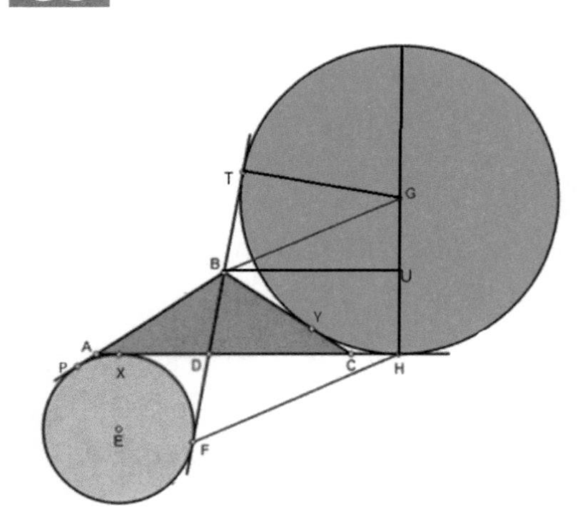

그림에서 $\overline{BAP} = \overline{BDF}$ 이다.

$\Rightarrow \overline{BP} = \overline{BD} + \overline{DF} = \overline{BD} + \overline{DX} \quad \cdots\cdots (1)$

또한, $\overline{DBT} = \overline{DCH}$이다.

$\Rightarrow \overline{DB} + \overline{BY} = \overline{DC} + \overline{CH}$

$\Rightarrow \overline{DB} = \overline{DC} + \overline{CH} - \overline{BY} \xrightarrow{(1)}$

$\overline{BF} = \overline{BP} = \overline{DC} + \overline{CH} + \overline{DX} - \overline{BY}$

$= \overline{DX} + \overline{DC} - (\overline{BC} - \overline{YC}) + \overline{CH}$

$= \overline{XC} - \overline{BC} + 2\overline{CH}$

$= \overline{AX} - \overline{AX} + \overline{XC} - \overline{BC} + 2\overline{CH} = \overline{AC} - \overline{AX} - \overline{BC} + 2\overline{CH}$

$= \overline{AC} - \overline{AX} - \overline{AB} + 2\overline{CH} = \overline{AC} + 2\overline{CH} - \overline{BP}$

$\Rightarrow \overline{BF} = \overline{BP} = \overline{CH} + \frac{1}{2}\overline{AC} = \overline{BU} \quad \cdots\cdots (2)$

한편, $\overline{FT}, \overline{HG}$ 연장선의 교점을 I라고 하면, $\overline{TG} \times \overline{BI} = \overline{BU} \times \overline{GI} \quad \cdots\cdots (3)$

$\xrightarrow{(2),\,(3)} \overline{GH} \times \overline{BI} = \overline{BF} \times \overline{GI} \Rightarrow \dfrac{\overline{BI}}{\overline{BF}} = \dfrac{\overline{GI}}{\overline{GH}} \Rightarrow \therefore \overline{BG} // \overline{FH}$

[문제 274]

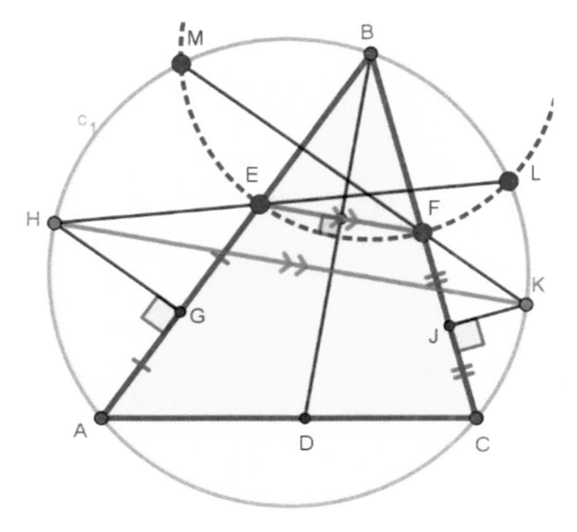

$\angle ABD = \angle CBD$, $\overline{EF} \perp \overline{BD}$ 일 때,
M, E, F, L 은 동일 원 위에 있고,
$\overline{EF} // \overline{HK}$ 임을 증명하시오.

풀이

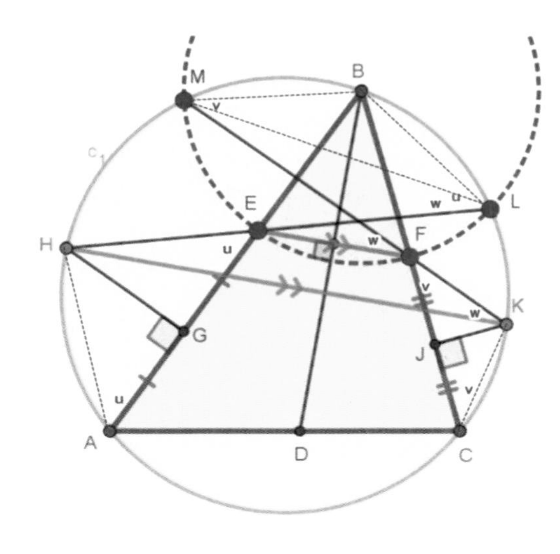

그림에서 $\overline{BM} = \overline{BL}$ 이다.
$\angle HAE = u$, $\angle FCK = v$ 이라 하자.
$\angle HAB = \angle HLB = u$, $\angle BMK = v$
$\Rightarrow \triangle BEL$ 와 $\triangle BMF$ 은 이등변 삼각형이다.
$\Rightarrow \overline{BM} = \overline{BF}$, $\overline{BE} = \overline{BL}$
$\Rightarrow \therefore \overline{BM} = \overline{BF} = \overline{BE} = \overline{BL}$
한편, $\angle MLE = w$ 이라 하자.
$\Rightarrow \angle MFE = \angle MLH = \angle MKH$
$\therefore \overline{EF} // \overline{HK}$

[문제 275]

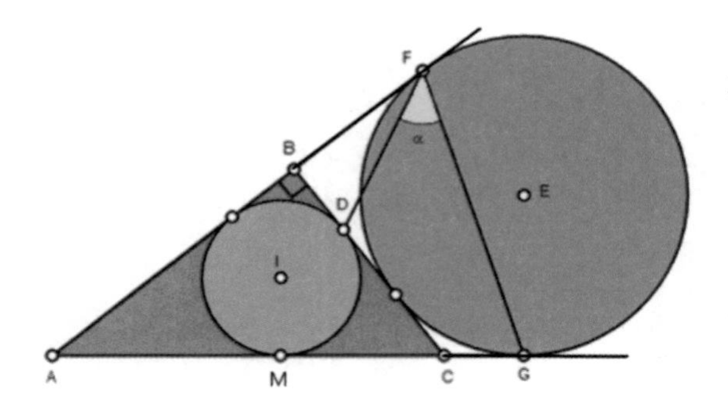

각 $\angle DFG$ 의 값을 구하시오.

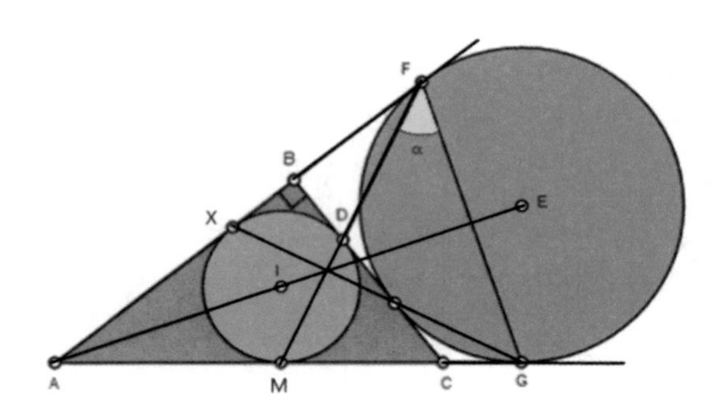

[문제 230]에 의해 직선 $\overline{FDM}$, $\overline{XG}$ 이고, $\triangle BDF \equiv \triangle IMC$ 이다.

$\overline{AE} \perp \overline{FG}$, $\dfrac{A}{2}+\dfrac{C}{2}=45^{\circ}$

$\Rightarrow \therefore \alpha = 90^{\circ} - \left(\dfrac{A}{2}+\dfrac{C}{2}\right) = 45^{\circ}$

[문제 276]

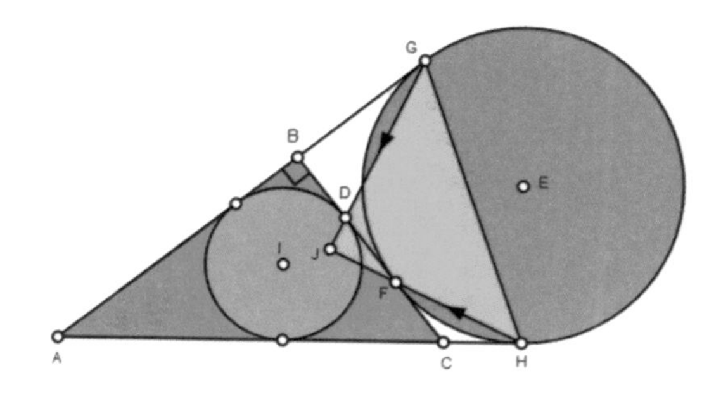

삼각형 $\triangle GJH$가 직각 이등변 삼각형이 성립함을 증명하시오.

증명

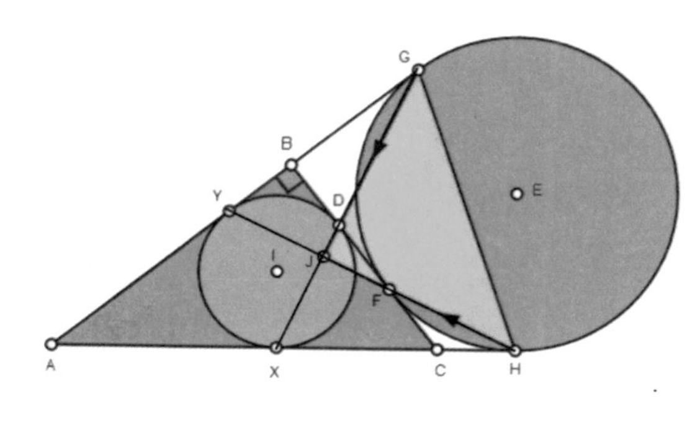

[문제 230]에 의해서 $\overline{HFJY}$, $\overline{XJDG}$ 각각 동일 직선상에 있고, $\triangle BDG \equiv \triangle IXC$, $\overline{AE} \perp \overline{HG}$이다.

$\Rightarrow \angle AGX = \angle ICA = 45^\circ - \dfrac{A}{2}$

[문제 275]에 의해서 $\angle DGH = 45^\circ$ 이다.

$\Rightarrow \angle AGH = 90^\circ - \dfrac{A}{2}$

한편, $\angle FHC = \dfrac{C}{2}$, $\angle JHG = 90^\circ - \left(\dfrac{C}{2} + \dfrac{A}{2}\right) = 45^\circ$ $\therefore \angle GJH = 90^\circ$

[문제 277]

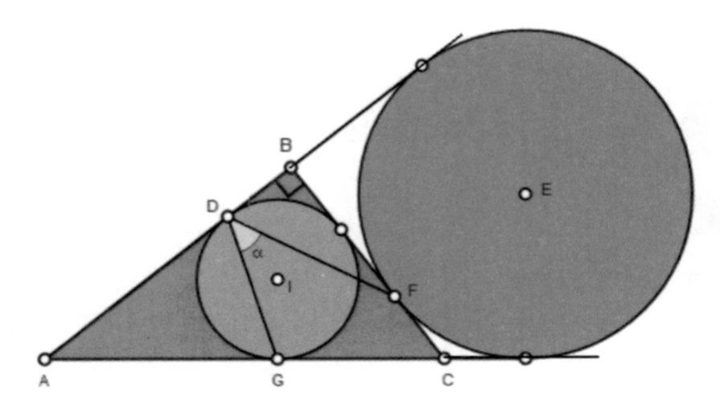

각 $\angle GDF$의 값을 구하시오.

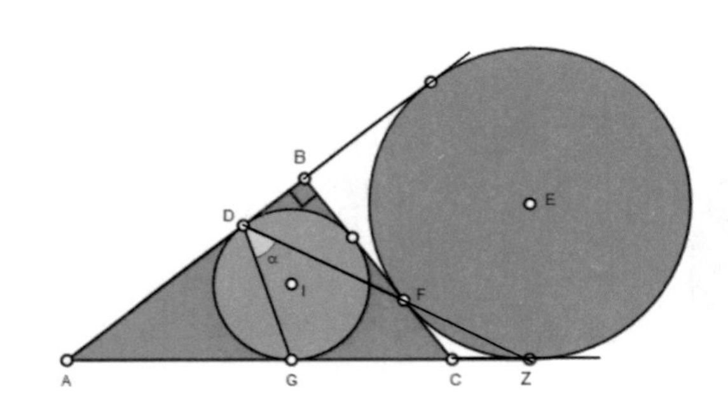

[문제 230]에 의해서 $\overline{DFZ}$는 일직선이고, $\overline{AI} \perp \overline{DG}$이다. $\triangle DGZ$에서 다음 등식이 성립한다.

$$\alpha = \angle AGD - \frac{C}{2} = 90^\circ - \frac{A}{2} - \frac{C}{2} = 45^\circ$$

[문제 278]

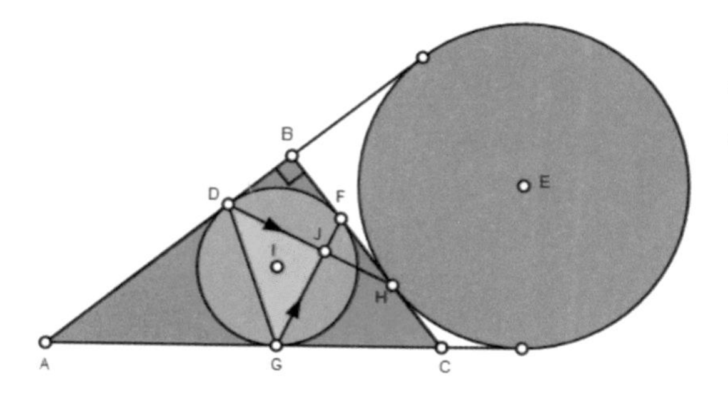

삼각형 $\triangle DJG$가 직각 이등변 삼각형임을 증명하시오.

증 명

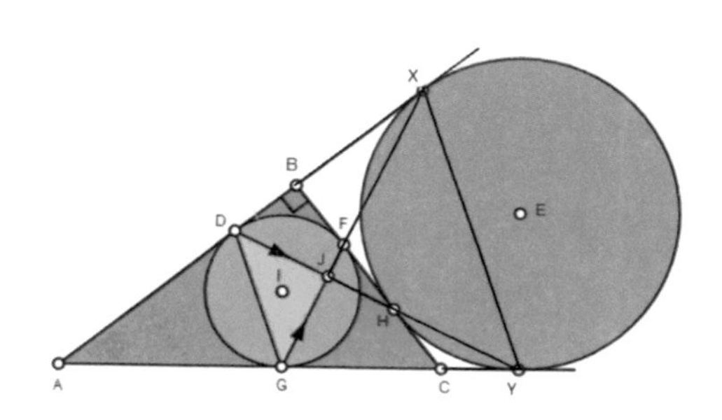

$\triangle ADG \sim \triangle AXY$이므로 $\overline{DG} // \overline{XY}$이다. [문제 276]에 의해서 $\triangle XJY$는 직각 이등변 삼각형이다. 결국 삼각형 $\triangle DJG$는 직각 이등변 삼각형이다.

[문제 279]

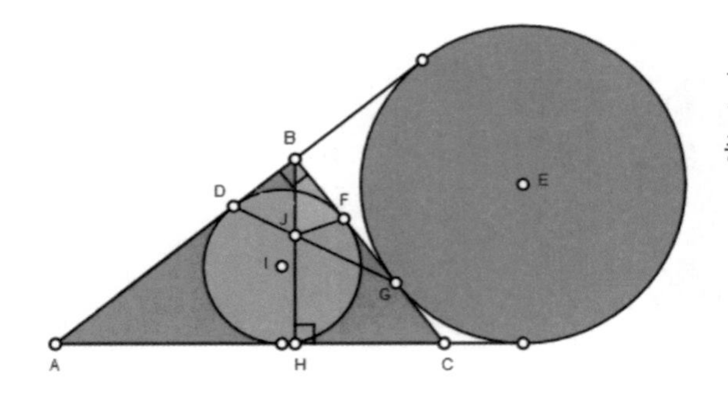

$\overline{BJ} = \overline{BF}$ 인 이등변 삼각형 $\triangle BJF$ 임을 증명하시오.

증명

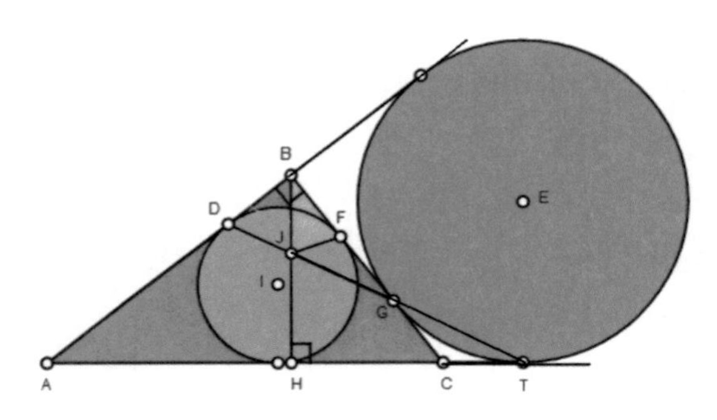

[문제 230]에 의해서 $\overline{DGT}$는 일직선이다.

$\angle BGD = \angle CGT = \angle GTC$

$\Rightarrow \triangle BDG \sim \triangle JHT$

$\Rightarrow \angle BDJ = \angle TJH = \angle DJB$

$\therefore \overline{BJ} = \overline{BD} = \overline{BF}$ 이므로 $\triangle BJF$는 이등변 삼각형이다.

[문제 280]

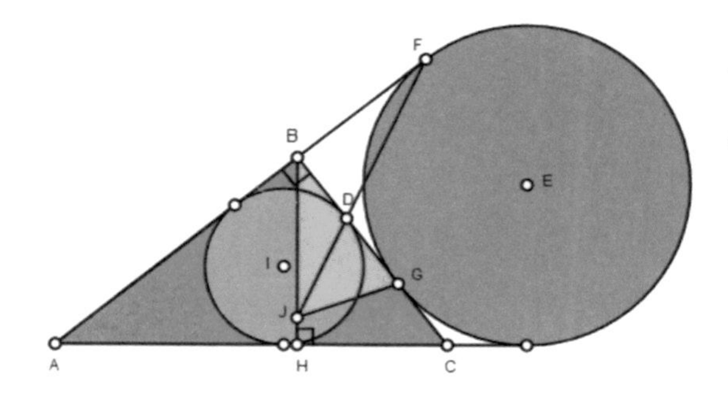

$\overline{BJ} = \overline{BG}$ 인 이등변 삼각형 $\triangle BJG$ 임을 증명하시오.

증명

[문제 275]에 의해서 $\angle BFD = \dfrac{C}{2}$ 이다. $\triangle ABH \sim \triangle ABC \Rightarrow \angle ABH = C$

$\xrightarrow{\triangle BFJ} \angle BJF = \dfrac{C}{2}$ $\therefore \overline{BJ} = \overline{BF} = \overline{BG}$ 이므로 $\triangle BJG$는 이등변 삼각형이다.

[문제 281]

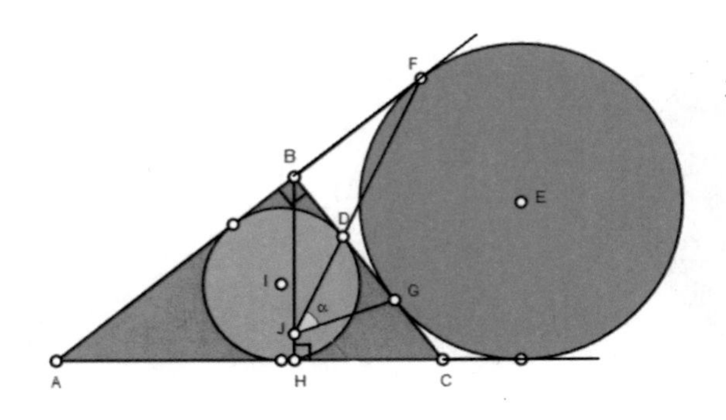

각 $\angle DJG$의 값을 구하시오.

[문제 280]에서 $\overline{BJ}=\overline{BG}=\overline{BF}$이므로 점 J, G, F을 원주 위에 있는 점이고,

점 B는 그 원의 중심이다. $\therefore\ \alpha=\angle GJF=\dfrac{\angle GBF}{2}=45^\circ$

[문제 282]

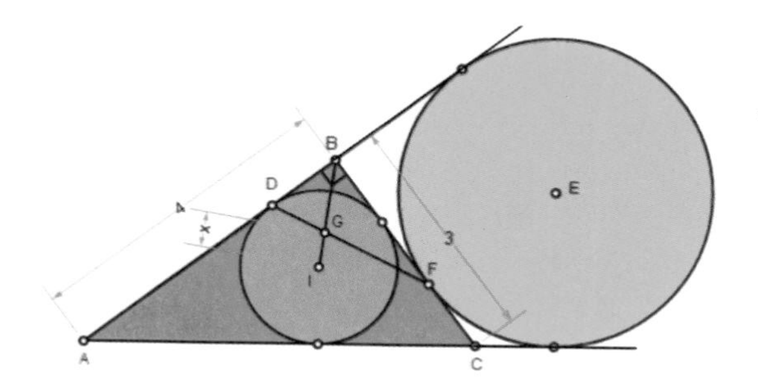

선분 $\overline{GI}$ 의 길이를 구하시오.

풀이

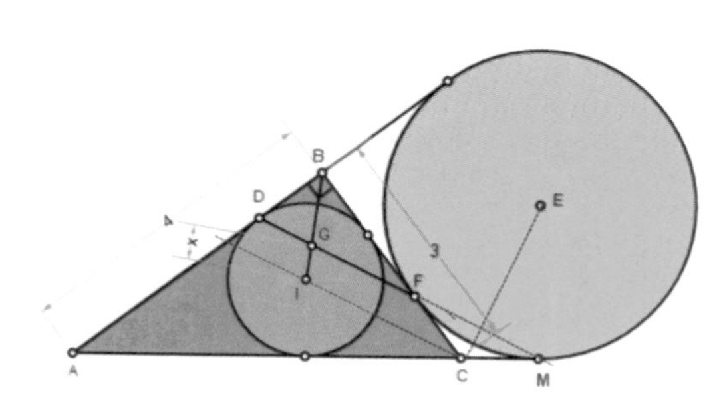

$\triangle ABC$ 의 둘레 $2s$라 하면,

$s=\dfrac{3+4+5}{2}=6$ 이고, [문제 231]의

증명과정에서 $\overline{BF}=s-4=2, \overline{FC}=1$ 이다.

[문제 230]에 의해서 $\overline{DFM}$은 일직선상에

있고, $\angle FMC=\angle ICA$, $\overline{DB}=\overline{CF}$이다.

$$\Rightarrow \overline{EC}\perp\overline{DM},\ \overline{IC}//\overline{GF} \Rightarrow \frac{\overline{BI}}{\overline{GI}}=\frac{\overline{BC}}{\overline{FC}}=\frac{3}{1}\xrightarrow{\overline{BI}=\sqrt{2}}\therefore \overline{GI}=\frac{\sqrt{2}}{3}$$

[문제 283]

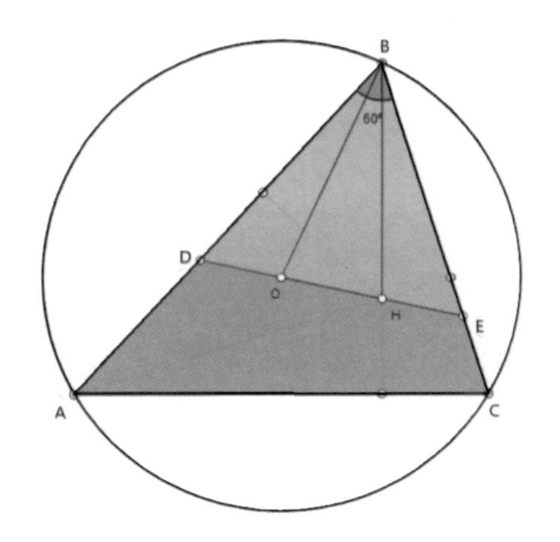

점 O는 $\triangle ABC$의 외심, 점 H는 $\triangle ABC$의 수심일 때, $\triangle BOH$는 이등변 삼각형임을 증명하시오.

증명

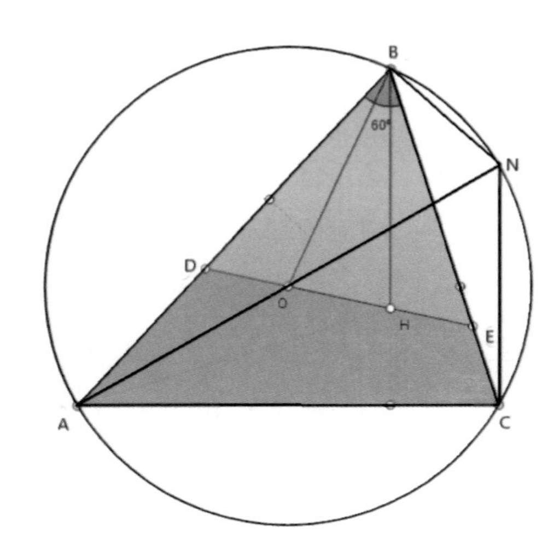

$\triangle ACN$와 $\triangle ABN$는 직각삼각형

$\Rightarrow \overline{NC} // \overline{BH}$, $\overline{BN} // \overline{HC}$

$\Rightarrow \square BHCN$: 평행사변형

$\Rightarrow \angle ANC = \angle ABC = 60°$, $\overline{OC} = \overline{ON}$

$\Rightarrow \triangle OCN$: 정삼각형

$\therefore \overline{OB} = \overline{OC} = \overline{NC} = \overline{BH}$

[문제 284]

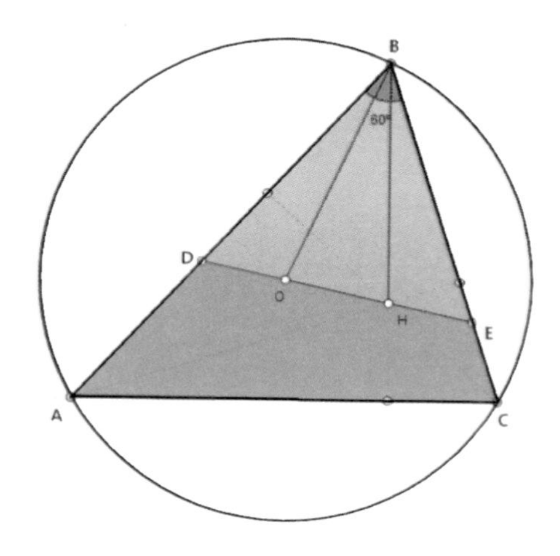

점 O는 $\triangle ABC$ 의 외심, 점 H는 $\triangle ABC$ 의 수심일 때, $\triangle BDE$ 는 정삼각형임을 증명하시오.

증명

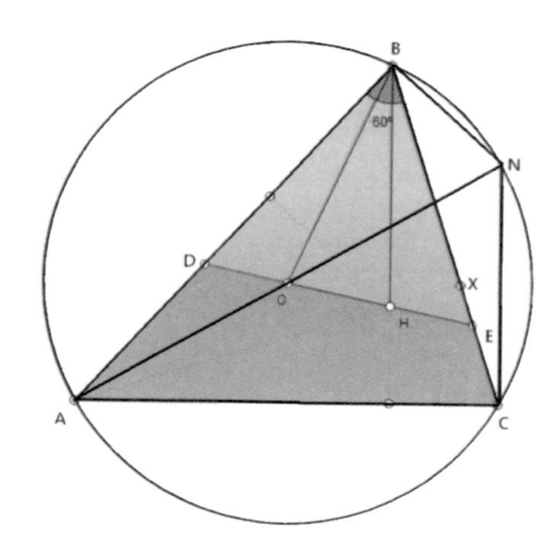

$\angle NAC = 30^\circ = \angle ACO \Rightarrow \angle AOC = 120^\circ$

한편,

$\angle XCH = 30^\circ \Rightarrow \angle XHC = 60^\circ$, $\angle AHC = 120^\circ$

$\Rightarrow$ 점 A, O, H, C 는 한 원 위의 점들이다.

$\Rightarrow \angle OHA = \angle ACO = 30^\circ$, $\angle BAX = 30^\circ$

$\xrightarrow{\triangle ADH} \angle BDE = 60^\circ$

$\therefore \triangle BDE$ 는 정삼각형이다.

[문제 285]

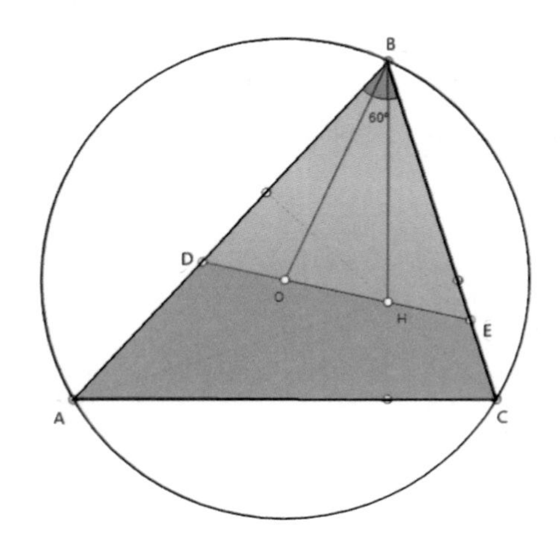

점 O는 $\triangle ABC$의 외심, 점 H는 $\triangle ABC$의 수심일 때, $\overline{BD} = \overline{AD} + \overline{CE}$ 임을 증명하시오.

증명

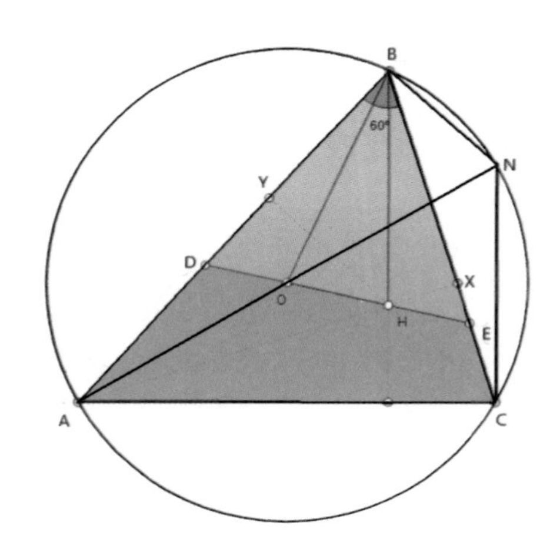

[문제 283]에서 $\triangle BDH \sim \triangle BOE$ 이다.

[문제 284]에서 $\triangle BDE$는 정삼각형이다.

$\Rightarrow \overline{BD} = \overline{DE} = \overline{BE} = p,\ \overline{XE} = q,\ \overline{BC} = a,$

$\overline{AB} = c$ 이라 하자.

$\xrightarrow{\triangle BCY} \overline{BY} = \dfrac{a}{2},\ \ \overline{DY} = p - \dfrac{a}{2}$

$\xrightarrow{\triangle DYH} \overline{DH} = 2p - a,\ \ \overline{HE} = a - p = \overline{DO}$

$\Rightarrow \overline{OH} = 3p - 2a$

한편, $\triangle HEX$에서 $q = \dfrac{\overline{HE}}{2} = \dfrac{a-p}{2}\ \ \xrightarrow{\triangle ABX} \overline{BX} = \dfrac{c}{2} = p - q = p - \left(\dfrac{a-p}{2}\right)$

$= \dfrac{3p-a}{2}\ \ \Rightarrow c + a = 3p \cdots\cdots (1)$

$\therefore \overline{AD} + \overline{CE} = c - p + a - p = c + a - 2p \overset{(1)}{\longleftrightarrow} = p = \overline{BD}$

[문제 286]

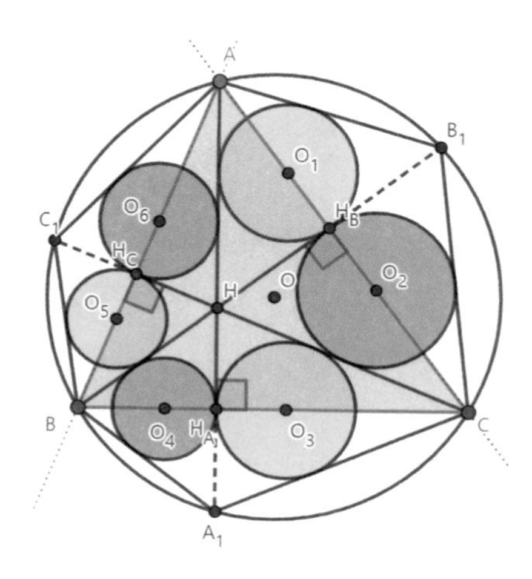

삼각형 $\triangle ABC$ 의 외심 O, 수심 H,
원 $O_1, O_2, \ldots, O_6$의 반지름 $r_1, r_2, \ldots, r_6$
일 때, $r_1r_3r_5 = r_2r_4r_6$이 성립함을 증명하시오.

증명

$$\xrightarrow{\overline{AB}} \angle AA_1B = \angle BB_1A,\ \triangle AHB_1 \sim \triangle BHA_1 \Rightarrow \frac{\overline{AH_B}}{\overline{BH_A}} = \frac{r_1}{r_4}$$

$$\xrightarrow{\overline{BC}} \angle BB_1C = \angle BC_1C,\ \triangle BHC_1 \sim \triangle CHB_1 \Rightarrow \frac{\overline{CH_B}}{\overline{BH_C}} = \frac{r_2}{r_5}$$

$$\xrightarrow{\overline{AC}} \angle AC_1C = \angle AA_1C,\ \triangle CA_1H \sim \triangle AC_1H \Rightarrow \frac{\overline{CH_A}}{\overline{AH_C}} = \frac{r_3}{r_6}$$

[문제 5]에 의해 다음 등식이 성립한다.

$$1 = \frac{\overline{AH_C}}{\overline{BH_C}} \times \frac{\overline{BH_A}}{\overline{CH_A}} \times \frac{\overline{CH_B}}{\overline{AH_B}} = \frac{r_6r_4r_2}{r_3r_1r_5} \Rightarrow \therefore r_1r_3r_5 = r_2r_4r_6$$

[문제 287]

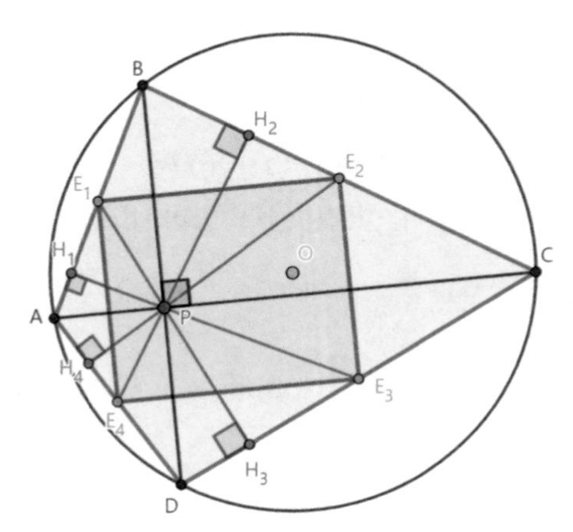

사각형 $\square ABCD$의 외접원, $\overline{AC} \perp \overline{BD}$,
$\overline{PH_1} \perp \overline{AB}$, $\overline{PH_2} \perp \overline{BC}$, $\overline{PH_3} \perp \overline{CD}$, $\overline{PH_4} \perp \overline{AD}$
일 때, 사각형 $E_1E_2E_3E_4$이 직사각형임을
증명하시오.

증명

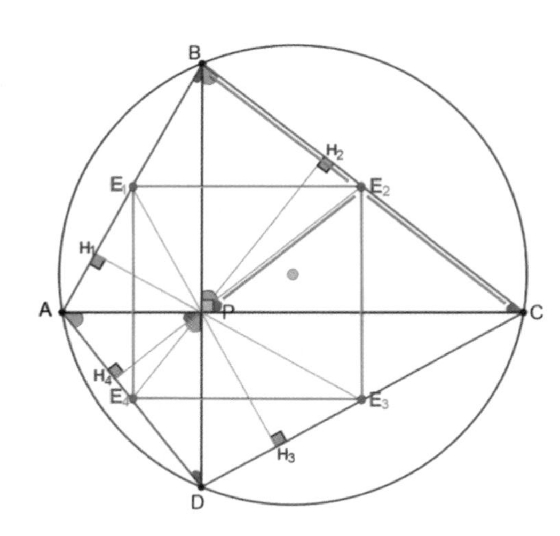

$\overline{AB} \Rightarrow \angle ACB = \angle ADB$

$\overline{CD} \Rightarrow \angle CBD = \angle CAD$

$\xrightarrow{\triangle APH_4} \angle APH_4 = \angle ADB = \angle CPE_2$

$\Rightarrow \triangle PCE_2$: 이등변 삼각형,

$\triangle BPE_2$: 이등변 삼각형

$\Rightarrow \overline{BE_2} = \overline{PE_2} = \overline{CE_2}$

같은 방법으로 다음 식이 성립한다.

$\overline{BE_1} = \overline{AE_1}$, $\overline{AE_4} = \overline{DE_4}$, $\overline{CE_3} = \overline{DE_3}$

$\xrightarrow[\triangle ACD]{\triangle ABC} \overline{AC} // \overline{E_1E_2} // \overline{E_3E_4}$, $\xrightarrow[\triangle BCD]{\triangle ABD} \overline{BD} // \overline{E_1E_4} // \overline{E_2E_3}$

$\therefore E_1E_2E_3E_4$이 직사각형이다.

[문제 288]

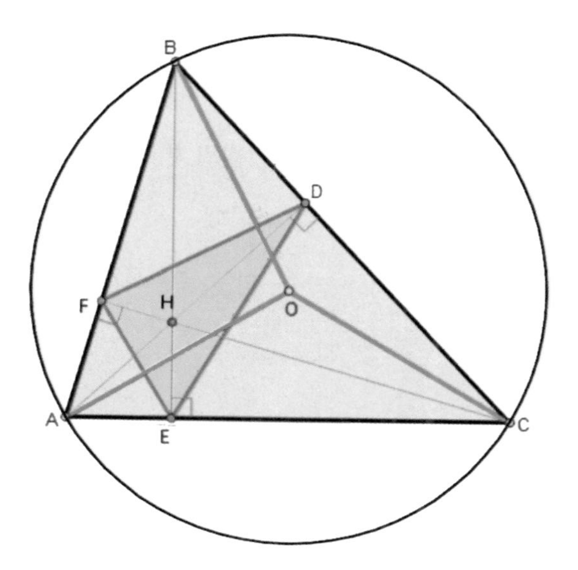

$\triangle ABC$ 의 외심 O, 수심 H 일 때, $\overline{BO} \perp \overline{FD}$, $\overline{AO} \perp \overline{FE}$, $\overline{CO} \perp \overline{DE}$ 임을 증명하시오.

증명

$\angle OBC = 90^\circ - \angle A = \angle ABE$, 점 F, D, A, C 는 원 위의 점들이다.

$\Rightarrow \angle A = \angle BDF \xrightarrow{\text{닮음삼각형}} \therefore \overline{BO} \perp \overline{FD}$

한편, $\angle OAC = 90^\circ - \angle B = \angle BAD$, 점 F, E, C, B 는 원 위의 점들이다.

$\Rightarrow \angle B = \angle FEA \xrightarrow{\text{닮음삼각형}} \therefore \overline{AO} \perp \overline{FE}$

같은 방식으로 $\overline{CO} \perp \overline{DE}$ 이 성립한다.

[문제 289]

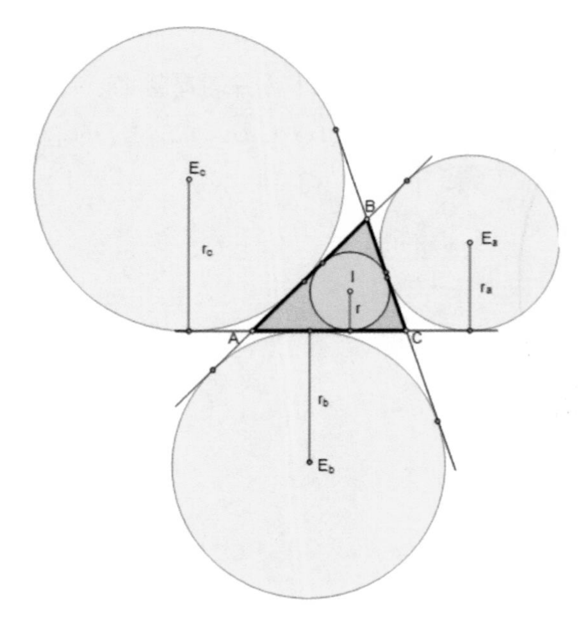

삼각형 $\triangle ABC$ 의 세 변 a, b, c 이고,

$s=\dfrac{a+b+c}{2}$, 방접원의 반지름 r_a, r_b, r_c ,

내접원의 반지름 r일 때,

$\dfrac{1}{r}=\dfrac{1}{r_a}+\dfrac{1}{r_b}+\dfrac{1}{r_c}$임을 증명하시오.

증명

$\triangle ABC$ 의 넓이를 S 라고 하자. $S=rs$

[문제 127]에서 $S=(s-a)r_a=(s-b)r_b=(s-c)r_c$이다.

$$\Rightarrow S\left(\frac{1}{r_a}+\frac{1}{r_b}+\frac{1}{r_c}\right)=3s-(a+b+c)=s=\frac{S}{r} \Rightarrow \therefore \frac{1}{r}=\frac{1}{r_a}+\frac{1}{r_b}+\frac{1}{r_c}$$

[문제 290]

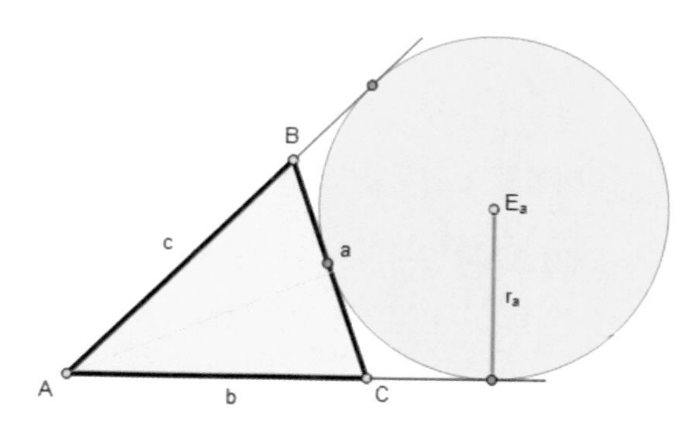

$s=\dfrac{a+b+c}{2}$, 방접원의 반지름 r_a , $\triangle ABC$ 의 내접원의 반지름 r일 때, 삼각형 $\triangle ABC$ 의 넓이가 $\dfrac{arr_a}{r_a-r}$ 임을 증명하시오.

증 명

$\triangle ABC$ 의 넓이를 S 라고 하자. $S=rs$

[문제 127]에서 $S=(s-a)r_a=\left(\dfrac{S}{r}-a\right)r_a \Rightarrow S\left(\dfrac{r-r_a}{r}\right)=-ar_a \Rightarrow \therefore S=\dfrac{arr_a}{r_a-r}$

[문제 291]

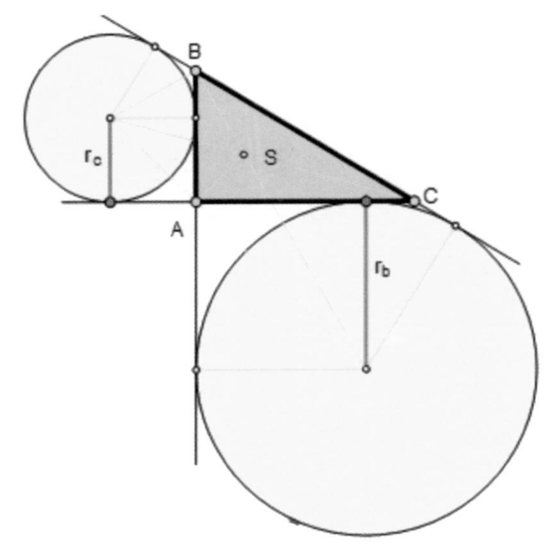

직각삼각형$\triangle ABC$의 세 변 a, b, c,

내접원의 반지름 r, $s=\dfrac{a+b+c}{2}$,

방접원의 반지름 r_b, r_c일 때,

$\triangle ABC$의 넓이는 $r_b r_c$임을 증명하시오.

증명

$\triangle ABC$의 넓이의 넓이를 S라고 하자.

[문제 103], [문제 106]에서 $r=s-a$, $r_b=s-c, r_c=s-b$이다.

$$S=sr=s(s-a) \Rightarrow Sr_b r_c = s(s-a)(s-b)(s-c) \xrightarrow{\text{Heron의 공식}}$$

$$= S^2 \Rightarrow \therefore S = r_b r_c$$

[문제 292]

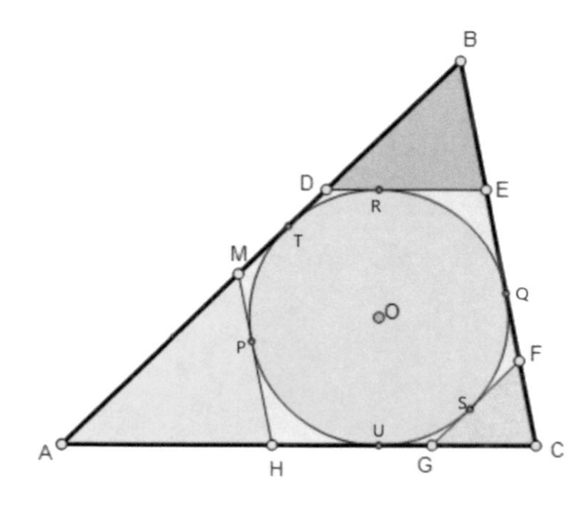

$\triangle ABC$, $\triangle AHM$, $\triangle BDE$, $\triangle CFG$의 둘레를 각각 p, p_1, p_2, p_3이고, $\overline{HM} // \overline{CB}$, $\overline{DE} // \overline{AC}$, $\overline{FG} // \overline{AB}$일 때,
$p = p_1 + p_2 + p_3$,
$\overline{HM} = \overline{EF}$, $\overline{DE} = \overline{HG}$, $\overline{FG} = \overline{DM}$이 성립함을 증명하시오.

증명

(1) $2\overline{AU} = p_1$, $2\overline{BT} = p_2$, $2\overline{CU} = p_3$

$\Rightarrow \dfrac{p_1 + p_2 + p_3}{2} = \overline{AU} + \overline{BT} + \overline{CU} = \overline{AT} + \overline{BQ} + \overline{CQ}$

$\xrightarrow{\text{두 식을 더하면}} \therefore p_1 + p_2 + p_3 = p$

(2) $\overline{TS}$, $\overline{RU}$, $\overline{PQ}$의 교차점 O이다. $\angle OPH = \angle OQE = 90^\circ$, $\overline{OP} = \overline{OQ}$,
$\angle OHP = \angle OEQ \Rightarrow \triangle OPH \equiv \triangle OQE \Rightarrow \overline{HP} = \overline{EQ}$
같은 방법으로 $\overline{PM} = \overline{QF} \Rightarrow \overline{HM} = \overline{EF}$

[문제 293]

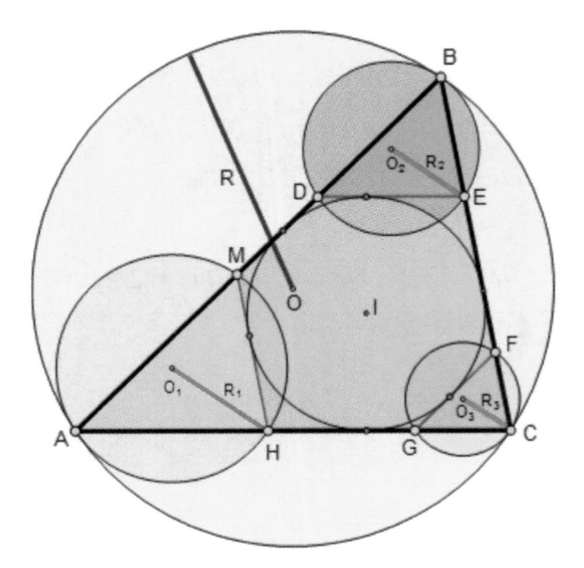

$\triangle ABC,\ \triangle AHM,\ \triangle BDE, \triangle CFG$ 외접원의 반지름 각각 R, R_1, R_2, R_3이고, $\overline{HM}//\overline{CB}$, $\overline{DE}//\overline{AC}$, $\overline{FG}//\overline{AB}$일 때, $R=R_1+R_2+R_3$이 성립함을 증명하시오.

증명

$\triangle ABC,\ \triangle AHM,\ \triangle BDE, \triangle CFG$의 둘레를 각각 p, p_1, p_2, p_3라고 하자.

[문제 292]에 의해 $p=p_1+p_2+p_3$이다.

$\triangle ABC \sim \triangle AHM \sim \triangle BED \sim \triangle CFG$

$\Rightarrow \frac{R_1}{R}+\frac{R_2}{R}+\frac{R_3}{R}=\frac{p_1}{p}+\frac{p_2}{p}+\frac{p_3}{p}=1$

$\Rightarrow \therefore R=R_1+R_2+R_3$

[문제 294]

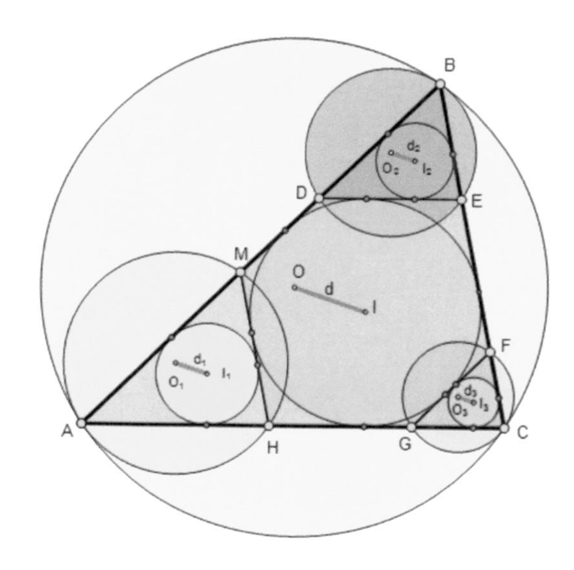

$\triangle ABC$, $\triangle AHM$, $\triangle BDE$, $\triangle CFG$의 내심 각각 I, I_1, I_2, I_3, 외심 각각 O, O_1, O_2, O_3이고 $\overline{HM} // \overline{CB}$, $\overline{DE} // \overline{AC}$, $\overline{FG} // \overline{AB}$일 때, $d = d_1 + d_2 + d_3$이고 $\overline{OI} // \overline{O_1I_1} // \overline{O_2I_2} // \overline{O_3I_3}$임을 증명하시오.

증명

$\triangle ABC \sim \triangle AHM \sim \triangle BED \sim \triangle CFG \Rightarrow \overline{OI} // \overline{O_1I_1} // \overline{O_2I_2} // \overline{O_3I_3}$,

$\dfrac{d_1}{d} + \dfrac{d_2}{d} + \dfrac{d_3}{d} = \dfrac{\overline{AH}}{\overline{AC}} + \dfrac{\overline{DE}}{\overline{AC}} + \dfrac{\overline{GC}}{\overline{AC}} \overset{[\text{문제}292]}{\longleftrightarrow}$

$= \dfrac{\overline{AH}}{\overline{AC}} + \dfrac{\overline{HG}}{\overline{AC}} + \dfrac{\overline{GC}}{\overline{AC}} = \dfrac{\overline{AC}}{\overline{AC}} = 1 \Rightarrow \therefore d = d_1 + d_2 + d_3$

[문제 295]

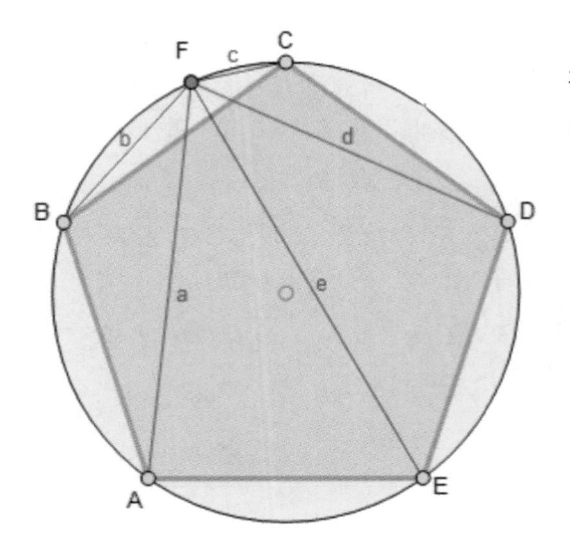

정오각형 $\triangle ABCDE$ 에 대하여

$a+d=b+c+e$ 이 성립함을 증명하시오.

증명

한변의 길이 x인 정오각형 $\triangle ABCDE$ 이라 하자.

$\Rightarrow 2x\sin 54^\circ \xleftrightarrow{2\sin 54^\circ = s} = xs = \overline{BD} = \overline{AC} = \overline{AD}$,

한편, 사각형 $BFCD$, $AFCD$, $FCDE$ 의 [문제 3]에 의해서 다음 식이 성립한다.

$xd = cxs + xb$, $dxs = ax + cxs$, $dxs = ex + cx$

$\Rightarrow d = cs + b$, $ds = a + cs$, $ds = e + c$ $\Rightarrow \therefore$ $a + d = b + c + e$

[문제 296]

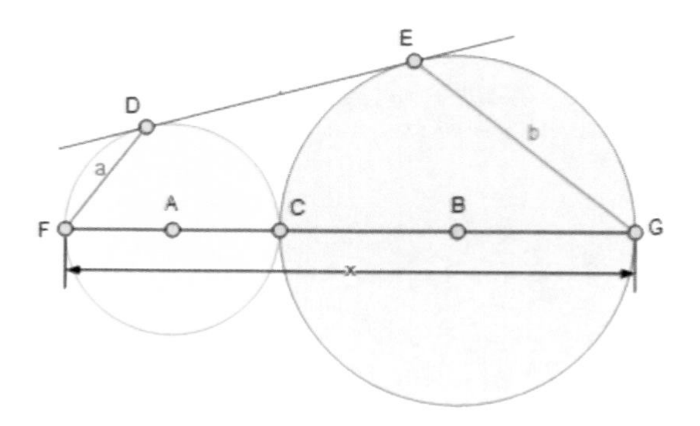

$\sqrt[3]{a^2}+\sqrt[3]{b^2}=\sqrt[3]{x^2}$ 이 성립함을 증명하시오.

증명

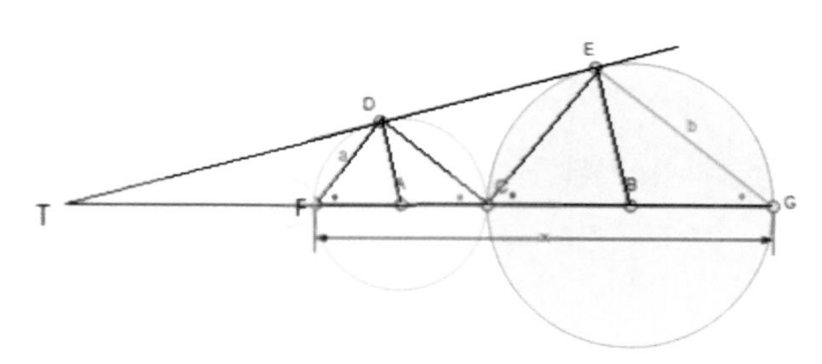

$\triangle TFD \sim \triangle TCE \Rightarrow \angle DCE = 90^\circ$

두 선분 $\overline{FD}, \overline{EG}$ 연장선의 교점 H라고 하자.

[문제 262]에 의해 다음 식이 성립한다.

$$\Rightarrow a=\frac{\overline{FH}^3}{x^2}, b=\frac{\overline{GH}^3}{x^2} \Rightarrow \therefore a^{\frac{2}{3}}+b^{\frac{2}{3}}=\frac{\overline{FH}^2+\overline{GH}^2}{x^{\frac{4}{3}}}=x^{\frac{2}{3}}$$

[문제 297]

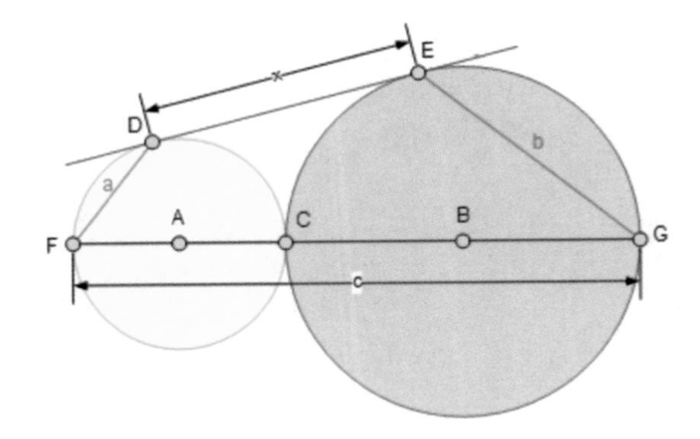

$x^3 = abc$가 됨을 증명하시오.

증 명

두 선분 $\overline{FD}, \overline{EG}$ 연장선의 교점 H라고 하자.

[문제 296]의 증명 중에 $\triangle HFG$는 직각삼각형이 된다.

$\Rightarrow \overline{HC} \perp \overline{FG}$, 직사각형 $CEHD$ 이 되고, $\overline{HC} = \overline{DE} = x$ 이다.

[문제 262]에 의해서 $x^3 = abc$이다.

[문제 298]

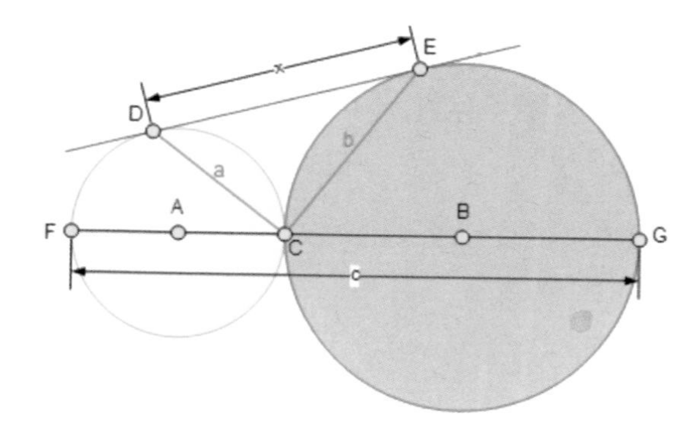

$x^3 = abc$ 이 성립함을 증명하시오.

증명

[문제 297]에 의하여 $x^3 = c\,\overline{FD} \times \overline{EG}$ 이다.

[문제 296]에 의하여 $\triangle FDC \sim \triangle CEG \Rightarrow \overline{FD} \times \overline{EG} = ab$

$\therefore x^3 = abc$

[문제 299]

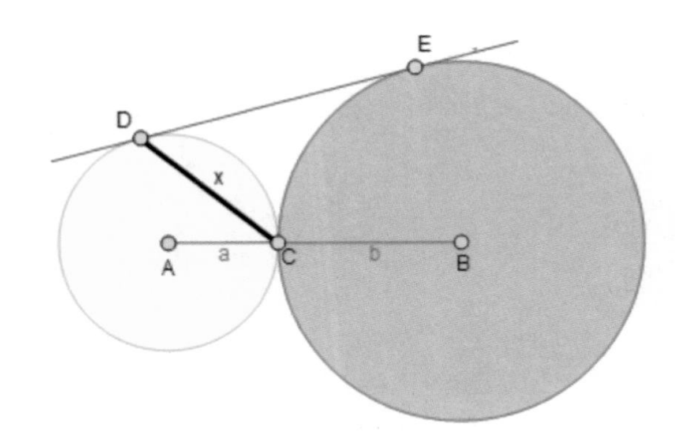

선분 $\overline{CD}$의 길이를 구하시오.

풀이

$(a+b)^2=(b-a)^2+\overline{DE}^2 \Rightarrow \overline{DE}^2=4ab$

$\Rightarrow$ 직각삼각형 $\triangle BDE$에서 $\overline{DB}^2=b^2+4ab$

$\Rightarrow \triangle ABD$의 [문제 2]에 의해서 $a(b^2+4ab)+ba^2=(a+b)(ab+x^2)$

$\Rightarrow x^2=\dfrac{ab^2+5a^2b}{a+b}-ab=\dfrac{4a^2b}{a+b} \Rightarrow \therefore x=2a\sqrt{\dfrac{b}{a+b}}$

[문제 300]

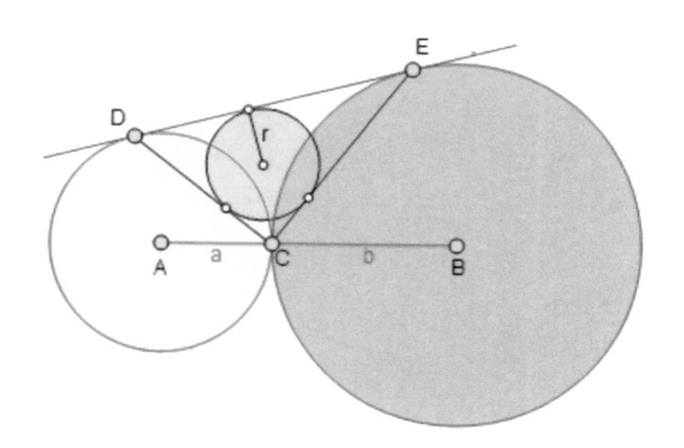

$\triangle CDE$의 내접원의 반지름을 구하시오.

풀이

[문제 299]에 의해서 다음 식이 성립한다.

$$\overline{CD}^2 = \frac{4a^2b}{a+b},\ \overline{CE}^2 = \frac{4ab^2}{a+b},\ \overline{DE}^2 = 4ab$$

[문제 296]의 풀이 과정에서 $\triangle CDE$는 직각삼각형이다.

$$\xrightarrow{\triangle CDE\text{의 넓이}} \therefore r = \frac{\overline{DC} \times \overline{CE}}{\overline{DE} + \overline{CD} + \overline{CE}} = \frac{\dfrac{4ab\sqrt{ab}}{a+b}}{\dfrac{2a\sqrt{b} + 2b\sqrt{a} + 2\sqrt{ab(a+b)}}{\sqrt{a+b}}}$$

$$= \sqrt{ab}\left(\frac{\sqrt{a}+\sqrt{b}}{\sqrt{a+b}} - 1\right)$$

저자 _곽성은

- 조선대학교 수학과 수학박사 (1992년)
- 조선대학교 수학과 초빙객원교수 (현재)
- 세계 스도쿠대회 한국출제위원장 (현재)
- 한국 창의퍼즐협회 이사 (현재)

인피니트 ∞ 수학

평면도형 1

초판 1쇄 인쇄 | 2022년 8월 25일
초판 1쇄 발행 | 2022년 8월 29일

저　　자 | 곽성은
펴 낸 이 | 김호석
펴 낸 곳 | 도서출판 대가
편 집 부 | 주옥경 · 곽유찬
마 케 팅 | 오중환
경영관리 | 박미경
영업관리 | 김경혜

주　　소 | 경기도 고양시 일산동구 무궁화로 32-21 로데오메탈릭타워 405호
전　　화 | (02) 305-0210
팩　　스 | (031) 905-0221
전자우편 | dga1023@hanmail.net
홈페이지 | www.bookdaega.com

ISBN | 978-89-6285-359-9 (43410)